U0944213

中央财经大学学科建设基金资助　中央财经大学国防经济与管理研究院重点建设项目

“普通高等学校国防教育系列教材”编委会

普通高等教育“十二五”规划教材

普通高等学校国防教育系列教材

军事理论教程

陈　波◎主　编

李延荃　房　兵◎副主编

科学出版社

北　京

内 容 简 介

本书按照2007年教育部、总参谋部、总政治部新修订下发的《普通高等学校军事课教学大纲》要求，系统地介绍了国防的一般知识和我国国防建设、国防法规、武装力量、国防动员情况；介绍了中外军事思想基本情况；分析了国际战略环境和中国周边安全环境；并对现代军事高技术、信息化战争及新军事变革等情况进行了介绍。

本书紧扣大纲、结构新颖、可读性强，可作为高等学校军事理论公共课课程教材，也可供其他国防教育和军事爱好者参考。

图书在版编目(CIP)数据

军事理论教程 / 陈波主编. —北京：科学出版社，2010.6

(普通高等教育“十二五”规划教材·普通高等学校国防教育系列教材)
ISBN 978-7-03-028820-2

Ⅰ. ①军… Ⅱ. ①陈… Ⅲ. ①军事理论－高等学校－教材 Ⅳ. ①E0

中国版本图书馆 CIP 数据核字(2010)第 168892 号

责任编辑：毛 莹 卜 新 / 责任校对：陈玉凤
责任印制：霍 兵 / 封面设计：耕者设计工作室

科学出版社出版
北京东黄城根北街 16 号
邮政编码：100717
http://www.sciencep.com
石家庄继文印刷有限公司印刷
科学出版社发行 各地新华书店经销

*

2010 年 6 月第 一 版 开本：720×1000 1/16
2022 年 1 月第十一次印刷 印张：16
字数：320 000

定价：49.80 元

(如有印装质量问题，我社负责调换)

前　　言

学校国防教育是全民国防教育的基础，加强大学生国防教育是落实《中华人民共和国国防法》、《中华人民共和国兵役法》和《中华人民共和国国防教育法》的重要举措，也是贯彻党中央、国务院和中央军委有关要求，增强大学生国防意识，培养高素质人才的客观需要。

责任与挑战

在整个人类的历史上，战争从不陌生。据统计，从有文字记载的公元前 3200 年到 20 世纪 80 年代的 5000 多年历史中，共发生过 14500 多次战争，平均每年就有近 3 次战争，在整个人类文明史中只有 292 年没有战争发生。[①]不管这些统计数字是否完全准确，但的确战争这个幽灵似乎一直伴随着人类的发展而存在。放眼世界，虽然和平与发展仍然是这个时代的主题，但天下并不太平，马放南山、铸剑为犁的时代还远未到来。

中华民族 5000 年文明史，我们有过丽日经天、万国归附、威震欧亚的光荣，也曾有过积贫积弱、有国无防、山河破碎的沉痛教训，苦难的中国人民曾经与战争灾难相伴了一个多世纪。今天，备受侵略凌辱的噩梦早已结束，但历史的教训我们永不可忘却。天下虽安，忘战必危。作为新一代的青年学子，我们有责任时刻准备着，为我们的国家和民族贡献青春和才华！

中央财经大学是全国普通高校率先全面开设并使军事理论课程进入正常课堂教学的“211 工程”全国重点大学。近年来，学校在国家重点学科的支持和带动下，由国防大学、北京大学等一批优秀博士毕业人员组成优秀教学团队，全面谋划军事理论课程建设和教学改革，努力探索普通高等学校国防教育教学的特点、规律和方法。然而，这些年我们在组织课程建设中，也深深发现，由于军事理论课程内容建设的特殊性，全国普通高校军事理论教材的规范性、科学性和时代性距课程建设的要求尚有较大差距。因此，为认真梳理这些年我们组织军事理论课程建设与教学的经验、体会和教训，我们与国防大学紧密合作，在教育部、总参谋部、总政治部于 2007 年新修订颁发的《普通高等学校军事课教学大纲》的基础上，结合普通高等学校军事课教学的实际情况，组织地方和军队高校一批长期从事军事理论教学的优秀专家学者编写了本书。

---

① 李巨廉．战争与和平：时代主旋律的变动．学林出版社，1999 年。

内容与架构

本书紧紧围绕国家人才培养和国防后备力量建设的需要，重点向大学生传授国防建设、军事思想、军事科技、国家安全和信息化战争等方面的基本理论和知识，使同学们了解军事思想、军事高技术发展和信息化战争的情况，认清我国国防建设和国家安全面临的形势和挑战。全书共分五章：

第一章包括国防概述、国防建设、国防法规、武装力量、国防动员等内容，对国防的含义、类型、现代国防的特征，我国国防建设、国防法规、武装力量和国防动员等情况进行全面介绍。力争通过本章学习，使同学们了解我国国防与武装力量情况，心系国防、爱我国家。

第二章介绍了中外军事思想，重点对外国军事思想的发展演变和我国古代军事思想，以及在不同历史时期对我国国防和军队建设产生深远影响的毛泽东军事思想、邓小平新时期军队建设思想、江泽民国防与军队建设思想、胡锦涛关于国防与军队建设的重要论述等内容进行介绍。力争通过这些中外著名军事思想的经典导读，帮助同学们树立科学的战争观和方法论，并能运用所学知识分析、理解现代战争。

第三章包括国际战略环境和我国周边安全环境两部分，重点对国际战略格局、国际战略形势、我国周边安全环境的基本态势，以及我国周边安全环境面临的压力和挑战进行分析，力图使同学们开阔视野、居安思危，增强责任意识。

第四章在对军事高技术的内涵、分类和发展趋势进行介绍的基础上，重点对在现代战争中大量应用的侦察监视技术、伪装与隐身技术、电子对抗技术、军事航天技术、指挥信息系统、精确制导武器、新概念武器等进行分类介绍，使同学们能循着现代军事高技术发展的轨迹，探索现代战争的层层迷雾。

第五章对信息化战争的涵义、特点和世界新军事变革情况进行介绍，使同学们聚焦前沿，了解信息化时代的基本战争形态和方兴未艾的世界新军事变革潮流。

为了增加教材的可读性和时代性，书中还大量采用了专栏形式，专栏主要内容包括背景分析，与正文有关的典型事例战例、新概念和新知识等，尽可能从不同角度加深同学们对课程所学内容的理解和认识。

分工与致谢

本书由中央财经大学国防经济与管理研究院国防教育研究所/军事教研室组织本单位和合作教学单位国防大学第三大学生军训教研室等一批长期从事普通高等学校军事理论课程教学和研究的专家、学者编写。中央财经大学国防经济与管理研究院院长、博士生导师、国防大学首届优秀博士学位论文获得者陈波教授担任主编，提出全书编写框架，进行全书统稿修改，并补充了大部分专栏。国防大学信息作战与指挥教研部第三大学生军训教研室李延荃副主任和国防大学战役教研部第二大学

生军训教研室房兵博士担任副主编，协助主编进行编写组织和统稿、修改工作。中央财经大学军事教研室副主任王沙骋博士进行了具体的编务组织和修改、校对工作。教材编写的具体分工如下：

前　言（陈　波）

第一章：

第一节（石亚东）、第二节（房　兵）、第三节（郝朝艳）

第四节（石亚东）、第五节（杨树旗）

第二章：

第一节（王沙骋）、第二节（郝朝艳）、第三节（石亚东）

第四节（吴留群）、第五节（吴留群）、第六节（侯　娜）

第三章：

第一节（余冬平）、第二节（陈　波）

第四章：

第一节（范波涛）、第二节（李兴柱）、第三节（张艳贞）

第四节（李兴柱）、第五节（余冬平）、第六节（于景江）

第七节（王文清）、第八节（张　晖）

第五章：

第一节（杨设平）、第二节（李延荃）

感谢教育部体卫司廖文科副司长和教材编委会各位领导、专家、学者对我校军事理论课程教学和教材建设的关心！感谢科学出版社的大力支持和各位编辑的辛勤工作。本书编写过程中，中央财经大学国防经济与管理研究院杨静副院长进行了出色的组织工作，院办公室张海燕主任进行了细致的联络、保障工作，特此表示最诚挚的谢意！

中央财经大学国防经济与管理研究院

国防教育研究所/军事教研室

2010年6月

目　录

第一章

心系国防：国防与武装力量

- 国防概述
- 国防建设
- 国防法规
- 武装力量
- 国防动员

第一节 国防概述

“民无兵不安，国无防不立”，国防是人类社会发展与安全需求的产物，是国家生存和发展的安全保障。关注国防、了解国防、建设国防，是我们神圣而义不容辞的责任。

一、国防的含义和类型

（一）国防的含义

国防，即国家防务，是国家为防备和抵抗侵略，制止武装颠覆，保卫国家的主权、统一、领土完整和安全所进行的军事活动，以及与军事有关的政治、经济、外交、科技、教育等方面的活动。①

国防是一个历史概念，在人类发展的历史长河中，并不是一开始就有国防的，它是随着阶级和国家的产生而产生的。

专栏1-1 奇妙的“国”与“國”

有国才需要防，这一点我们从汉字的构造上也可以看出，简体的“国”字，“口”字里面装个“玉”，玉是中华民族文化中美好的象征，但没有四边的防，这块玉是必碎无疑；繁体的“國”字，“或”，邦也，把国与象征兵器的“戈”联系在一起，以戈守口，具有明确的保卫之意，有兵器的防卫才有国。

——彭光谦．中国国防．五洲传播出版社，2004.5

无国防则无以立国。现代国防，是一种立体的、全球性的活动，被注入了全新的内容。国防的基本要素包括：

- 国防的主体（即国防活动的实行者），通常为国家。国防是国家的事业，是国家固有职能。任何国家，从诞生之日起，就要固国强边，防备和抵御各种外来侵略，以保障国家的安全，维系国家生存。国防随着国家的产生而产生，随着国家的发展而发展。
- 国防的目的，主要是捍卫国家的主权、统一、领土完整和安全。
- 国防的手段，是为达到国防目的而采取的方法和措施，包括军事活动以及与军事有关的政治、经济、外交、科技和教育等方面的活动。
- 国防的对象，是指国防所要防备、抵抗和制止的行为，这是一个涉及国家在什么情况下可以使用国防力量的重大问题。

① 中华人民共和国国防法。

（二）国防的基本类型

国防性质是由国家的社会制度和国家的政策所决定的。目前，世界各国的国防类型归纳起来主要有以下四种：

第一类，扩张型。即奉行霸权主义侵略扩张政策的国家，为维护本国在世界许多地区的利益，打着防卫的幌子，对别国侵略、颠覆和渗透。把国防作为侵犯别国主权和领土、干涉他国内政的代名词。例如，美国为了扩张在世界各地建立了 300 多个军事基地，在全球各地实行军事力量“前沿存在”，以维护美国的利益，同时对他国进行侵犯和干涉。

第二类，自卫型。自卫型国防以防止外敌侵略为目的。在国防建设上，主要依靠本国的力量，广泛争取国际上的同情和支持，以维护本国安全、周边地区和世界的和平与稳定。

第三类，联盟型。也就是以结盟形式，联合一部分国家来弥补自身力量的不足。联盟型国防从联盟国之间的关系来看，还可分为一元体联盟和多元体联盟。一元体联盟就是有一个大国处于盟主地位，其他国从属于该国。目前日本、韩国的国防基本属于此类型，其都是以美国为盟主建立的国防。多元体联盟则是各国基本处于伙伴关系，共同协商防卫大计，如北约组织和前苏联解体后的独联体组织。在联盟型国防中，也可以分为扩张和自卫两种情况。

第四类，中立型。主要是指中小发达国家，为保障本国的繁荣和安全，严守和平中立的国防政策，实施总体防御战略和寓兵于民的防御体系，如瑞士、瑞典，寓兵于民，大搞全民皆兵的国防。有的则采取完全不设防的方式，如圣马力诺是个无军队之国，只有少数警察来维护社会秩序，就是失火了，也是请邻国意大利的消防队去救火。

我国的政治制度和国家政策决定了我国采取自卫型国防。我国是社会主义国家，在对外关系方面一贯奉行“和平共处”五项原则。我国向世界公开承诺，永远不称霸，不做超级大国，不首先使用核武器或以核武器相威胁，不对无核国家和地区使用核武器，不侵略别国。以反对侵略、维护世界和平、保卫国家安全与发展为国防的根本宗旨。在国防力量的运用上，坚持自卫立场，实行积极防御的战略方针。

二、现代国防的基本特征

现代国防又叫做社会国防、大国防、全民国防。现代国防是对传统国防的继承和发展，是一种全新的国防观念和新的国防实践活动。

（一）现代国防是国家综合国力的体现

现代国防绝非单纯的武力较量，而是在综合国力的基础上，以军事手段为主，在政治、经济、科技、外交和文化等多种手段配合下进行的总体较量。现代国防，已成为综合国力的对抗。

专栏 1-2　综合国力

综合国力主要由人力、自然力、政治力、经济力、科技力、精神力和国防力等组成。其中经济实力、国防实力和民族凝聚力是综合国力的基本要素，经济实力是基础，国防实力是支柱，民族凝聚力是灵魂。

——陈德第等. 国防经济学大辞典. 军事科学出版社，2001

现代国防与国家的综合国力有着密切联系，国家的发展水平制约着武器装备发展水平和国防力量的总规模。事实证明，没有强大的综合国力，国防建设只能是空中楼阁。美国从空袭伊拉克、科索沃战争到伊拉克战争，之所以敢冒天下之大不韪，大打出手，其倚仗的正是其强大的经济实力，倚仗的正是其拥有的在世界上最强大的军事力量。

此外，国防不仅依赖于国家的现实实力，而且还依赖于国家的潜力及将潜力转化为现实实力的能力，如国土面积、地理位置、自然资源、生产能力、人口数量和质量、科技和文化水平、交通运输、通信状况、国家政策、管理能力、国际关系和国际地位等。如何充分运用本国所具有的各种条件，并在战时尽快而有效地使其转化为战争能力，是一个国家综合国力强弱的重要体现。在科索沃战争中后期，以美国为首的北约从打击军事目标到向民用基础设施开火，以主要力量轰炸南联盟的制造工厂、炼油厂、发电厂、道路和桥梁等，其目的就是摧毁南联盟的战争潜力。用美国人自己的话讲，就是彻底打垮南联盟的国防，最后剥夺南联盟人民的生存权和发展权。

（二）现代国防是多种斗争形式的角逐

现代国防下的斗争，不仅继续以双方军事实力在战场上进行武力较量为基本形式，而且也是通过非武力斗争形式进行的角逐，如政治斗争、心理斗争、经济斗争、科技斗争、外交谈判及军备控制等。例如，在 1999 年 3 月 24 日开始的科索沃战争中，交战双方不仅在军事上进行激烈的对抗，而且在心理上和精神上进行针锋相对的斗争。南联盟面对数十倍于己的军事强敌，数百倍于己的北约国家经济实力，不屈不挠、万众一心，把举国迎敌的强大凝聚力，上升为一股民族精神；通过反空袭战果，尤其是击落 F-117 的事实，来证实自己的作战能力；通过处理战俘问题，向北约官兵施加心理压力；通过民众反战行动，甚至举行广场音乐会，来弘扬民族凝聚力，宣扬南联盟人民的抵抗决心，鼓舞军民的反战士气。“兵战”与“心战”一体化，将心理战贯穿于各项军事行动之中，形成一道坚实的国防线，有效地抗击了北约的空袭。这充分说明：现代国防是以军事力量对抗为主、多种斗争形式融为一体的综合角逐。

（三）现代国防既是一种国家行为又是一种国际行为

一个国家想要持续发展，重要条件之一是巩固国防。国防巩固，国家才能调动一切人力物力进行经济建设，人民也才能安居乐业。然而，经济全球化的发展趋势，使得国家的发展离不开国际环境。世界的和平与战争、经济的繁荣与衰退，都是一个国家持续发展的相关因素，也涉及国防的方方面面。尤其是对于周边国家局势动荡的国家，就应在国防方面给予更多的关注，如果他国武力相加，该国就必须做好迎接外来挑战的准备。可见，现代国防作为一种国家基本行为的同时，也日益成为一种国际行为。

（四）现代国防具有多层次的目标

国际政治、经济在现代国防上打下的烙印越来越深。由于各国的国家利益不同，特别是经济利益不同，因此所制订的战略也各有不同，再加上各国军事实力和综合国力的差异，就使得现代国防呈现出多层次的目标体系。

这一目标体系从范围上，可分为自卫目标、区域目标和全球目标。自卫目标主要由本国政治制度决定，其在国土之外的经济利益有限，加上自身实力不足，因此只将国防目标定位于自卫层次上，着眼于维护国家主权和领土完整。区域目标是指一些国家虽然在世界范围都有自己的经济利益，但不奉行扩张政策，或者军事实力达不到全球范围，所以将防卫目标锁定在本国及周边区域，也就是说，区域目标国防在维护本国安全利益这个层次上再提高一步，努力为本国发展创造一个良好的周边环境，并扩大自卫的纵深和弹性。全球目标则是指少数实力雄厚、推行扩张政策的国家，其国家利益遍及全球，出于保护本国利益、称霸世界的企图，将国防的目标对准世界，以维护世界和平、稳定和消除战争危险为旗号，进行侵略扩张，将自己的意志强加给别国。

还可从内涵上对国防的目标层次进行分类。一种是基于保证国家生存、民族独立型的国防，称为生存目标；另一种是国家生存无忧，民族独立无虑，其目标在于争取一个适合国家发展的空间，称之为发展目标。

总的来说，国防因国家性质、制度、国力及其推行的政策不同而具有不同的特征。所有国防的着眼点都在于捍卫和扩大国家利益。

三、中国国防的历史

国防，是一个历史概念。它伴随着国家的产生而产生，是为国家利益而服务的。中华民族五千年文明史，其国防有过丽日经天、万国归附、威震欧亚的光荣，也曾有过积贫积弱、有国无防、山河破碎的不堪回首。

（一）中国古代国防

中国古代国防，是指从公元前21世纪我国第一个奴隶制王朝——夏朝的建立开始，到1840年第一次鸦片战争爆发为止这段时期的国防。中国古代国防在这里重点介绍两个方面。

1．古代的兵制建设

兵制建设是我国古代国防的一个重要方面。兵制，即军事制度，也称军制，是国家或政治集团组织、管理、维持、储备和发展军事力量的制度。它包括武装力量体制、军事领导体制、兵役制度等方面的内容。

原始社会末期，没有军队，氏族之间的暴力斗争导致夏王朝的建立，奴隶主阶级为巩固其统治，镇压奴隶的反抗，平息被征服民族的反叛，抵御外族侵扰或继续征服周边的氏族，在客观上形成建立军队的必要性。同时，夏朝时期，青铜器冶炼技术已经发展起来，生产力已经较原始社会有了提高，基本具备建立军队的物质条件。所以，夏朝就出现了由少数不参加生产劳动的贵族上层成员组成的卫队，担任王室警卫，一旦发生战争，便临时征集平民组成军队。贵族的卫队就是军队的核心和骨干，这种贵族卫队就是夏朝最初形式的国家军队，也就是后世国家常备军的雏形。那时的军队由夏王亲自率领。

到了商朝，从殷墟出土的甲骨卜辞中，已经有“王作三师：左、中、右”的记载，这说明当时国家军队已经有固定的编制——王师。

商朝后期，随着社会的发展，战争的不断扩大，军队的建制也趋于成熟。在西周灭商的“牧野之战”中，已有“戎车三百乘，虎贲三千人，甲士四万五千人，以东伐纣”①的记载。同时西周已有“宗周（今西安西南）六师”、“成周（今洛阳东北）八师”之说。六师、八师的出现，说明西周已经出现常备军，而且常备军主要是车兵，最高单位为师。车兵的基本建制单位为“乘”，一个师为一百乘，师的统帅称“师氏”。并且出现了高层军事领导体制，周王、卿和司马。同时部队的组成也出现了不同的类型，有虎贲、甲士、车兵、步卒和厮徒等。

到了春秋战国时期，随着战车数量的增加，各国又出现军的编制，多数编为左、中、右三军或上、中、下三军，每军有战车二百乘左右。军事领导体制上也出现将、相分职，在国王之下，文职称相，武职为将，相议政、将领军，并且出现以将为领帅组成的军事机构。同时，随着冶铁业的发展，战国时期铁兵器已大量应用于战场，使军队由单一兵种向多兵种发展，西周时期的主要兵种——车兵及车战，到战国时地位逐渐下降，步兵从车兵的依附地位中解脱出来，成为一支独立的兵种，在战争中占据主要地位。

---

① 史记·周本纪。

继车兵、步兵之后，春秋战国之交产生的建制——骑兵，在战国时也成为战场上的一个重要兵种。同时，有的诸侯国水师也成为能独立作战的兵种。

公元前221年，秦统一中国后，随着中央集权制的建立，全国有了统一的军队，并形成由京师兵、郡县兵、边兵组成的武装力量体制。

京师兵：类似现在的野战部队或战略机动部队（兵称正卒），由皇帝直接指挥调遣。

郡县兵：主要部署在各郡县，维护地方政权（兵称更卒）。

边兵：主要部署在边境地区，类似现在的海、边防守备部队（兵称戍卒）。

自秦统一中国到清末，历代封建王朝根据各自的需要和条件，在专制主义中央集权制度的基础上，加强帝王的军权。

古代军事领导体制，有皇帝独制、兵权分制、兵符制约、兵将分离、以文制武几种类型。古代的兵役制度，先后出现过征兵制（秦汉）、募兵制、世兵制（三国）等几种形式。

2．古代的国防工程建设

我国古代为抵御外敌侵犯，巩固边海防，修筑了数量众多、规模庞大的国防工程，如城池、长城、京杭运河及海防要塞等。仅以边防、海防建设为例。我国明朝就已经形成了比较有代表性的完整的边、海防体系。

（1）**边防建设**　万里长城是举世闻名的中国古代巨大国防工程。早在两千多年前，战国时期的燕国、赵国、秦国开始各自修建长城，那时是一段一段修建。秦始皇统一六国后，派大将蒙恬负责，征集大量人员，大力修建和扩展，把北部长城连接起来。以后，经各个朝代的多次修建，到明代形成东起辽东山海关、西至甘肃嘉峪关全长五千多公里（1.27万多华里）的长城。

历代还沿着长城一线设置重镇，驻守重兵，边防线上一旦有事，即可机动作战。历史上著名的有"九镇"、"三关"。

专栏1-3　九镇、三关

"九镇"是指辽东镇、蓟州镇、宣府镇、大同镇、太原镇、延绥镇、宁夏镇、固原镇及甘肃镇。

"九镇"作为一个整体，前有外三卫，后有内、外三关。外三卫是指大宁卫、开平卫、东胜卫。外三卫为九镇中坚部的外围要地，防维边塞。

内三关：居庸关、紫荆关、倒马关，内三关起着直接屏障京师的作用。

外三关：雁门关、宁武关、偏关，其固山西而联全陕，互为犄角，形成防卫整体，以卫京师。

——王中兴，刘立勤. 国防历史. 军事科学出版社，2003

（2）**海防建设**　我国古代海防建设是从明代开始的，明代以前，如春秋战国时期，一些依江傍海的诸侯国，虽建有水师，并进行水战和海上攻防作战，但还没有明确的海防设施。

元朝末年时，当时日本正处于南北朝的分裂时期，封建领主之下失意的武士、浪人、商人等形成庞大的海盗队伍，他们在中国东南沿海进行武装掠夺和骚扰，历史上称为“倭寇”。到了明朝初期，倭寇的侵扰活动日益严重，给沿海地区带来了深重的灾难。为了抵御倭寇，朱元璋开始加强海防建设，在沿海设置卫、所，建立水军，有效地防御了倭寇对我国东南沿海的入侵和骚扰。

明朝中期以后，朝政腐败，边防松弛，中国沿海地区倭患达到高潮，倭寇流窜数省，并深入内地，甚至攻掠到芜湖、南京。直到1561年，严嵩专权结束，抗倭斗争才取得了进展。其中，最著名的抗倭名将戚继光，他在浙江组成戚家军，在沿海地区构筑水城，编练军队，在浙江与倭寇的斗争中九战九胜，并先后消灭了福建、广东的倭寇，于1566年彻底平定倭寇，使海防得到巩固。

清朝前期，在明代卫、所的基础上，逐步将沿海建成炮台要塞式的防御体系。分为海岛要塞、海口要塞、海岸要塞和江防要塞。

海岛要塞有长山、舟山、澎湖等。

海口要塞有虎门、温州、镇海、吴淞、大沽等。

海岸要塞有厦门、福州、乍浦、威海、烟台、山海关、旅顺、大连等。

江防要塞有江阴、江宁（南京）、营口等。

除建有这些炮台要塞式的防御体系，还编有江河水师和外海水师。在天津还建有满蒙八旗水师营（相当于海军基地）。但是，随着清政府的腐败，到清朝中期海防日渐虚弱。

（二）中国近代国防

中国近代国防是指自1840年鸦片战争开始到1949年新中国成立，也就是清朝后期、北洋军阀统治时期和国民党政府统治时期的国防。

这100多年间，随着统治阶级的腐败衰落，中国的国防每况愈下，中华民族屡遭外敌侵略欺侮。中国近代国防史，是一部遭受民族耻辱的历史，也是中国人民反对外国列强侵略和压迫，争取民族独立和解放的斗争史。

1. 清朝后期的国防

清朝后期的国防，指1840～1911年的国防。这一时期，国防衰败，强敌入侵，中华民族受尽欺凌。

1840年鸦片战争以前，中国是一个主权独立的封建国家，对外实行“闭关锁国”的政策，虽然生产力的发展已经开始落后于当时欧美各主要资本主义国家，但从国防上看，还是巩固的。

18世纪后期，中国封建社会开始走下坡路，国防力量由盛到衰，在鸦片战争前夕，

国防能力衰竭到极点，将无斗志，兵不能战，军队装备仍然是古典式的大刀、长矛、弓箭，以及少量的鸟枪、火绳枪和用黑色炸药发射的铁炮；作战方法仍采取以往方阵形的密集整体冲杀，作战指导仍是以骑射为主的思想。相反，当时世界资本主义正处于迅速发展时期，军事上热兵器代替冷兵器，作战方法上广泛运用“线式”散兵战术，作战能力大大提高。资产阶级在其强大国防力的支持下，向国外扩大市场，他们除了向中国输出一般商品外，还大量向中国倾销鸦片，年输入量由19世纪初的4千箱左右，到1838年猛增至4万余箱。鸦片的大量输入，严重损害了中国的经济生活和人民的健康，给中国社会带来了沉重的灾难。

在这种情况下，清道光皇帝派林则徐到广东查禁鸦片。林则徐在当地人民的支持下，于1838年四五月，缴获英、美等国输入的鸦片237万斤[①]，在虎门海滩上全部销毁，这就是历史上有名的虎门销烟。

由于中国的禁烟，使英国资产阶级牟取高额利润，最大限度地掠夺中国人民的美梦破灭，他们为了贪婪的欲望，便以鸦片为借口，于1840年发动侵华战争，这就是第一次鸦片战争。1842年，战败的清王朝被迫在英国的军舰上签订了我国历史上第一个丧权辱国的不平等条约——中英《南京条约》。中国的领土和主权遭到破坏，开始沦为半殖民地半封建社会。

1856～1860年，英国不满足它已获得的利益，联合法国，分别以“亚罗号事件”和“马神甫事件”为借口，对中国发动了第二次鸦片战争。战败的清王朝被迫与英国签订中英《天津条约》，与法国签订中法《北京条约》。此时的沙俄趁火打劫，强迫清政府签订中俄《瑷珲条约》、中俄《北京条约》等一系列条约，割占了中国大片的领土。中国的领土主权进一步遭到破坏，半殖民地程度加深。

19世纪80年代初，法国殖民主义者在完全占领越南后，开始觊觎我国西南地区。1884～1885年的中法战争中，爱国将领冯子材率领的清军奋勇杀敌，在刘永福黑旗军的配合下痛击法军，取得了镇南关大捷，由此导致法国茹费里内阁的倒台。但是腐败的清政府却一味苟且偷安，李鸿章认为法国船坚炮利，强大无敌，中国即便一时而胜，难保终久不败，不如趁胜而和。因此，清政府和法国签订了《中法新约》，将广西和云南两省的部分权益出卖给法国，使中国不败而败，法国不胜而胜。清政府的腐败无能暴露无遗。

1894年日本以清朝出兵朝鲜为由发动了甲午战争。北洋水师全军覆没，清政府被迫与日本签订《马关条约》，中国被进一步肢解，中国半殖民地程度进一步加深，民族危机日益加剧。

1900年，英、美、德、法、俄、日、意、奥八国，以保护在华侨民“利益”为借口，组成联军，发动侵华战争。战败的清政府被迫与八国签订《辛丑条约》。这个

① 1斤=500克。

条约从政治、经济、军事各方面都扩大和加深了帝国主义对中国的统治，表明清政府已完全成为帝国主义统治中国的工具，中国完全沦为半殖民地半封建社会。

在外国列强弱肉强食政策下，从 1840 年鸦片战争到 1911 年辛亥革命的 70 多年间，中国五次战败，先后有近 20 个国家的侵略者践踏过我国的国土，抢掠过我国的财物，屠杀过我们的同胞，参与过损害我国主权的罪恶活动。在此期间，外国侵略者还强迫腐败的清政府签订了 500 多个不平等条约。每个不平等条约都是对中国最野蛮的掠夺。香港，被迫割让给英国；澳门，被葡萄牙霸占；沙俄侵吞我国东北 150 多万平方公里的土地；日本占领台湾及澎湖列岛；旅顺、胶州湾、广州湾等地成了帝国主义列强的租借地。据记载，列强对华的 500 多个不平等条约，共赔款 2700 万元、白银 7 亿多两。在中华大地上，俄国在长城以北，英国在长江流域、日本在台湾、福建，德国在山东，法国在云南，分别形成自己的势力范围。

2．民国时期的国防

1911 年的辛亥革命，终于推翻了几千年的封建统治，但由于革命的不彻底，仍没有使中国摆脱半殖民地半封建的状况，帝国主义依然在华夏大地上横行无忌，他们为维护其在华利益，纷纷扶植自己的代理人：先有袁世凯称帝，后有张勋复辟，各派军阀以帝国主义为靠山，割据称雄，混战不休。直、皖、奉三大派系军阀先后窃取中央政权，贿选国会议员和总统，出卖国家和民族利益。此时，中国已无国防可言。1914 年日本借口对德宣战，出兵我国山东，强占胶济铁路和青岛（原是德国侵占）。1915 年日本又提出灭亡中国的“二十一条”。此时，沙俄策划“外蒙自治”，英国也提出将西藏从中国分割出去由英国统治的主张，在阴谋没有得逞的情况下，英国又在中印边境制造了一条非法的“麦克马洪线”。1918 年段祺瑞又签约，将我国东北置于日本的控制之下，并由日本掌握中国军队的训练权和警察权等。内忧外患，给中国造成严重破坏。“二十一条”的签订和“巴黎和会”中国外交的失败，充分暴露出北洋政府的腐败无能，使中国面临被帝国主义进一步瓜分的命运，激起了中华民族同仇敌忾、共御外侮的决心和勇气。以“五四”运动为标志，中国反帝反封建的资产阶级民主革命发展到新阶段。1921 年 7 月，中国共产党的成立，把中国人民的救亡图存斗争推向新的阶段，中国工人阶级开始以自觉的姿态登上历史舞台。

1931 年 9 月 18 日，日本发动“九一八”事变。面对日本帝国主义的野蛮侵略，蒋介石却奉行“攘外必先安内”的方针，一味奉行不抵抗政策，出卖民族利益，使东北大片国土迅速沦陷。1937 年 7 月 7 日，日本发动“卢沟桥事变”，进一步扩大了对中国的侵略，中华民族到了生死存亡的紧要关头。中国共产党高举团结抗日的旗帜，肩负起救民族于危难的神圣使命，领导全国各族人民进行了艰苦卓绝的八年抗战，最终取得我国近代史上第一次抗击外敌侵略的完全胜利。

抗日战争胜利后，中国人民迫切需要一个和平安全休养生息的环境，中国共产

党顺民心，从民愿，不计前嫌，准备与国民党第三次携手，合作建国。但蒋介石背信弃义，妄图消灭中国共产党及其所领导的军队。在中国共产党的领导下，经过三年解放战争，中国人民终于推翻了蒋家王朝，建立了新中国。

（三）中国国防历史的启示

中国数千年的国防史告诉我们：经济发展是国防强大的基础，政治开明是国防巩固的根本，国家统一和民族团结是国防强大的关键。

1．经济发展是国防强大的基础

经济是国防的物质基础，国防强大依赖经济发展，这是我国国防历史给予我们的深刻启示。

早在春秋时期齐国的政治家管仲就提出“富国强兵”的思想，孙子则更直接地指出：兵不强则不可以摧敌，国不富不可以养兵，富国是强兵之本，强兵之急。例如，汉、唐、明、清各代前期国防的强盛，都是与民休养生息、发展经济的结果；与此相反，各个朝代的衰落、灭亡，遭受外敌的入侵而不能自保，几乎毫不例外地是由于这个王朝后期政治腐败，经济落后，结果动摇了国防的根基。由此可见，只有经济的强盛，才能有政权的稳固、国家的安全。

2．政治开明是国防巩固的根本

国家政策的正确与否，直接关系到国防的兴衰。只有政治的昌明，才能有巩固的国防。这是国防历史给我们提出的又一深刻启示。

纵观我国数千年的国防史，不难发现，凡是兴盛的时期和朝代，都十分注意修明政治，实行较为开明的治国之策。原本西陲小国的秦国，从商鞅变法开始，修政治，明法度，发展生产，繁荣经济，国防日渐强大，为吞并六国奠定了坚实的基础；唐朝初建之时，满目疮痍，百废待兴，正是由于制定并实施了一系列开明的政治制度，使国家很快从隋末的战争废墟中恢复过来，成为国力昌盛、空前统一的大唐帝国。相反，秦朝在统一中国后实行暴政，激起农民起义，秦始皇千秋万代、子孙相继基业的梦想也只能是一个梦想。特别是近代中国，由于清政府政治日趋腐朽，面对列强入侵，屡战屡败，割地赔款，将中国人民带进了苦难的深渊，也导致了清王朝的最终灭亡。国防的兴衰，王朝的更替，近代中国人民的百年国耻，都深刻地告诉我们，政治开明是国防巩固的基础，是国家得以长治久安的根本保证。

3．国家统一和民族团结是国防强大的关键

我国国防史给予我们的另一个重要启示就是，在面临外敌入侵、国家危亡的关头，只有国家统一、民族团结、共同抵抗，才能筑起一道坚固的国防长城，取得反侵略战争的胜利。

近代西方列强对我国发动的一系列侵略战争，使我国山河破碎，有国无防。一个重要的原因就是，清朝统治者在侵略者面前，不仅不发动和依靠广大人民群众进

行反侵略的正义战争，反而认为“患不在外而在内”，甚至在义和团奋起抗击八国联军的时候，清朝统治者竟企图借外国侵略者之手消灭义和团。由于统治者害怕人民，采取与人民对立的立场，尽管广大人民奋起反抗侵略者，但都处于自发、分散的状态，缺乏统一指挥，没有形成一致对外的合力，无法改变战争的局面。抗日战争时期，中国共产党主张全国军民团结起来，建立广泛的抗日民族统一战线，共同抵抗日寇侵略。同时，坚持人民战争的战略指导方针，放手发动群众，同全国军民一道有效地打击了日本侵略者，最后取得抗日战争的全面胜利。历史证明，国家的统一，民族的团结，才是国防的真正钢铁长城。

第二节　国 防 建 设

国防建设是国家为提高国防能力而进行的各方面的建设。国防建设包括武装力量建设，边防、海防、空防、人防及战场建设，国防科技与国防工业建设，国防法规与动员体制建设，国防教育，以及与国防相关的交通运输、邮电、能源、水利、气象、航天等方面的建设。

一、新中国国防建设的几个阶段

新中国成立后，中国国防的性质发生了根本性的变化。从某种意义上说，这个时候，我国才有了真正的国防，中国才真正走上了强国强军之路。概括起来，新中国国防大体经历了五个发展阶段。

第一阶段，恢复时期（1949～1953 年）　这一时期新中国的主要任务是外御侵略、内治创伤，振兴民族经济。主要完成了三大国防任务：解放祖国大陆和大部分沿海岛屿，奠定国内安定局面。取得抗美援朝战争的胜利，消除国外势力对中国安全的直接威胁。人民解放军正规化建设开始全面起步，逐步完成从单一陆军向诸军兵种全面建设的过渡。

第二阶段，调整时期（1954～1965 年）　这一阶段中国国防建设突飞猛进，初步形成了具有中国特色的国防体系。中国制定了“积极防御”的战略方针，开始实施实现中国国防现代化的重大战略措施。军队全面展开革命化、现代化、正规化建设，现代条件下合同作战能力基本形成。国防科技工业体系初步建立，常规武器基本实现国产化，某些领域已经接近当时的世界先进水平，并成功试爆了中国第一颗原子弹。全军加强战备，保卫边海防，捍卫了祖国领土完整。

第三阶段，曲折中发展时期（1966～1976 年）　“文化大革命”中，国防和军队建设遭到严重干扰和破坏，军队正常的教育训练受到严重冲击。但军队基本保持稳定，顶住了国际霸权主义的压力。国防尖端技术在困难中长足发展，成功地进行

了地地导弹核武器试验和地下核试验，第一颗氢弹爆炸成功，第一颗人造卫星发射成功，极大增强了国防实力。

第四阶段，现代化建设新时期（1977～1989年）　党的十一届三中全会以后，随着国家工作重点的转移，国防建设进入一个新的历史时期。1985年，国家建设指导思想实行战略性转变，国防和军队建设从立足于“早打、大打、打核战争”的临战状态转变到和平建设的轨道上来。以国防和军队现代化建设为重点，走“精兵、合成、高效”的国防建设之路。

第五阶段，历史性飞跃发展时期（1990年至今）　1990年以来，我国国防建设进入一个历史性飞跃发展时期。1993年，中央军委确立了“打赢高技术条件下的局部战争”为主要内容的新时期军事战略方针。1995年提出了实现由应付一般条件下的局部战争，向打赢现代技术特别是高技术条件下的局部战争转变；由数量规模型向质量效能型、人力密集型向科技密集型转变的战略思想。坚持质量建军，走精兵之路，实施科技强军战略，极大提高了打赢局部战争的能力。

二、新中国国防建设的成就

新中国成立后，经过60多年的艰苦努力，我国国防建设取得了举世瞩目的成就，这些成就可归结为以下几个方面。

（一）建立了有中国特色的武装力量领导体制

新中国成立后，根据中央人民政府1949年10月19日的命令，成立中央人民政府人民革命军事委员会，作为全国武装力量的最高统帅机关。

1954年9月，第一届全国人民代表大会第一次会议通过的宪法规定，中华人民共和国主席统帅全国武装力量，并决定设立国防委员会和国防部，由国家主席担任国防委员会主席。与此同时，取消了中央人民政府人民革命军事委员会，在同月召开的中央政治局会议上，决定在中央政治局和书记处之下成立中共中央军事委员会，领导中国人民解放军和其他武装力量。

1982年，第五届全国人民代表大会在第五次会议通过的第四部宪法规定，设立中华人民共和国中央军事委员会，领导全国的武装力量。与此同时，中共中央军事委员会继续存在，其职能和国家中央军委完全相同。这表明中央军委同时有两个名义：一个是中共中央军委，一个是国家的中央军委，从而确立党和国家高度集中统一的行使领导职权的国防领导体制。

军委下设总参谋部、总政治部、总后勤部，作为军委的工作机关。为加强我军武器装备建设，1998年，中央军委增设了总装备部。在中央军委的领导下，还设有负责指挥驻守在各大战略区范围内的陆、海、空军部队和民兵的大军区领导机关和负责各军兵种组织建设、军事训练和战备作战的海军、空军、第二炮兵指挥机关，此外，直接隶属中央军委的还有军事科学院、国防大学、国防科学技术大学和武警部队等单位。

（二）中国人民解放军的革命化、现代化和正规化建设有了突破性进展

中华人民共和国成立时，人民解放军基本上是一支单一以步兵为主的陆军，炮兵、装甲兵等技术兵种所占比例非常小，且海军、空军仅具雏形。“我们将不但有一个强大的陆军，而且有一个强大的空军和一个强大的海军。”①1953 年 2 月，毛主席曾经用 5 天 6 夜的时间连续视察了“长江”舰和“洛阳”舰，并连续在两艘舰上题词：为了抵御帝国主义的侵略，我们一定要建设强大的海军。这足以表现出新中国领导人和新中国人民为建设一个强大国防的信心和渴望。也就是在这种力量的推动下，经过60多年的艰苦努力，人民解放军实现了由单一陆军向诸军兵种合成军队的发展，不仅研制和装备了种类比较齐全的常规武器装备，而且拥有了具有一定威慑力的原子弹、氢弹等尖端武器装备。

从陆军看，炮、装、工、通、化、防空、陆航等技术兵种已占70%。在常规武器方面已装备了大口径火炮，先进的坦克、装甲车、直升机也已编入陆军集团军，大大加强了火力、突击力、机动和快速反应能力。

从海军看，我国海军舰艇部队日趋导弹化、电子化、自动化。目前在海军部队服役的各类主要作战舰艇的数量，比初创阶段的 50 年代增加了 10 倍。舰船普遍采用卫星导航技术。过去的小炮艇和鱼雷艇，已被国产的导弹驱逐舰、导弹护卫舰、导弹快艇和各类潜艇所代替。训练舰、大型补给船、科研试验船和核动力潜艇等新型舰艇，都投入服役。整个海军，已具有相当规模的立体作战能力。

从空军看，我国空军拥有作战飞机数量居世界第三位。其中，有高空高速重型歼击机，有先进水平的轻型歼击机，有具备一定突防攻击轰炸能力的轻型强击机和中程亚音速轰炸机，还有布雷飞机、电子干扰飞机等。在全国范围内，构成了以航空兵为主体，包括地空导弹兵、高射炮兵、空降兵、雷达兵、通信兵在内的诸兵种合成的完整防空体系。

从第二炮兵看，我军第二炮兵已装备了多种型号的东风系列地地战略导弹，射程从数百公里至一万多公里，威力从几十吨到数百万吨 TNT 当量。既可固定发射，又可机动发射。同时建有与之相配套的作战、防护工程和各种设施，使之具有较强的生存能力。由于采用了先进可靠的制导技术，可随时按党中央和中央军委的命令给侵略者以毁灭性打击。

20 世纪 90 年代以来，人民解放军继续向更高级阶段迈进。根据高技术战争的特点和影响，我军开始把军事斗争准备的立足点放在打赢现代技术特别是高技术条

① 毛泽东选集。

件下的局部战争上，军队建设正逐步实现由数量规模型向质量效能型、由人力密集型向科技密集型的转变。

在发展武器装备方面，根据现代技术特别是高技术条件下局部战争的需要，努力发展高技术“撒手锏”武器。我军常规武器已进入自行研制的新阶段，显著地提高了我军打赢未来高技术条件下局部战争的能力。

在改革调整体制编制方面，在进一步压缩军队规模、减少数量的同时，根据优先发展海军、空军、二炮及加强技术兵种建设的原则，优化诸军兵种的比例结构，完善合成体制，使军队体制编制更能适应联合作战的需要。

（三）形成了门类齐全、综合配套的国防科技工业体系

国防科技是衡量一个国家综合国力的重要标志之一，也是国防现代化建设的一个重要方面。经过 60 多年的建设和发展，我国的国防科技工业从无到有、从小到大、从落后到先进，建立起了包括电子、船舶、兵器、航空、航天和核能等门类齐全、综合配套的科研实验生产体系，取得了一大批具有国内或国际先进水平的科研成果，为我军现代化建设和切实增强我国的综合国力做出了重要贡献。

在军事电子方面，逐步发展成为具有相当规模、门类齐全的新兴工业部门，特别是在指挥自动化、情报侦察、预警探测、电子对抗和通信等方面，为我军提供了各种新式装备和产品，进一步增强了部队侦察、通信、指挥和作战能力；在船舶工业方面，先后自行研制建造了核动力潜艇、常规潜艇、导弹驱逐舰、导弹护卫舰、导弹快艇等作战舰艇以及各种辅助船舶和新型鱼雷、水雷、反水雷等新装备；在兵器工业方面，研制生产了一大批性能先进的坦克、装甲车辆、火炮、弹药、轻武器、军用光电器材和综合火控、指挥系统等新型武器装备，为我军现代化建设做出了重要贡献；在航空工业方面，已累计生产歼击机、轰炸机、直升机、运输机、教练机等 60 多个型号 1 万余架军用飞机，基本满足了海空军作战和飞行训练的需要；在航天科技工业方面，已拥有地地、地空、海空和空空导弹武器系统，运载火箭、各种应用卫星的研制发射和实验能力，在世界航天技术领域占有一席之地；在核工业方面，我国不仅可以生产制造原子弹、氢弹，还掌握了核潜艇技术，形成了我国的核威慑力量。

专栏 1-4　新中国国防物质技术基础建设大事年表

1951 年	成立军委航空工业委员会
1958 年	提出制造原子弹，制定第一个国防工业十年规划
1959 年	制造出 59 式坦克
1964 年	中程地-地导弹装备部队
1964 年	第一颗原子弹爆炸成功

1969 年	首次地下核试验成功
1970 年	远程地-地导弹发射成功，4 月发射第一颗人造卫星；长征一号火箭发射成功，核潜艇水下发射成功，核动力潜艇开始装备部队
1975 年	中程地-地核导弹发射成功，11 月长征二号火箭发射的返回式卫星发射成功
1976 年	国产歼 6 飞机定型
1980 年	歼 8 飞机定型
1981 年	一箭三星发射成功，近、中、远程战略导弹开始装备部队
1984 年	长征三号火箭发射地球定制轨道卫星
1987 年	洲际导弹设计定型
1988 年	歼 7-3 飞机定型
1989 年	直-8 飞机定型
1990 年	发射第五颗通信卫星，开始发射外国卫星
1991 年	发射探空火箭
1994 年	发射澳星，用长征三号火箭发射空间探测卫星
1995 年	为美国发射卫星，发射亚洲 2 号卫星
1999 年	我国第一艘试验飞船“神舟一号”发射成功
2001 年	“神舟二号”飞船发射成功
2002 年	“神舟三号”飞船发射成功，12 月“神舟四号”飞船发射成功
2003 年	我国第一艘载人飞船“神舟五号”发射成功
2005 年	“神舟六号”发射成功
2008 年	“神舟七号”发射成功

——根据《新中国成立以来国防和军队建设成果展》及有关资料整理

（四）国防后备力量建设取得了长足发展

党和国家历来十分重视国防后备力量建设。1985 年，党中央、国务院、中央军委又明确提出“精干的常备军和强大的后备力量相结合，是建设现代化国防的必由之路”这一基本指导方针。我国国防后备力量建设，经过几十年的努力，取得了明显的成绩。一是健全了国防动员机构。在党中央、国务院领导下，地方各省、市、自治区政府都设有动员机构。军队从总部机关到各军区、集团军、师团均设有动员机构和动员军官。各地的省军区、军分区、人武部门，既是同级党委的军事部门，又是政府的兵役机关，是兼后备力量建设与动员工作于一体的机构。所有这些机构的建立，为战时动员的顺利开展奠定了良好的基础。二是建立了强大的国防后备力量。我国国防动员体制除自上而下地建立人民武装领导机构外，实行民兵与预备役相结合的制度。民兵已基本做到“三落实”，完成了由单一步兵向多兵种转换，成为已具有专业技术兵在内的强大武装力量。预备役部队由现役

军人为骨干、预备役人员为基础组成，在军政素质、动员速度、反应能力等方面达到了较高水平。

三、中国的国防政策

国防政策，是指国家进行国防建设和使用国防力量的准则，是国防建设和国家安全的保证。我国的国防政策是由我国的国家利益、社会制度、对外政策和历史文化传统等因素决定的。

专栏 1-5　中国的国防政策

中国奉行防御性的国防政策。中国把捍卫国家主权、安全、领土完整，保障国家发展利益和保护人民利益放在高于一切的位置，努力建设与国家安全和发展利益相适应的巩固国防和强大军队，在全面建设小康社会进程中实现富国和强军的统一。

新世纪新阶段中国国防政策的基本内容是：维护国家安全统一，保障国家发展利益；实现国防和军队建设全面协调可持续发展；加强以信息化为主要标志的军队质量建设；贯彻积极防御的军事战略方针；坚持自卫防御的核战略；营造有利于国家和平发展的安全环境。

——国务院新闻办公室．2008 年中国的国防，2009

具体地说，我国现行国防政策的主要内容包括以下几点。

（一）实行积极防御的军事战略，坚决保卫国家利益

我国实行积极防御军事战略，在战略上坚持防御、自卫和后发制人的原则，但这种防御不是消极的，防御中也有进攻。它是和平时期努力遏制战争与准备打赢自卫战争的有机统一，是战争时期战略上的防御与战役战斗上的积极攻势行动的有机统一。

为适应世界军事领域的深刻变革和国家发展战略的要求，我国制定了新时期积极防御的军事战略方针。这一方针立足于打赢现代技术特别是高技术条件下的局部战争；这一方针注重遏制战争的爆发；这一方针坚持和发展人民战争思想。

（二）国防建设与经济建设协调发展

坚持国防建设与经济建设协调发展的方针，在经济发展的基础上推进国防和军队现代化。经济建设是国防建设的基础，国防建设的发展最终取决于经济建设的发展。国防现代化需要国家雄厚的经济力量和技术力量的支持，国防现代化水平只能随着国家经济实力的增强而逐步提高。另一方面，建立巩固的国防是我国现代化建设的战略任务，国防现代化建设是国家现代化建设的重要组成部分，加强国防建设是维护国家安全统一和全面建设小康社会的重要保障，也是国家安全和经济发展的基本保证。

（三）坚持走有中国特色的精兵之路

在新的历史时期，军队努力加强质量建设，走有中国特色的精兵之路，建设一支有中国特色的革命化、现代化、正规化的人民军队。控制数量，提高质量，是我军现代化建设的一条基本方针。军队实行科技强军战略，实现由数量型向质量型、由人力密集型向科技密集型的转变；按照现代战争的特点，努力提高武器现代化的水平，改革和完善军队的体制编制，改进部队训练和院校教育的内容与方法。

（四）独立自主地建设和巩固国防

我国的社会制度、对外政策、历史传统和自然地理等国情，决定了我国必须独立自主地建设和巩固国防。独立自主，就是立足于依靠自己的力量来保障国家的安全。事实证明，依赖别国，就有可能受制于人，招致国家利益受损。我国独立自主的国防政策要求：坚持不与任何国家或国家集团结盟，不加入任何军事集团；坚持从国情出发，独立自主地进行决策和制定战略；坚持主要依靠自己的力量建设国防工业和国防科技体系，发展武器装备；坚持国家利益高于一切的原则，独立地处理一切对外军事事务。

（五）实现国防现代化

国防建设以现代化为中心，是由我国国防和军队建设的主要矛盾决定的。我国国防和军队建设的主要矛盾，是现代战争的客观需要同国防现代化、军队现代化水平还比较低的矛盾。只有坚持以现代化建设为中心，不断提高国防现代化、军队现代化的水平，才能适应现代战争特别是高技术局部战争的客观需要，有效地维护国家的安全。我国的国防现代化建设，必须从中国的实际情况出发，走有中国特色的国防现代化发展道路。国防现代化有着丰富的内容，其中，国防科学技术现代化是关键，武装力量特别是军队的现代化是重点。

（六）实行军民结合，全民自卫

在国防建设和国防斗争中，要继承和发扬人民战争的优良传统，坚决依靠广大人民群众，坚持军民结合、全民自卫的原则。在武装力量建设方面，重视民兵和预备役建设，实行精干的常备军与强大的后备力量相结合。发挥民兵和广大群众的威力，在边防、海防前线建立起军、警、民结合的联防体系，并重视发挥民兵在平时打击犯罪分子、维护社会治安和社会稳定中的作用。加强全民国防教育，提高人民群众的国防意识，健全国防动员机制，一旦发生战争，以保证能够充分动员广大人民群众实行全民自卫。国防工业和科技的发展，实行军民结合、平战结合的原则。在经济发展规划、工业生产布局、大型工程施工、科技教育发展、交通邮电建设等

方面都要做到军民结合、平战结合，实现寓国防人才于民，寓国防科技于民，寓国防物资于民，把国防事业植根于人民群众之中。

（七）致力于维护世界和平和促进人类进步事业

我国奉行独立自主的和平外交政策，不搞霸权主义，不搞侵略扩张，不同任何国家结成军事同盟，不在国外驻军或建立军事基地。我国支持国际社会采取的有利于维护世界和地区和平、安全、稳定的活动，支持国际社会为公正合理地解决国际争端、军备控制和裁军所做的努力。我国国防政策的核心和实质是：捍卫国家主权、统一、领土完整和安全，促进国家改革开放和国民经济发展，维护世界和我国周边国家稳定。

第三节　国 防 法 规

国防法规是调整国防和武装力量建设领域各种社会关系的法律规范的总和。国防法规是国家法律体系的重要组成部分，是加强国防和武装力量建设的基本依据，对于保障国防和军队建设的顺利进行具有十分重要的意义。

一、国防法规的产生和发展

史学家通常认为中国的法律起源于奴隶制的夏朝，国防法规也是如此，它是随着国家和战争的出现而产生的。我国古代典籍中有“师出以律”、“刑始于兵”的记载，表明国防法规产生于战争实践。

（一）奴隶社会的国防法规

在奴隶社会，军事法规的主要形式是临战前统治者发布的誓命文诰。例如，《尚书》中的甘誓、汤誓、牧誓、大诰、费誓等[①]，它们既是战争动员令、讨敌檄文，也是最初的军事法规。

我国奴隶社会国防法规具有两个鲜明的特点：第一，带有浓厚的神权色彩；第二，以厚赏重罚为中心。

（二）封建社会的国防法规

春秋战国时期是中国社会从奴隶制向封建制转变的时期。由于战争连续不断，法治思想萌发并日益盛行。因此，以调整建军、治军和作战活动的社会关系为目的的国防法规得到重大发展，中国封建制国防法规的基本雏形在这个阶段形成了。这

① 甘誓——夏书，甘之战；汤誓——商汤伐夏桀；牧誓——周武王伐商，曾作“牧誓”；费誓——周书，鲁侯伯禽征伐徐戎，曾作“费誓”。

一时期国防法规的内容更加广泛，从过去较多地约束作战人员扩展到适用于一般官吏和平民；调整的范围也更加宽广，举凡兵役征集、军官任免、军队调动、建军治军、战场纪律、后勤供给等方面均有法律规定。

我国封建社会的国防法规不再是临时性的军事誓言，而是稳定的成文法。而且，军事法规调整的范围不断扩展，军事立法、司法及监督制度也逐步建立起来。

秦朝（公元前221～前206）是中国历史上第一个统一的封建中央集权制国家。它崇尚武力，以战争征服六国；推崇法家，主张以法治国。因此秦朝的军事法不仅内容丰富，而且适应当时的军事需要。湖北云梦睡虎地出土的竹简和史籍表明，秦朝的法律有二十九种。其中，包括《军爵律》、《戍律》、《傅律》等多部军事法律。根据出土竹简记载，秦朝的法律有律、令、制、诏、式和问答等多种形式。其中，涉及军事的法律大体可分为以军事活动为主要内容的专律（如《傅律》、《敦表律》、《军爵律》）和含有部分军事内容的普通法律。秦朝军事法大多产生于连年征战中，较为适用于战争环境，利于增强军队战斗力。其中，有一分军功就有一定爵位的功赏相长原则，远比为秦所败的其他诸侯国先进。但秦晚期，法令日趋严苛，成为激起民变的因素之一。

隋朝和唐朝是中国封建社会国力强盛、法制较受重视的时期，封建军事法律此时趋于成熟和完备，执法也比较严谨。唐朝晚期和继唐之后的五代时期，藩镇割据，兵变频繁，法制逐渐紊乱。隋唐时期的国防法规从形式上大体可分为三类：①国家综合性法律，即律、令、格、式中有关军事活动的法律规范，如《擅兴律》、《军防令》、《兵部格》、《兵部式》等；②皇帝发布的制诏、敕书、德音等，其中，包含对军事活动的指令；③军队统帅和将领的命令，统称教令，一般仅适用于特定战区和特定军队内部，多为作战和军队管理内容，如李靖的《军令》和李荃的《誓众军令》等。

明朝是中国封建中央集权制高度发展的时期，特别重视运用法律加强军事建设。朱元璋在位期间，按“律者常经也，条例者一时之权宜也”的原则，建立层次门类较齐备的军事法，奠定了明朝的军事法基础。其后代在此基础上仅作了某些修订与具体补充。明朝的国防法规不仅集历代之大成，而且有了重要的创新——《大明律》改变了自秦汉以来把军事法规分列于多篇的做法，集中专列《兵律》一篇，使《大明律·兵律》成为覆盖军事各个方面的基本法。

清朝以大明律为蓝本制定了《大清律·兵律》，并根据本朝特点制定了《军令》，以后又定期编修有关军事内容的《则例》，最终形成数量较多、应时性较强的军事法规。

（三）中华民国时期的国防法规

中华民国经历了南京临时政府、北洋政府和南京国民政府三个时期。由于战争接连不断，各个时期的政府都重视用军事法来调整军队内部以及与军队有关的各种

关系，控制军权和增强军队的战斗力。另外，清王朝覆灭以后，中国社会变化剧烈，传统的封建军制和法制进一步崩解。在西方资产阶级军事法制理论的影响下，中国军事法在立法指导思想、法律形式和内容、司法体制等各方面都发生了深刻的变化，最终形成了近代军事法制体系。

南京国民政府时期制定了数量众多、形式多样、种类齐全的军事法规，基本上形成了相对完整的、近代化的、统一的军事法律体系。各种军事法规依其制定机关的法律地位和实施效力不同，大体上可分三类：①宪法性法规，这是武装力量存在和行动的根本依据。1931 年颁布的《中华民国训政时期约法》和 1947 年颁布的《中华民国宪法》规定了军队的地位、领导体制及其他有关国防的条款。②基本军事法规，如《兵役法》、《陆海空军刑法》等。③一般性军事法规，名称多为条例、章程、大纲、表等，通常针对较具体事项，如《陆军预算规程》、《海道测量局条例》、《兵工厂会计试行规则》、《政治部视察办法》等。此外，军队长官还可依权限发布行于军中的命令。

值得一提的是，1933 年 6 月，民国政府颁布了我国历史上第一部《兵役法》，规定实行征兵制，并建立了预备役制度。

（四）我国现行的国防法规

新中国成立后，国家一直非常重视国防法规建设。特别是改革开放以来，国家加大了国防立法工作的力度，制定了一系列国防法规，初步形成了具有中国特色的国防法规体系，使国防和武装力量建设走上法制化轨道。

我国的国防法规体系，按立法权限区分为四个层次——法律、法规、规章和地方性法规。从 1978 年至 2008 年 6 月，全国人民代表大会及其常务委员会制定的直接调整国防和武装力量建设的现今依然有效的法律及其有关法律问题的决定有 10 多件，国务院和中央军委联合制定的现今有效的军事行政法规近百件，中央军委制定的现今有效的军事法规 200 多件，各总部、军兵种、军区和武警部队制定的军事规章（含规范性文件）3000 多件，形成了比较完备的军事法律体系。一个以宪法为母法、国防法为龙头、条令条例为主体，涵盖国防领导体制、武装力量建设、兵役制度、国防动员、战备训练、军事勤务、行政管理、政治工作、后勤保障、人民防空、国防经济、国防科技、军费管理、国防教育、军事设施保护、维护军人合法权益、遵守国际约章，以及对外军事交流与合作等各方面的军事法体系框架基本形成。

第一个层次是法律。关于国防和武装力量建设的法律由全国人民代表大会及其常务委员会制定。全国人民代表大会及其常务委员会是我国立法体制中的最高立法机关，也是军事立法的最高层次，在军事立法体制中其职能是制定军事法律，其所制定的军事法律是军事法的最高层次。其中，全国人大制定的一般是军事方面的基本法律，全国人民代表大会及其常务委员会制定的是军事方面的单行法律。

第二个层次是法规。国家最高军事机关（中央军委）和最高行政机关（国务院）是授权的军事立法机关，也是军事立法的第二个层次，在军事立法体制中其职能是制定军事法规和军事行政法规，其所制定的军事法规和军事行政法规是军事法的第二个层次。其中，由中央军委单独制定的称军事法规，由国务院单独或和中央军委联合制定的称军事行政法规。军事法规和军事行政法规是国务院、中央军委根据国家宪法和法律，为加强国防和军队建设所做出的重要规定。

第三个层次是规章。由军委各总部、各军兵种、各军区制定的是军事规章，由国务院有关部委与军委有关总部联合制定的是军事行政规章。

第四个层次是地方性法规。由省、自治区、直辖市人民代表大会及其常务委员会制定的贯彻执行国家国防法规的实施办法、实施细则、补充规定等。

我国国防法规按调整领域划分为十六个门类：国防基本法类、国防组织法类、兵役法类、军事管理法类、军事刑法类、军事诉讼法类、国防经济法类、国防科技工业法类、国防动员法类、国防教育法类、军人权益保护法类、军事设施保护法类、特区驻军法类、紧急状态法类、战争法类及对外军事关系法类。

二、国防法规的特性

对国防法规特性的认识，可以从共性和个性两个角度来理解。

（一）国防法规的共性

国防法规是国家法律的组成部分，是由国家制定或认可的，并由国家强制力保证其实施的行为规范，具有法律的一般特性。一是鲜明的阶级性。二是高度的权威性。国防法规是由有立法权的国家机关制定的，除此之外，其他任何组织或个人都无权制定。三是严格的强制性。国防法规所确定的行为准则，必须严格遵守和执行，如果违反，要依法受到追究。四是普遍的适用性。法律面前人人平等，没有例外。五是相对的稳定性。国防法规是国家机关通过法定程序制定的，一经颁布，往往要稳定相当长的时间，不会朝令夕改。这些是国防法规的共性所在。

（二）国防法规的个性

国防法规还具有区别于其他法规的特殊性，主要表现在以下四个方面。

1．调整对象的军事性

法律是调整社会关系的行为规范，不同的法律规范用来调整不同领域的社会关系，国防法规所调整的是国防和武装力量建设领域的各种社会关系，既包括军队内部的社会关系、武装力量内部的社会关系，也包括武装力量与外部的社会关系。这些带有军事性的社会关系是国防法规特有的调整对象，是其他任何法律规范所不能代替的，这是国防法规特性的一个基本表现。

国防和武装力量建设领域的社会关系是军事性的，但这些社会关系所涉及的行为主体并不都是军队和军人。国防是国家行为，是整个国家的事，政治、经济、外交、科技、教育等各个部门和社会各阶层人士都与国防有密切的关系。调整对象的军事性绝不意味着国防法规只管军队，不管地方。一切社会团体和个人都必须按照国防法规的要求，履行自己的国防义务。

2. 公开程度的有限性

公开性是法律固有的特性，因为法律只有公开才能使人们普遍了解和遵守。所以，一般的法律不存在保密问题，但国防法规有些不同。从整体上来说，法制的公开性原则对国防法规也是适用的，一些基本的、主要的国防法规是公开的，如《中华人民共和国国防法》（以下简称《国防法》）、《中华人民共和国兵役法》（以下简称《兵役法》）、《中华人民共和国军事设施保护法》（以下简称《军事设施保护法》）等。但有一部分国防法规，特别是关于军队的作战、训练、编制、装备和战备工作等方面的法规只限一定范围的人员知晓，如《战斗条令》、《军事训练条例》、《战备工作条例》等，都规定了保密等级。所以说，国防法规的公开性是有限的，是公开性和保密性相结合的。为了加强法制，对能公开的国防法规，要尽量公开，以便大家了解和遵守。为了国家安全，该保密的国防法规也要严格保密，以免国家利益受到损害。

3. 司法适用的优先性

国防法规优先适用是指在解决与国防利益、军事利益有关的法律问题时，如果国防法规和其他法规都有相关的规定，这时要以国防法规的规定作为司法依据，以国防法规作为评判是非的标准和采取行动的准则，其他法规要服从国防法规。

优先适用不是指的先后顺序，而是一种排他性的单项选择。也就是说，在解决与国防利益、军事利益有关的法律问题时，只有国防法规起作用，其他法规不起作用。“特别法优先于普通法”是国际公认的法律适用原则。国防法规属于特别法，因而在司法过程中实行“军法优先”。

4. 处罚措施的严厉性

国防法规所保护的国防利益是关系国家兴衰存亡的最根本的国家利益，因而对危害国防利益的犯罪实行比较严厉的处罚。处罚措施的严厉性体现在三个方面。

第一，对于同一类型的犯罪，危害国防利益的要从重处罚。例如，《中华人民共和国刑法》（以下简称《刑法》）规定，抢劫罪通常处三年以上十年以下有期徒刑；而冒充军警人员抢劫的，抢劫军用物资的，处十年以上有期徒刑、无期徒刑或者死刑。

第二，对于同一类型的犯罪，战争时期从重处罚。所谓战时，是指国家宣布进入战争状态、部队受领作战任务或者遭敌袭击时，部队执行戒严任务或者处置突发性暴力事件也以战时论。《兵役法》、《刑法》的许多条款都申明战时从重处罚。例如，《兵役法》规定，平时应征公民拒绝、逃避征集拒不改正的，在两年内不得被录取为国家公务员、国有企业职工，不得出国或者升学，还可同时处以罚款；而战时要依法追究刑事责任。

第三，对军人违反职责的犯罪从重处罚。《刑法》规定的军人违反职责罪有 30 项罪名。其中，12 项罪名最高刑罚为死刑。对军人犯罪给予较重的处罚，是军事斗争的特殊性决定的，是保障完成军事任务的需要。

三、国防法规的主要内容

（一）国防基本法类

国防基本法是调整国防和武装力量建设领域基本社会关系的行为准则，对国防和武装力量建设具有全面的规范作用。国防基本法主要包括：《宪法》中有关国防和军事制度的规定以及《国防法》。

《宪法》是我国的根本大法，规定了国家的根本制度和根本任务，同时对经济、教育、文化、外交、国防和军事等各方面的基本制度也做出了规定。宪法关于国防和军事制度的规定构成国防基本法中具有领率作用的部分。

《国防法》是 1997 年 3 月 14 日由八届全国人民代表大会第五次会议审议通过的，是我国国防和武装力量建设领域的主要法典，共有十二章七十条。该法主要规定了国防活动的基本原则、国家机构的国防职权、武装力量、边防、海防和空防、国防科研生产、国防经费、国防动员和战争状态，公民、组织的国防义务和权利，军人的义务和权益，对外军事关系等。

《国防法》第四条规定：“国家独立自主、自力更生地建设和巩固国防，实行积极防御战略，坚持全民自卫原则。国家在集中力量进行经济建设的同时，加强国防建设，促进国防建设与经济建设协调发展。”第五条规定：“国家对国防活动实行统一的领导。”这表明了我国国防活动的五个基本原则——独立自主、积极防御、全民自卫、协调发展、统一领导。

（二）兵役法类

兵役法是规定国家兵役制度的法律规范，是公民依法服兵役的法律依据。新中国的第一部《兵役法》，是 1955 年 7 月由第一届全国人民代表大会第二次会议审议颁布的。从那时起，我国开始实行义务兵役制，建立了定期征兵、退伍制度，建立了预备役制度和学生军训制度。1984 年 5 月 31 日六届全国人大二次会议、1998 年 12 月 29 日九届全国人大常委会第六次会议又相继对《兵役法》进行了修改。现行《兵役法》共有十二章六十八条，主要规定了国家的基本兵役制度，平时征集，士兵的现役和预备役，军官的现役和预备役，民兵、预备役人员的军事训练，学生军事训练，战时兵员动员、惩处等。

我国的兵役制度经历了几个发展阶段：1955 年我国颁布的《兵役法》，规定实行义务兵役制。1984 年重新颁布新的《兵役法》，对我国兵役制度做了重大修改，规定我国实行义务兵役制为主体的义务兵与志愿兵相结合、民兵与预备役相结合的兵役制度。义务兵与志愿兵相结合，是常备军的兵役制度；民兵与预备役相结合，是后备力量的兵役制度。1998年修改《兵役法》，删去了“义务兵役制为主体”，以此形成了我国目前“义务兵与志愿兵相结合、民兵与预备役相结合”的兵役制度。

（三）国防教育法类

国防教育法是对全民进行国防教育的法律规范。国防教育关系到国家安全。古往今来，各国都非常重视通过立法来推动国防教育。公元前 8 世纪左右，斯巴达城邦国家的第一个立法者来库古，在把习惯法编纂为成文法时，制定了世界上第一部国防教育法——《国民军事教育法》，由此揭开了古希腊文明与强盛的一页。

我国也非常重视用法律来规范国防教育活动。我国《国防法》、《兵役法》、《教育法》等 7 部法律中都有关于国防教育的内容。2001 年 4 月 28 日九届全国人民代大会常委会第二十一次会议通过的《中华人民共和国国防教育法》，对国防教育做了全面的规范，是我们开展国防教育的基本法律依据。这部法律共有六章三十八条，主要规定了国防教育的地位、目的，国防教育的方针、原则，国防教育领导、保障，学校的国防教育，社会的国防教育和法律责任等。

专栏 1-6

《国防教育法》第二条规定：“国防教育是建设和巩固国防的基础，是增强民族凝聚力、提高全民素质的重要途径。”关于国防教育的目的，《国防教育法》第三条规定：“国家通过开展国防教育，使公民增强国防观念，掌握基本的国防知识，学习必要的军事技能，激发爱国热情，自觉履行国防义务。”关于国防教育的方针和原则，《国防教育法》第四条规定：“国防教育贯彻全民参与、长期坚持、讲求实效的方针，实行经常教育与集中教育相结合、普及教育与重点教育相结合、理论教育与行为教育相结合的原则，针对不同对象确定相应的教育内容分类组织实施。”第六条规定：“国务院领导全国的国防教育工作。中央军事委员会协同国务院开展全民国防教育。地方各级人民政府领导本行政区域内的国防教育工作。驻地军事机关协助和支持地方人民政府开展国防教育。”

——中华人民共和国国防教育法

（四）国防动员法类

国防动员法是调整国防动员领域各种社会关系的法律规范，是进行国防动员准备和组织实施国防动员的法律依据。在我国的《国防法》、《兵役法》、《国防动员法》、《人民防空法》和《国防交通条例》中都有关于动员的规定。

《国防法》第四十四条规定："中华人民共和国的主权、统一、领土完整和安全遭受到威胁时，国家依照宪法和法律规定，进行全国总动员或者局部动员。"第四十五条规定："国家在和平时期进行动员准备，将人民武装动员、国民经济动员、人民防空、国防交通等方面的动员准备纳入国家总体发展规划和计划，完善动员体制，增强动员潜力，提高动员能力。"第四十七条规定："国务院和中央军事委员会共同领导动员准备和动员实施工作。一切国家机关和武装力量、各政党和各社会团体、各企业事业单位和公民，在和平时期必须依照法律规定完成动员准备工作；在国家发布动员令后，必须完成规定的动员任务。"

《兵役法》第四十七条规定："为了对付敌人的突然袭击，抵抗侵略，各级人民政府、各级军事机关，在平时必须做好战时兵员动员的准备工作。"第四十八条规定："在国家发布动员令以后，各级人民政府、各级军事机关，必须迅速实施动员：（一）现役军人停止退出现役，休假、探亲的军人必须立即归队；（二）预备役人员随时准备应召服现役，在接到通知后，必须准时到指定的地点报到；（三）机关、团体、企业事业单位和乡、民族乡、镇的人民政府负责任，必须组织本单位被征召的预备役人员，按照规定的时间、地点报到；（四）交通运输部门要优先运送应召的预备役人员和返回部队的现役军人。"第四十九条规定："战时遇有特殊情况，国务院和中央军事委员会可以决定征召三十六岁至四十五岁的男性公民服现役。"

我国的《国防动员法》于 2010 年 2 月 26 日由第十一届全国人民代表大会常务委员会第十三次会议审议通过，自 2010 年 7 月 1 日起施行，共十四章七十二条。内容包括：总则，组织领导机构及其职权，国防动员计划、实施预案与潜力统计调查，与国防密切相关的建设项目和重要产品，预备役人员的储备与征召、战略物资储备与调用，军品科研、生产和维修保障，战争灾害的预防与救助，国防勤务，民用资源征用与补偿，宣传教育，特别措施，法律责任等。

当今世界正在发生复杂而深刻的变化，传统安全威胁与非传统安全威胁相互交织，我国安全面临诸多挑战。《国防动员法》的出台，是我国国防动员建设史上的一件大事，对于完善国防动员体系，增强国防动员潜力，提高快速动员能力，维护国家安全稳定，具有重要意义。

四、公民的国防权利和国防义务

（一）公民的国防权利

国防权利是指宪法、法律赋予公民、组织在国防方面享有的权利或利益。《国防法》第五十四条规定："公民和组织有对国防建设提出建议的权利，有对危害国防的行为进行制止或者检举的权利。"第五十五条规定："公民和组织因国防建设和军事活动在经济上受到直接损失的，可以依照国家有关规定取得补偿。"因此，根据《国

防法》的规定，我国公民享有的国防权利主要有四项。

提出建议权　公民依法对国防建设的指导思想、方针、原则、规章制度、实施方法等提出建议。提出建议权是公民依照宪法享有的对国家事务建议权在国防建设方面的体现。

制止权　制止危害国防利益的行为，是指公民依法采取一定的方式方法使危害国防的行为停止下来，从而维护国防利益。对于危害祖国安全的行为，公民有权采取一切合法手段制止其发生、发展。

检举权　检举危害国防利益的行为，是指危害国防的行为发生后，公民对违法行为进行揭发。《国防法》规定公民享有制止和检举权，对及时发现和有效制止、打击侵害国防利益的违法犯罪行为，维护国防利益，加强国防建设有着重要作用。

获得补偿权　《国防法》规定公民享有获得补偿权。国家进行国防建设，武装力量开展军事活动，在某些情况下可能对公民的合法权益产生一定的影响甚至造成经济损失，公民可以按国家有关规定请求政府或军事机关予以补偿。

在战时和其他紧急状态下，有些补偿措施是在事后落实，不应把预先得到补偿作为接受征用的条件。同时“补偿”不同于“赔偿”。补偿是由国家机关工作人员或军事人员的合法行为引起的，是国家对公民因国防活动受到损失所采取的补救措施，仅限于直接经济损失，不包括间接经济损失和精神损失，因此必须实事求是地进行申请和核实。

（二）公民的国防义务

国防义务是公民和组织依照宪法和法律规定在维护国防利益方面应当履行的责任，由国家强制力保证其落实。《国防法》第五十二条规定：“公民应当接受国防教育。公民和组织应当保护国防设施，不得破坏、危害国防设施。公民和组织应当遵守保密规定，不得泄露国防方面的国家秘密，不得非法持有国防方面的秘密文件、资料和其他秘密物品。”第五十三条规定：“公民和组织应当支持国防建设，为武装力量的军事训练、战备勤务、防卫作战等活动提供便利条件或者其他协助。”因此，根据《国防法》的规定，我国公民承担的国防义务主要有以下六项。

接受国防教育　国防教育是国家为防备和抵抗侵略，制止武装颠覆，保卫国家的主权统一、领土完整和安全，对全体公民所进行的一种具有特定目的和内容的教育活动，是国家整体教育事业的组成部分。国防教育是建设和巩固国防的基础，是增强民族凝聚力、提高全民素质的重要途径。国防教育的内容主要包括国防理论教育、国防精神教育、国防知识教育和国防技能教育，以及特定教育，如战备形势教育、国防任务教育、敌情教育等。这些教育相互联系、相互渗透、相互促进，其核心都是爱国主义精神教育。

保护国防设施　国防设施是指国家直接用于国防目的的建筑、场地和设备。包括军事设施、人民防空设施、国防交通设施和其他用于国防目的的设施。国防设施是国防建设的成果，是国防活动的依托，是抵抗侵略、保卫祖国的物质条件。在巩固国防、维护国家安全利益方面具有重要作用。国家采取一切必要措施保护国防设施。

专栏 1-7　保护国防设施

1990 年 2 月 23 日颁布的《中华人民共和国军事设施保护法》规定，国家对军事设施实行“分类保护、确保重点”的方针，根据军事设施的性质、作用、安全保密的需要和使用效能的要求，将军事设施的保护分为三类：一是划定军事禁区予以保护；二是划定军事管理区予以保护；三是没有划入军事禁区、军事管理区的军事设施，如通信线路、铁路和公路线、导航和助航标志等，采取有效措施予以保护。

——中华人民共和国军事设施保护法

保守国防秘密　国防秘密是指关系国家安全利益，在一定时间内只限一定范围人员知悉的军事或与军事有关的政治、经济、外交、科技、教育等方面的事项。国防秘密的主要表现形式是国防秘密信息和国防秘密载体。保守国防秘密事关国家的安危。公民应当遵守《中华人民共和国保守国家秘密法》及有关的保密规定，严格保守国防方面的国家秘密。发现国防方面的国家秘密已经泄露或者可能泄露时，立即采取补救措施并及时报告。

支持国防建设　我国的国防是全民国防，公民应当积极参与和支持国防建设。支持国防建设的形式是多种多样的，公民所做的一切有利于国防建设的事都是支持国防建设。

协助军事活动　军事活动是国防活动的核心内容。公民和组织应当根据自己的能力和条件，自觉地提供便利和协助。

依法服兵役　兵役义务是公民在参加国家武装力量和以其他形式接受军事训练方面应当履行的责任。

《宪法》第五十五条规定：“保卫祖国、抵抗侵略是中华人民共和国每一个公民的神圣职责。依照法律服兵役和参加民兵组织是中华人民共和国公民的光荣义务。”《兵役法》第三条规定：“中华人民共和国公民，不分民族、种族、职业、家庭出身、宗教信仰和教育程度，都有义务依照本法的规定服兵役。”这一规定表明，公民的兵役义务是平等的、普遍的。当然，在具体问题上存在一些区别，主要体现在两个方面：一是对某些群体和个人给予照顾，二是对某些人员加以限制。

第一类受到照顾的群体是女性。按照《兵役法》的规定，男女公民服兵役的主要区别如下。在兵役登记方面：年满 18 岁的男性公民都必须按规定进行兵役登记，女性公民不进行兵役登记。在服现役方面：适龄的男性公民符合服现役条件的，都有应征服现役的义务，女性公民只根据军队的需要应征服现役。在服预备役方面：

年满 18～35 岁的男性公民，凡符合服预备役条件的，除了应征服现役的以外，都应按规定进行预备役登记，分别服一类预备役和二类预备役；女性公民只根据需要服第一类预备役，不服第二类预备役。在参加民兵组织方面：在建有民兵组织的单位，适龄男性公民都应分别编入基干民兵或普通民兵。女性公民只根据需要编入基干民兵，不编入普通民兵。这样的规定体现了国家对妇女的照顾，也符合我国人口众多、兵源雄厚这一实际情况。

除了对女性群体给予照顾外，国家还对残疾人群体给予照顾。《兵役法》规定，有严重生理缺陷或者严重残疾不适合服兵役的人，免服兵役。

同时，国家对某些人服兵役加以限制。《兵役法》规定，依照法律被剥夺政治权利的人，不得服兵役。应征公民被羁押正在受侦查、起诉、审判的或者被判处徒刑、拘役、管制正在服刑的，不征集。这是为了保证军队政治上的纯洁可靠。

（三）公民履行兵役义务的形式

公民履行兵役义务的主要形式有三种，分别是服现役、服预备役和参加学生军训，这三种形式是不能相互代替的。参加过学生军训，仍有依法服现役的义务，服过现役也有依法服预备役的义务。

第一，服现役。现役是公民在军队中所服的兵役。参加中国人民解放军和武装警察部队都是服现役。按照《兵役法》第十二条的规定："每年十二月三十一日以前年满十八岁的男性公民，应当被征集服现役。当年未被征集的，在二十二岁以前，仍可以被征集服现役。根据军队需要，可以按照前款规定征女性公民服现役。根据军队需要和自愿的原则，可以征集当年十二月三十一日以前未满十八岁的男女公民服现役。"

第二，服预备役。预备役是公民在军队以外所服的兵役，是国家储备后备兵员的形式。根据《兵役法》规定，预备役分为军官预备役和士兵预备役，并分别区分为第一类预备役和第二类预备役。公民服士兵预备役的年龄为 18～35 岁。

第三，参加学生军事训练。《兵役法》第四十三条规定："高等院校的学生在就学期间，必须接受基本军事训练。"第四十四条规定："高等院校设军事训练机构，配备军事教员，组织实施学生的军事训练。"第四十五条规定："高级中学和相当于高级中学的学校，配备军事教员，对学生实施军事训练。"这些规定表明，接受军事训练是学生必须履行的兵役义务。学生军事训练依据教育部和解放军总参谋部、总政治部联合制定的《普通高等学校军事课教学大纲》、《高级中学和相当于高级中学军事课教学大纲》组织实施。高等院校将军事训练作为必修课纳入教学计划，将学生军事训练考核成绩载入本人档案，考核不合格的，按高等院校学籍管理办法和有关规定处理。

学生参加军事训练具有很重要的意义，它是公民履行兵役义务的一种形式，是加强国防后备力量建设的战略举措，是提高学生综合素质的重要手段。

（四）国防权利和国防义务的关系

权利与义务，是构成法律关系的两个基本方面，它们既是对立的，又是统一的。权利与义务的一致性，表现在三个方面。

一是对等性。从权利和义务两者之间的关系来考察，国防权利和国防义务，总是相对应而存在，两者在总量上是相等的。《宪法》规定国家武装力量的任务之一是"保卫人民的和平劳动"，表明公民还享有和平劳动被保护的权利，这是一项很重要的国防权利。公民履行各种国防义务，同时享受和平劳动以及正常的生活、学习被保护的权利，这是权利义务总量相等最突出的表现。

二是平等性。从公民之间的关系上来考察，公民在享受权利和承担义务方面是平等的。《宪法》规定："中华人民共和国公民在法律面前人人平等。""任何公民都享有宪法和法律规定的权利，同时必须履行宪法和法律规定的义务。"依照宪法和法律，我国公民平等地享有法定的国防权利，也平等地承担国防义务。

三是同一性。有些国防权利和国防义务是同一的，它既是国防权利，又是国防义务。例如，《国防教育法》第五条规定："中华人民共和国公民都有接受国防教育的权利和义务。普及和加强国防教育是全社会的共同责任。"依法服兵役也是这样，既是公民的一种权利，又是公民的一种义务。

权利和义务的一致性在国防方面有特殊的表现。在其他社会活动中，权利和义务的一致性通常是直观的。但在国防活动中，权利和义务的一致性却并不直观，甚至在一定局部、一定层次上表现为不对等、不平等。

一是和平时期公民享受不到国防活动所带来的直接利益，因为这时公民的和平劳动还没有受到外来侵略的现实威胁，但也必须承担相当的国防义务。

二是不同地区的公民享受的国防权利和承担的国防义务是不平等的。平时，边海防地区的公民履行了较多国防义务，协助部队守卫边防，享受与内地同样的国防权利。局部战争情况下，战区和邻近战区的公民履行较多的国防义务。

三是每一个公民在参与国防活动时，所享受的权利和所承担的义务也往往是不对等的。例如，战争期间，国家可能因为作战需要而征用公民的物资、车辆、船只等。服从征用，是公民应尽的国防义务，而履行这一义务必须要承受一定的经济损失。国防法虽然规定对直接经济损失给予补偿，但却不能适用民法那种等价补偿的原则。

学习国防法规，应把理解国防义务作为重点。关于权利义务，《宪法》的表述是"公民的基本权利和义务"，而《国防法》的表述是"公民、组织的国防义务和权利"。由此可见，在国防领域更强调义务。同时要明确，国防义务与国防权利在根本上是一致的。公民履行国防义务维护国家的安全，实质上是维护自身的安全。而且，

国家的安全利益得到保障，公民的政治权利、经济权利、文化权利等其他权利才能得到实现。因此，应树立正确的权利义务观，增强国防义务观念，自觉为国防事业贡献力量。

第四节　武 装 力 量

武装力量，是国家或政治集团所拥有的各种武装组织的统称。武装力量建设是国防建设的重要组成部分，是为国家根本利益服务的。

一、中国武装力量的构成

《国防法》、《兵役法》规定："中华人民共和国的武装力量，由中国人民解放军现役部队和预备役部队、中国人民武装警察部队和民兵组成。中华人民共和国中央军事委员会领导并统一指挥全国的武装力量。"

中华人民共和国武装力量体制，是在中国共产党领导中国人民进行长期的革命战争中逐步形成的。新中国成立后，大规模的武装斗争逐步停止，国家进入和平建设的新时期。这时候，我国武装力量面临的任务发生了很大的变化：一方面要防备和抵御侵略，坚决打击外部来犯之敌；另一方面又要维护社会治安，保证社会稳定，防止国内外敌对势力从内部进行颠覆和破坏。在这种情况下，我国对于如何改进传统的"三结合"武装力量体制，如何保证其适应新任务的需要，进行了长时间的实践和探索。

专栏 1-8　三结合武装力量体制的演变

在新中国成立后的不同时期，我国三结合武装力量体制经历了不同的具体组织形式。

1949 年 10 月至 1950 年 9 月，实行人民解放军、人民公安部队和民兵相结合。期间，公安部队归公安机关建制领导。

1950 年 9 月至 1959 年 12 月，实行野战军、公安部队（有两年时间称公安军）和民兵相结合。期间，主要担负内卫和边防任务的公安部队归军队建制领导。

1960 年 1 月至 1966 年 6 月，实行人民解放军、人民武装警察（1963 年 2 月改成人民公安部队）和民兵相结合。期间，人民武装警察和公安部队隶属公安机关，实行军队和公安机关双重领导。

1966 年 7 月，全国公安部队统一整编为人民解放军，归军队建制领导。1978 年颁布《宪法》确认我国"实行野战军、地方军和民兵三结合的武装力量体制"。

党的十一届三中全会以后，我国进入了以经济建设为中心的现代化建设新时期，为了防止国内外敌对势力对我国进行危及国家安全的阴谋犯罪活动，1982 年党和国家对我国的武装力量体制做了新的调整，重新组建中国人民武装警察部队，实行国务院、中央军委双重领导。1984 年 5 月，由最高国家机关——全国人民代表大会通过的《兵役法》，正式确立了由中国人民解放军、中国人民武装警察部队和民兵组成的武装力量新体制。

——佚名. 国防力量体制与武装力量体制. 2005-09

武装力量的新体制，既可在平时满足维护国内安全的需要，又能在战时充分发挥解放军、武警部队和民兵三结合武装力量体制的优点，并使之更有力量。所以说，这一新体制符合我国的国情、军情，符合我国武装力量的性质和特点，是新形势下完成国防使命的客观要求。

（一）中国人民解放军

中国人民解放军是中华人民共和国武装力量的主要组成部分，是抵抗侵略、保卫祖国、维护国家主权和安全的主要力量。

1. 中国人民解放军的组成

中国人民解放军由现役部队和预备役部队组成，总兵力保持在 230 万左右。

现役部队 现役部队是国家的常备军，由陆军、海军、空军三个军种和第二炮兵一个独立兵种组成。主要担负防卫作战任务，必要时可以依照法律规定协助维护社会秩序。

预备役部队 预备役部队是以现役军人为骨干，以预备役军官、士兵为基础，按统一编制为战时能迅速转为现役部队而组建起来的部队。它是实施成建制快速动员的有效组织形式，是中国人民解放军的重要组成部分，是战时首批动员的后备力量，是我军后备力量建设的重中之重。

预备役部队组建于 1983 年，分为陆军、海军、空军和兵种预备役部队。其师（旅）、团已列入军队建制序列，授有番号、军旗，执行中国人民解放军的条令、条例。预备役部队平时隶属于省军区（卫戍区、警备区）建制领导，海、空军预备役师归海、空军建制，平时受海、空军和省军区双重领导。战时动员后，归指定的现役部队指挥或单独遂行作战任务。

2. 中国人民解放军的性质和任务

中国人民解放军是中国共产党缔造和领导的，用马克思列宁主义、毛泽东思想、邓小平理论武装起来的以全心全意为人民服务为唯一宗旨的新型人民军队，是中华人民共和国武装力量的主要组成部分，是我国人民民主专政的坚强柱石。

进入新世纪新阶段，中国共产党赋予中国人民解放军新的历史使命是：为党巩固执政地位提供重要的力量保证，为维护国家发展的重要战略机遇提供坚强的安全保障，为维护国家利益提供有力的战略支撑，为维护世界和平与促进共同发展发挥重要作用。

（二）中国人民武装警察部队

中国人民武装警察部队是以武装的形式执行国内安全保卫任务的现役部队，是中华人民共和国武装力量的重要组成部分，是保卫社会主义现代化建设的一支重要力量。

中国人民武装警察部队的武器装备轻便、精良。以步兵轻武器为主，兼有少量重型武器和特种武器。中国人民武装警察部队有自己的服装式样、识别标志和军衔等级。

1. 中国人民武装警察部队的组成

中国人民武装警察部队，组建于1982年6月19日，由内卫、边防、消防、警卫部队，以及黄金、水电、交通、森林警察部队组成。

中国人民武装警察部队依其任务不同分为三类。

第一类，内卫部队（由各省总队和机动师组成）。这是武警部队主要组成部分，受武警总部的直接领导管理。其主要任务：一是承担固定目标执勤和城市武装巡逻任务，保障国家重要目标的安全；二是处置各种突发事件，维护国家安全与社会稳定；三是反恐怖任务，主要是反袭击、反劫持、反爆炸；四是支援国家经济建设，遇有严重灾害时，执行抢险救灾任务。

第二类，边防、消防和警卫部队。这是列入武警序列由公安部门管理的部队。其中，边防部队主要担负边境检查、管理和部分地段的边界巡逻及海上缉私；消防部队主要担负防火灭火任务；警卫部队主要担负党和国家领导人、省市主要领导及重要来访外宾警卫任务。

第三类，黄金、水电、交通和森林部队。这是列入武警序列受国务院有关业务部门和武警双重领导的部队。其中，黄金部队主要担负黄金地质勘察、黄金生产任务；水电部队主要承担国家能源重点建设项目，包括大中型水利、水电工程及其他建设任务；交通部队主要担负国家交通重点建设项目，包括公路、港口及城建等施工任务；森林部队主要担负森林的防火灭火及维护林区治安、保护森林资源的任务。

中国人民武装警察部队属于国务院编制序列，由国务院、中央军委双重领导，实行统一领导管理与分级指挥相结合的体制。中国人民武装警察部队设总部、总队（师）、支队（团）三级领导机关。武警总部直辖若干师和大专院校。省级设武警总队，地区级设武警支队，县级设武警中队。

2. 中国人民武装警察部队的任务

《国防法》规定，中国人民武装警察部队担负国家赋予的安全保卫任务，维护社会秩序。它是人民民主专政的重要工具之一。

中国人民武装警察部队平时的任务：维护国家主权和尊严；维护社会治安；保卫国家领导机关、重要目标和人民生命财产安全。战时协助中国人民解放军进行防卫作战。

（三）民兵

民兵，是不脱离生产的群众武装组织，是中华人民共和国武装力量的组成部分，是中国人民解放军的有力助手和强大的后备力量。

民兵初建于第一次国内革命战争时期，中华人民共和国成立后，民兵成为国家武装力量的组成部分，在建设祖国、保卫祖国中发挥了重大作用。在未来反侵略战争中，随着战争的现代化，需要更多的民兵在更广的范围、更大的规模上配合和支援军队作战。因此，民兵在未来战争中的战略地位仍然十分重要，仍然是反抗外来侵略，进行人民战争的重要武装组织形式和巨大力量。

1．民兵的组成

民兵的组织领导体制。民兵是国家的后备武装力量。全国的民兵工作在国务院、中央军委领导下，由总参谋部主管。各大军区按照上级赋予的任务，负责本区域的民兵工作；省军区、军分区和县（市）人民武装部是本地区的民兵领导指挥机关；乡、镇、部分街道和企事业单位设有人民武装部，负责民兵和兵役工作。

民兵的编组。一般以乡（镇）、行政村和厂矿企业为单位，按照民兵人数多少，分别编为班、排、连、营、团。目前，我国民兵已经遍及广大城乡，并编有应急分队和高炮、高机、便携式防空导弹、地炮、通信、防化、工兵、侦察兵分队，以及海军、空军的一些专业分队，能随时遂行作战任务。

2．民兵的任务

民兵平时担负战备执勤、抢险救灾和维护社会秩序等任务；战时担负配合常备军作战、独立作战、为常备军作战提供战斗勤务保障及补充兵员等任务。

二、中国人民解放军各军兵种的编成、任务及武器装备

（一）陆军

我国陆军建于 1927 年 8 月 1 日，是与人民解放军同时建立和产生的，是我军的基础。陆军长期以步兵为主，土地革命战争时期有了少量的骑兵、炮兵、工程兵和通信兵，解放战争时期建立了坦克兵和防化兵。20 世纪 50 年代，成立了炮兵、装甲兵、工程兵和防化兵等兵种领导机关。80年代以来，陆军结构发生重大变化，增设了陆军航空兵、电子对抗兵等兵种，并于 1985 年组建陆军集团军。

陆军是人民解放军的基础，是主要在陆地遂行作战任务的军种，由步兵、装甲兵、炮兵、防空兵、航空兵、工程兵、通信兵、防化兵、电子对抗兵等兵种和各种专业勤务部队组成。

陆军目前未设立独立的领导机关，领导机关职能由四总部代行，七大军区直接领导所属陆军部队。陆军部队包括机动作战部队、警卫警备部队、边海防部队和预

备役部队等，实行集团军、师（旅）、团、营、连、排、班体制。集团军由师、旅编成，隶属于军区，为基本战役军团。师由团编成，隶属于集团军，为基本战术兵团。旅由营编成，隶属于集团军，为战术兵团。团由营编成，通常隶属于师，为基本战术部队。营由连编成，通常隶属于团或旅，为高级战术分队。连由排编成，为基本战术分队。陆军机动作战部队包括18个集团军和部分独立合成作战师（旅）。

我国陆军的主要任务是：抗击军事入侵；在一定地区和方向上打赢局部战争；维护国家和平统一和社会稳定。

经过80多年的建设和发展，我国陆军已经发展成为一支诸兵种合成的军种。80年代以后，编组了装备有先进水平的坦克、装甲车、火炮、武装直升机和导弹的陆军集团军，其已经成为一支具有强大火力、突击力和高度机动能力的合成军队。今天，我国陆军，是一支世界上无论哪个国家都不敢小瞧的强大武装力量，实力位居世界前列。新时期，我国陆军的武器装备已经有了质的飞跃，以5.8mm枪族、新一代主战坦克、火炮、反坦克武器等为代表的一批高新技术武器装备，其技术性能已接近或达到世界先进水平，陆军的重型作战装备已经基本实现了由骡马化、摩托化到机械化的跨越，基本上形成了立体机动作战的装备体系和比较配套的支援和保障体系，独立作战能力得到进一步的增强，为今后遂行诸军兵种联合作战任务创造了有利条件。

（二）海军

我国海军成立于1949年4月23日，1949～1955年，先后组建水面舰艇部队、岸防兵、航空兵、潜艇部队和陆战队，确立了建设一支轻型海上作战力量的目标。1955～1960年，先后组建了东海、南海和北海舰队。20世纪50～70年代，海军的主要任务是在近岸海域实施防御作战。80年代以来，海军实现了向近海防御的战略转变。进入新世纪，海军着眼信息化条件下海上局部战争的特点规律，全面提高近海综合作战能力、战略威慑与反击能力，逐步发展远海合作与应对非传统安全威胁能力，推动海军建设整体转型。经过60多年建设，海军已初步发展成为一支多兵种合成、具有核常双重作战手段的现代海上作战力量。

海军先后参加过海、空战斗1263次。其中，较大规模的有：一江山岛海战、“8•6”海战、崇武海战、西沙海战、南沙海战等，击沉、击伤敌人舰船180余艘，缴获敌人舰船200余艘，击毁、击伤敌人飞机204架，击毙、俘虏敌人7530人，积累了丰富的作战经验，有效地维护了祖国领海主权和海洋权益，为保卫祖国万里海疆做出重大贡献。

海军是人民解放军的战略军种，是海上作战行动的主体力量，担负着保卫国家海上方向安全、领海主权和维护海洋权益等任务。海军主要由潜艇部队、水面舰艇部队、航空兵、陆战队、岸防部队等兵种组成。

海军平时实行作战指挥与建设管理合一的领导体制，由海军机关、舰队、试验基地、院校、装备研究院等构成。海军下辖北海、东海、南海三个舰队。北海舰队机关位于山东青岛，东海舰队机关位于浙江宁波，南海舰队机关位于广东湛江。舰队下辖舰队航空兵、保障基地、舰艇支队、水警区、航空兵师和陆战旅等部队。海军编有海军指挥学院、海军工程大学、海军航空工程学院、海军大连舰艇学院、海军潜艇学院、海军兵种指挥学院、海军飞行学院、海军蚌埠士官学校 8 所院校。

海军潜艇部队装备战略导弹核潜艇、攻击核潜艇和常规动力潜艇，编有潜艇基地、潜艇支队。水面舰艇部队主要装备驱逐舰、护卫舰、导弹艇、扫雷舰、登陆舰和勤务舰船等，编有驱逐舰、快艇、登陆舰、作战支援舰支队和水警区。航空兵部队主要装备歼击机、歼轰机、轰炸机、侦察机、巡逻机和直升机等，编有航空兵师。陆战队主要由陆战兵、两栖装甲兵、炮兵、工程兵和两栖侦察兵等构成，编有陆战旅。岸防部队主要由岸舰导弹、高射炮兵、海岸炮兵等组成，编有岸导团、高炮团等。

我国海军是一个战略性军种，具有多重国防功能。我国海军的使命是：防御外敌海上入侵；收复敌占岛屿；保卫我国领海主权；维护祖国统一和海洋权益。海军的主要任务是：消灭敌战斗舰艇和运输舰船，破坏敌海上交通运输；袭击敌海军基地、港口和海岸附近的重要目标；协同陆军、空军进行反袭击，保卫海军基地、港口和沿海重要目标；协同陆军、空军进行登陆作战和抗登陆作战；进行海上封锁和反封锁作战；保护我海上交通运输、渔业生产、资源开发、科学实验和海洋调查的安全。

我国海军是由多兵种组成的技术装备比较复杂的合成军种，各兵种因为有其不同的特点，担负着不同的作战任务，所以有其不同的武器装备。

潜艇部队　潜艇部队是以潜艇为基本装备，主要在水下遂行作战任务的海军兵种。它是海军的主要突击兵力之一。

潜艇部队装备有多种型号的常规动力潜艇和核动力潜艇。艇上的武器装备有鱼雷、水雷、飞航式导弹、弹道导弹等。

水面舰艇部队　水面舰艇部队是以水面舰艇为基本装备，在水面遂行作战任务的海军兵种。它是海军区别于其他军种的标志性力量和骨干突击力量。

水面舰艇部队装备有多种型号的导弹驱逐舰、护卫舰、导弹艇、鱼雷艇、护卫艇、猎潜艇、布雷舰、扫雷舰艇、登陆舰艇、气垫船及各种专业勤务舰船（包括运输船、油船、冷藏船、工程船等）。舰艇上配备有各型舰炮、多种舰舰导弹、反潜武器、舰空导弹等，有的舰上还装备有舰载直升机。这些舰种各异、大小不同的舰艇各有优长，各有不同的用途，遂行不同的作战任务。

海军航空兵　海军航空兵是以作战飞机为基本装备，主要在海洋和濒海上空遂行作战任务的海军兵种。它是海军的重要突击力量。

海军航空兵装备的飞机和空军航空兵基本相同。有多种型号的歼击机、轰炸机、强击机、水上飞机、反潜机等。此外，还有各种运输机、直升机和其他特种飞机。机载武器有航炮、航空火箭弹、航空炸弹、空空导弹、空舰导弹、鱼雷和深水炸弹等。

海军岸防兵　海军岸防兵是以岸舰导弹和岸炮为基本装备，部署在沿海地段，主要遂行海岸防御作战任务的海军兵种。它是海岸防御的骨干力量。

海岸导弹部队装备有海鹰（如海鹰-1、海鹰-2）和鹰击（如鹰击-62）系列多种型号的岸舰导弹。岸炮部队装备有双管 130mm 的自动化火炮。

海军陆战队　海军陆战队是以两栖作战武器为基本装备，主要遂行登陆作战任务的海军兵种。它是海军登陆作战的一支重要力量。

海军陆战队装备有自动化的步兵武器、反坦克导弹、防空导弹、各种火炮、火箭炮，还配有舟桥、冲锋舟、气垫船、水陆两用坦克、装甲输送车及其他特种装备和作战器材。

经过 60 多年的建设和发展，我国海军部队已经成为一支兵种齐全、常规和尖端武器兼备，具有立体攻防能力，能有效保卫国家领海的战斗力量。

（三）空军

我国空军成立于 1949 年 11 月 11 日，1949～1953 年，陆续成立军委空军、军区空军领导机关，组建歼击、轰炸、强击、侦察、运输航空兵、空降兵部队和一批院校，并组成中国人民志愿军空军参加抗美援朝作战。1957 年空军和防空军合并，实行空防合一体制。20 世纪 60～70 年代，确立重点发展防空力量的指导思想，逐步发展成为一支国土防空型的空军。90 年代以来，空军进入快速发展时期，陆续列装了第三代作战飞机、第三代地空导弹及一批较先进的信息化武器装备，加强了以战略理论为核心的军事理论建设，确立了攻防兼备的战略思想，空军开始由国土防空型向攻防兼备型转变。经过近 60 年建设，空军已初步发展成为一支多兵种组成的战略军种，具备了较强的防空和空中进攻作战能力，一定的远程精确打击和战略投送能力。在国土防空、抗美援朝、抗美援越等作战中，取得了击落击伤敌机 3700 余架的辉煌战绩，为保卫祖国领空和社会主义建设做出了重大贡献。

空军是人民解放军的战略军种，是空中作战行动的主体力量，担负着保卫国家领空安全和领土主权、保持全国空防稳定等任务。空军主要由航空兵、地面防空兵、空降兵、通信兵、雷达兵、电子对抗兵、技术侦察兵、防化兵等兵种组成。

空军平时实行作战指挥与建设管理合一的领导体制，由空军机关、军区空军、军（师）级指挥所、师（旅）、团构成。空军下辖沈阳、北京、兰州、济南、南京、广州、成都 7 个军区空军和 1 个空降兵军，以及各类院校、科研试验机构等。军区空军下辖航空兵师，地空导弹师（旅、团），高炮旅（团），雷达旅（团），电子对抗旅（团、营），以及其他专业勤务部队，在重要方向和重点地区，设有军级或师级指挥所。空军编有空军指挥学院、空军工程大学、空军航空大学、空军雷达学院、桂林空军学院、徐州空军学院、空军大连士官学校等院校，以及7所飞行学院。

航空兵师通常按团、大队、中队体制编成，主要机种为歼击、强击、歼击轰炸、轰炸、运输、侦察、作战支援等。航空兵师下辖航空兵团和驻地场站。航空兵团是基本战术单位。地空导弹部队以营为基本火力单位，通常按师、团、营或旅（团）、营体制编成。高射炮兵以连为基本火力单位，通常按旅（团）、营、连体制编成。空降兵按军、师、团、营、连体制编成。

空军的使命是：组织国土防空；夺取制空权；协同陆、海军作战；保卫祖国领土、领空、领海主权和国家利益；维护国家统一和安全；保障我国改革开放和经济建设的顺利进行。

空军的任务是：国土防空；实施相对独立的空中进攻作战；协同陆、海军作战；实施空降作战；实施空中威慑；实施空中输送；实施电子对抗、航空侦察、无线电技术侦察和雷达侦察。

空军是以航空兵为主体，主要遂行空中作战任务的军种。根据兵种的不同，其武器装备配备也各有特色。

航空兵　航空兵是以军用飞机和直升机为基本装备，主要遂行空中作战和保障任务的兵种，是空军的基本兵种。它通常包括歼击、轰炸、强击、侦察、运输航空兵等。

航空兵装备的飞机有多种型号的歼击机、轰炸机、强击机、侦察机、运输机等。此外，还有空中加油机、电子干扰机等专业飞机。机载武器有航炮、航空火箭弹、航空炸弹、空空导弹、空地导弹、常规炸弹和鱼雷，也可携带核弹等。

地空导弹兵　地空导弹兵是以地空导弹武器系统为基本装备，遂行地面防空作战任务的兵种。

地空导弹兵装备有红旗（如红旗-12）系列导弹和引进的第三代C-300地空导弹。

高射炮兵　高射炮兵是以高射炮武器系统为基本装备，主要遂行地面防空作战任务的兵种。

主要装备57mm高炮系统，配有雷达自动寻找目标，自动装填设备，能全天候作战。

空降兵　空降兵是以降落伞和陆战武器为基本装备、航空器为运输工具，主要遂行伞降和机降作战任务的空军兵种。

主要有步兵轻武器，包括机枪、冲锋枪、自动步枪，侦察分队还有微型、微声冲锋枪；炮兵武器，包括82mm、100mm迫击炮，82mm、105mm无坐力炮，高射机枪和双25mm高炮，107mm火箭炮和122榴弹炮；特种装备有轻型雷达干扰机，超短波侦听机，无线电干扰机；各型降落伞等。

雷达兵　雷达兵是以对空情报雷达为基本装备，主要遂行对空目标探测和报知空中情报任务的兵种。

主要有多种型号的超视距、超远程、中远程、中近程警戒雷达。这些雷达功率大，接收灵敏度高，探测距离较远，可达数百到数千公里。另外，还有航管雷达和测高雷达。

经过60年的建设和发展，我国空军部队已经具备了执行空中突击、空中支援、空中运输、航空侦察和防空等任务的能力，成为一支既能独立完成国土防空任务，又能协同陆、海军作战的战斗力量。

（四）第二炮兵

第二炮兵是中国人民解放军地地战略导弹部队的代称，是以地地战略导弹为基本装备，实现积极防御战略方针的重要核反击力量。这支部队是1966年7月1日组建的独立兵种，受中央军委的直接领导和指挥。第二炮兵是我国反对超级大国的核威慑、完成核反击任务的主要力量。它与海军潜地战略导弹部队和空军战略轰炸机部队构成我国三位一体的战略核力量。可单独作战，或与其他军种协同作战。

第二炮兵遵守国家不首先使用核武器政策，贯彻自卫防御核战略，严格执行中央军委命令，以保证国家免受外来核攻击为基本使命。第二炮兵所属导弹核武器，平时不瞄准任何国家；在国家受到核威胁时，核导弹部队将提升戒备状态，做好核反击准备，慑止敌人对中国使用核武器；在国家遭受核袭击时，使用导弹核武器，独立或联合其他军种核力量，对敌实施坚决反击。第二炮兵常规导弹部队主要担负对敌战略战役重要目标实施中远程精确打击任务。

第二炮兵作战指挥权高度集中，实行中央军委、第二炮兵、导弹基地、导弹旅的指挥体制，部队行动必须极端严格、极端准确地按照中央军委的命令执行。第二炮兵由核导弹部队、常规导弹部队、保障部队、院校、科研机构和机关等组成。导弹部队编有导弹基地、导弹旅和发射营，保障部队编有侦察情报、通信、测绘、气象、电子对抗、工程、后勤和装备等技术专业保障部队，院校编有指挥学院、工程学院和士官学校，科研机构编有装备和工程研究院所。

第二炮兵是我国核力量的主体，担负着实施核反击的战略任务。其使命是：一是威慑，即平时遏制敌国可能对我国发动核战争和局部入侵，打破敌核讹诈，为我国的和平外交政策服务；战时遏制常规战争升级为核战争。二是实战，即在我国遭受到核突袭时，根据需要，对敌实施坚决、及时、有效的核反击，打击敌国战略目标；发挥战役战术常规导弹的突击作用，赢得高技术条件下局部战争的胜利。

第二炮兵的主要任务是：打击敌海、空进攻力量，削弱敌远程航空兵和海军的作战能力，减轻来自空中和海上对我的威胁；打击敌重要交通枢纽，中断敌交通运输，以阻止或迟滞敌人的战略机动和物资补给；打击敌重要经济目标，削弱敌战争潜力和进攻能力；打击敌政治、经济中心，在政治上、心理上威慑敌人，使其国民经济和战争潜力遭到严重损失；打击敌军政首脑指挥中心，打乱和破坏其战略指挥；

打击敌重兵集团，杀伤其有生力量，削弱其地面部队的作战能力；配合其他军种实施常规导弹突击，遂行常规作战任务。

第二炮兵装备有东风（如东风–31A）系列多种型号的地地导弹，包括近程导弹（射程在 1000km 以内）、中程导弹（射程在 1000～3000km）、远程导弹（射程在 3000～8000km）、洲际导弹（射程在 8000km 以上）。这些导弹可固定发射，也可机动发射；可陆基发射，也可海基发射。具有反应速度快、射程远、杀伤破坏力大、命中精度高、打击防护能力强、能在各种复杂气象条件下发射的特性。

经过 40 余年的建设和发展，我国第二炮兵部队已经成为了一支装备多种型号导弹、配套齐全的合成兵种，具有一定规模和实战能力的主要战略核反击的作战力量。

第五节　国 防 动 员

国防动员，是指国家根据国防的需要，使社会诸领域全部或部分由平时转入战争状态或紧急状态所进行的活动，是国防建设的重要组成部分。加强国防动员建设，对于正确处理国家安全与发展的关系，增强国家应对战争状态的能力，维护国家安全，具有重要意义。2010 年 2 月 26 日，十一届全国人大常委会第十三次会议表决通过了《中华人民共和国国防动员法》。该法的公布施行，是我国国防动员建设史上的一件大事，为完善国防动员体系、促进军民融合式发展、提高国防动员能力提供了基本依据，标志着我国国防动员建设进入法制化、规范化发展的新阶段。

一、国防动员的类型与特点

国防动员的类型，是指国防动员按其实施的不同情况所划分的类别。同时，不同类型的国防动员，在其准备、实施和复员方面，也表现出其区别于其他一般事物的许多特点。

（一）国防动员的基本类型

国防动员，按照规模、方式、时机、区域和科技含量等不同的划分标准，可以划分为不同的类型。

一是按照国防动员的规模，可分为总动员和局部动员。总动员是指在全国范围内实施的国防动员；局部动员是指国家在部分地区或部门进行的动员。总动员和局部动员在一定的条件下可以互相转化。

二是按照国防动员的方式，可分为公开动员和秘密动员。公开动员是指公开发布动员令，宣布进入战争状态时所实施的动员；秘密动员是指为了避免暴露战略企图，在各种掩护下所实施的动员。

三是按照国防动员的时机，可分为应急动员和持续动员。应急动员是指在临战

前或者遭到敌人突然袭击时及国家为应对突发事件和紧急状态等应急活动而进行的动员活动；持续动员是指在战争初期动员后所进行的中期和后期动员。

四是按照国防动员的区域，可分为分区动员和跨区动员。分区动员是指以预先划定的国防动员区域为单位而组织进行的国防动员；跨区动员是指打破预先划定的国防动员区域的界限，在两个或者两个以上的国防动员区域所进行的国防动员。

五是按照国防动员的科技含量划分，可分为粗放动员和精确动员。粗放动员是指动员准备与实施不够精确，动员组织不够精细、动员效率相对较低的一种动员形式；精确动员是指充分利用先进的技术方法和手段，通过精确计算，实现国防动员供给与需求之间的相互衔接、协调联动和动态平衡。

专栏 1-9 《国防动员法》关于公民和组织的国防义务与权利的有关规定

按照权利与义务相一致的原则，《国防动员法》对有关公民和组织的国防动员义务和权利做了规定。

一是规定公民和组织在和平时期应当依法完成国防动员准备工作；国家决定实施国防动员后，应当完成规定的国防动员任务。

二是对承担贯彻国防要求建设项目和重要产品的企业事业单位，承担战略物资储备任务的单位，承担军品转产、扩大生产任务的单位的国防动员义务，以及所享有的补贴、补偿和政策优惠做了规定。

三是规定国家决定实施国防动员后，县级以上人民政府根据国防动员实施的需要，可以动员符合本法规定条件的公民和组织担负支援保障军队作战、承担预防与救助战争灾害等国防勤务。对担负国防勤务的人员，在执行勤务期间的工资、补贴和伤亡抚恤等待遇做了规定。

四是规定任何公民和组织都有接受依法征用民用资源的义务，并对征用的程序和补偿的原则以及免予征用的资源做了规定。

五是规定对在国防动员工作中做出贡献的公民和组织给予奖励；对拒不履行国防动员职责和义务的公民和组织予以惩处。

这些规定，把保证公民和组织依法履行国防动员义务与保障公民组织因履行国防动员义务而享有的合法权益有机地统一起来，体现了以人为本要求，有利于激励公民和组织自觉履行国防动员职责和义务。

——新华网．国防动员委员会综合办就《国防动员法》答记者问．2010-02-27

（二）国防动员的主要特点

国防动员作为一种独特的军事实践活动，相对于其他军事实践活动来说，有其自身固有的鲜明特点。

一是目的的政治性。国防动员作为维护国家利益的一种战略手段，其直接目的是为夺取战争胜利、有效应对突发事件和紧急状态提供有效的动员保障，最终目的是维护国家的主权、统一、领土完整和安全，因而在目的上具有明显的政治性。

二是主体的权威性。国防动员是国家行为是国家意志和利益的集中体现，是为确保国家和民族利益的战略行为，是国家最基本的职能之一。国防动员的主体是国家，全国性的国防动员，只能由国家来组织实施；局部性的国防动员，也只能由国家做出决定，并授权部门或者地方政府来组织实施。

三是对象的广泛性。国防动员就是将国家潜在的战争力量，转化为现实的战争实力，即将全国的人力、物力、财力、科技力及精神力激发出来形成合力来取得战争的胜利。随着经济全球化和科学技术的发展进步，国防动员对象的全民化趋势日益明显。

四是手段的计划性。战争、突发事件和紧急状态对经济社会资源的需求，不仅具有复杂性、多样性和不确定性，而且具有急迫性和时效性。只有按照国防动员的需求有计划、有步骤地组织落实国防动员供给，才能确保国家应对战争、突发事件和紧急状态的需要。

五是行为的强制性。国防动员的性质决定了国防动员与其他国家行为相比具有更强的强制性，尤其是在经济市场化的今天，各种利益主体多元化，必须有强有力的手段，特别是行政手段和法律手段，来保证动员全国各个阶层的国防潜力，这就使得国防动员行为更多地带有强制性特点。

六是准备的前置性。信息化条件下局部战争，战争爆发突然、节奏快、强度高、损耗大，战前的各项国防动员准备，包括武器装备、器材、物资和人力的充分储备，企业转（扩）产，交通运输工具的征收、征用，以及国防动员体制、机制和法制的建立健全等，在战争爆发前都应当努力做到准备充分，这就使得国防动员准备的前置性特点更加凸显。

七是实施的快捷性。只有实施快速高效的敏捷动员，才能跟上军队作战、后勤保障和处置突发事件、紧急状态的工作节奏，从而确保国家应战或应急的需要。

专栏 1-10　快速高效的以色列国防动员

以色列由于国小人少，平时无能力保持庞大的常备军，因此在第一次中东战争后，以色列就创立了“全民皆兵，迅速动员”的国防体制，实行独特的志愿服役、义务兵役与预备役三结合制度，一方面保持精干的训练有素、装备精良的现役和预备役正规部队，另一方面也注重培养全民的战争动员意识和军事常识，并且把战争动员体制作为国防体制的重要组成部分给予特别重视，进行重点建设。

第四次中东战争初期，以色列常备军遭到惨败，8 个装甲旅和一个步兵旅大部被歼。面对危局，以立即发布动员令，不到 20 小时，部分预备役部队就开赴前线投入战斗。48 小时后全国动员了 30 万预备役人员，约占当时总人口的 7.9%，使以军兵力由 11 万人迅速增加到 40 余万人，为以色列转败为胜奠定了雄厚的兵力基础。西方军事评论家指出：“如果说埃及强渡运河是这次战争的第一大胜利，那么以色列的动员则是第二大胜利。”以色列的快速动员体制自此令世人瞩目。

在以色列看来，“举国皆兵”不仅是量的要求，还有质的规定。为此，以色列还先后制定了《预备役储备计划》和《预备役动员法》，因此其战争动员不仅速度快，而且能迅速形成战斗力，其动员的一级预备役部队的战斗力不亚于现役部队。

——刘颖玮．快速高效的以色列国防动员．解放军报，2003-06-25

二、国防动员的形成与发展

国防动员是战争的产物，并随着战争的演变经历了漫长的发展过程。回溯数千年的战争史，国防动员的范围逐步扩大，内容越来越丰富。国防动员的形成与发展，与战争的发展过程相适应。不同的历史发展阶段，国防动员受社会形态的影响而呈现出不同的特征。

（一）国外国防动员的形成与发展情况

国防动员是战争活动的重要组成部分和前提条件，因此最早被称做战争动员。战争动员产生于奴隶制社会时期，发展于封建社会和资本主义社会时期。自资本主义工业革命后，战争动员进入全面发展时期。尤其是20世纪规模空前的两次世界大战的发生，为战争动员的进一步发展提供了客观条件。两次世界大战中战争动员的基本特点如下。

一是动员的规模空前扩大。在第一次世界大战中，由于战争规模的空前扩大，坦克、潜艇、飞机、高射炮、毒气弹等新式武器装备开始在战争中使用，加之战争持续时间长，使物资消耗急剧增加，单靠平时的储备已不能满足战争的需要，主要参战国不得不把动员扩大到经济领域，把整个国民经济纳入战时轨道，大力发展军工生产。第二次世界大战中，参战各国动员的总兵力达到 1.1 亿人。其中，德国为 1700 万人，日本近 1000 万人，苏联 1136 万人，美国 1212.3 万人，人力、物力、财力的动员量高于以往任何战争。

二是动员的范围广、持续的时间长。两次世界大战期间，参战各国真正将经济、政治、外交等领域全部纳入到战争动员范围，将工业、农业、商业、财政金融、交通运输和邮电通信等经济部门进一步纳入战时轨道，使得整个战争动员体系日趋完备，“综合动员”的性质日益明显。此外，在战争期间连续多批次地实施人力、物力和财力动员，也成为参战各国的普遍做法。

三是动员体制和制度得到不断完善。到第二次世界大战前夕，各参战国纷纷设立了战时资源委员会。与此同时，战争动员法规日臻完善，如德国的《战时授权法案》、日本的《国家总动员法》、英国的《紧急全权国防法案》、法国的《总动员法》和前苏联的《关于战时状态法令》等，对动员的基本事项和重大事项都做出了规定。

第二次世界大战后，许多国家确立了适应大规模全面战争需要的动员制度。美、苏两国根据冷战需要，使动员长期保持临战状态。核战争理论的出现，曾一度影响到国防动员的正常发展。冷战期间发生的越南战争、第四次中东战争、两伊战争等多场局部战争，推动了国防动员的进一步发展。冷战结束后，世界各主要国家为适应局部战争需要，对大规模全面战争的国防动员体制进行调整，逐步建立了以常备力量为主、能够对各种规模战争和军事威胁做出灵活反应的国防动员机制。

20世纪50年代末，以信息技术为主导的新军事技术革命迅速崛起，信息化武器装备开始大量涌现，特别是20世纪80年代末各种高新武器装备的广泛使用，使信息化战争成为未来战争的基本形态。信息化条件下的局部战争，需要信息化的动员。尽管信息化动员目前还只是初见端倪，但已经展现出与以往国防动员不同的特点。

（二）中国共产党领导的国防动员情况

在中国现代革命史上，中国共产党人成功地领导了多次战争动员活动。历次革命战争中，在毛泽东关于动员和武装群众、进行人民战争的战略思想指导下，中国共产党实行全党动员、全民动员的方针，成功地实施了军事、政治、经济、文化等动员。为壮大人民军队、夺取革命战争胜利发挥了巨大作用。

抗日战争时期，为了夺取抗日战争胜利，中国共产党进行了广泛深入的政治、军事和经济等方面的动员。1937年8月，中国共产党发表了《抗日救国十大纲领》，号召全国各族人民和社会各阶层、各民主党派团结起来，积极参加抗日战争，形成了全国性的抗日民族统一战线，出现了全国抗战的总动员局面。

解放战争时期，在中国共产党的领导下，为了解放全中国，建立人民民主政权，动员的范围、规模更大，几乎动员了解放区一切可以动员的资源来支援战争。为适应形势发展，各级军事领导机关和党政部门，都设立了武装委员会、支前委员会，加强了对动员工作的领导。通过土地改革和深入的政治动员，发动广大青年积极参军参战。同时，动员俘虏兵自愿参加人民军队；动员广大群众参加民兵组织，配合军队作战。到解放战争后期，中国人民解放军已发展到530万人，民兵发展到550万人。组织解放区的广大干部、群众，积极发展工农业生产，有力地保障了军队作战的需要。

新中国成立后，在历次局部战争中，都进行了不同规模的战争动员。例如，在抗美援朝战争中，在全国深入开展抗美援朝、保家卫国的宣传教育，激发了广大军民的爱国热情，在全国迅速动员了200多万民兵、青年参加中国人民志愿军，还动员了大批汽车司机、铁路员工和医务、通信人员担负战争勤务。与此同时，在全国开展的捐赠运动，共捐献人民币5.56亿元，可购买3710架战斗机，为保障战争胜利做出了重要贡献。

三、国防动员的地位与作用

国防动员是国防活动的重要内容之一，是准备和实施战争的重要措施。无论是古代战争，还是现代战争；是全面战争，还是局部战争；是常规战争，还是非常规战争；都离不开动员。因此，国防动员对于保障战争胜利具有十分重要的地位与作用。

（一）国防动员是打赢战争的基础环节

为遏制战争爆发并夺取战争的胜利积聚强大的战争力量，是国防动员的基本功能与任务。这是因为，战争是实力的较量，任何不具备强大实力的国家，要赢得战争的胜利是不可想象的。国防动员不仅能够通过平时准备，为战争实施积聚强大的战争潜力，而且可以通过建立一套平战转换机制，使这种潜力在战争爆发后迅速转化为实力，从而为保障战争的胜利奠定必要而坚实的物质基础。另外，国防动员还是遏制危机的有效手段。实践中，有许多国家通过积聚力量和显示使用力量的决心，有效地制止了战争的爆发。

（二）国防动员是应对紧急突发事件的有效措施

国防动员的最初功能是应对战争的需要，但现代条件下，随着各种灾难事故和突发事故的频繁发生，国防动员的功能逐步得到拓展，它在应对和处置各类突发事件中也发挥着重要的作用。因此，当国家遇到突发事件时，国防动员活动可以凭借自身的准备和特有的机制，使国家或地区在需要时进入一定的应急状态，动员国家、军队和社会的力量，抗御自然灾害、处置各种自然和人为的事故与灾难，维护人民群众的生命财产安全。

（三）国防动员是支援经济和社会发展的重要力量

国防动员“平战结合、军民结合、寓军于民”的原则，使得国防动员建设的成果可以直接为经济建设服务。和平时期，国家的中心任务是提高社会生产力，改善人民生活，对国防建设不可能有很多的投入。要使有限的国防经费，获得尽可能强的国防力量，就必须提高国防建设效益。其有效办法是建设精干的常备军，加强后备力量建设，健全与完善动员体制，做到“平时少养兵，战时多出兵”。这样，不仅可以经常保持较强的国防整体威力，而且可以减轻国家负担，促进经济和社会发展。

专栏 1-11　关于《国防动员法》的主要内容与特点

《国防动员法》共分 14 章、72 条，内容包括：总则，组织领导机构及其职权，国防动员计划、实施预案与潜力统计调查，与国防密切相关的建设项目和重要产品，预备役人员的储备与征召、战略物资储备与调用，军品科研、生产和维修保障，战争灾害的预防与救助，国防勤务，民用资源征用与补偿，宣传教育，特别措施等。从总体上看，本法有以下几个特点：

一是建立健全基本制度。本法除“总则”、“法律责任”和“附则”外，主体各章规范了国防动员领域最基本的制度。这些制度是最根本的、最长远的制度，与已出台的有关动员法律法规相衔接，能够规范国防动员各领域的活动，保证国防动员的顺利实施。

二是科学总结实践经验。在我国国防动员建设的长期实践中，形成了适合国情军情的方针原则，积累了丰富的经验，例如，坚持平战结合、军民结合、寓军于民的方针，遵循统一领导、全民参与、长期准备、重点建设、统筹兼顾、有序高效的原则；坚持国防动员体系与国家安全需要相适应，与经济社会发展相协调，与突发事件应急机制相衔接等。本法把这些被实践证明是正确的方针政策和成熟的经验做法进行科学总结和梳理，并上升到法律高度加以确认，体现了科学性、可行性。

三是注重突出重点内容。国防动员涵盖政治、经济、军事、社会等诸多领域，涉及军队和地方诸多部门，需要规范的内容很多。本法把增强国防动员潜力、提高国防动员能力作为重点，具体体现到各章之中，特别是对国防动员准备和实施的重要方面、重点环节进行了规范，体现了突出重点、兼顾一般、立足现实、着眼发展的要求。

四是坚持以人为本理念。本法充分体现科学发展观所要求的以人为本理念，既规定公民和组织在国防动员中的责任和义务，又注重保障公民和组织的基本权益。例如，第十章“民用资源征用与补偿”，既规定任何公民和组织都有接受民用资源征用的义务，又规定免于征用的范围及补偿办法，体现了维护国家安全需求和保障广大人民群众利益的有机统一。

——新华网，国防动员委员会综合办就《国防动员法》答记者问，2010-02-27

四、国防动员的主要内容

国防动员的内容十分丰富，主要包括以下几点。

（一）人民武装动员

人民武装动员，是国家将后备力量充实到军队，使军队和其他武装组织由平时状态转入战时状态所进行的活动。人民武装动员是国防动员的主体与核心，通常包括现役部队动员、后备兵员动员、预备役部队动员和民兵动员。

现役部队动员 指将中国人民解放军各军兵种部队和武装警察部队从平时编制转为战时编制，按动员计划进行扩编，达到齐装满员。现役部队动员的主要内容：一是进入临战状态。接到动员命令后立即召回外出人员，停止转业、复员、退伍、探亲和休假等活动，启封库存的武器装备，做好战斗准备。二是实行战时编制。不满编的部队迅速按战时编制补充兵员和装备，达到齐装满员。三是扩建现役部队。扩建部队以现役部队为基础，扩建时的兵员空缺，由预备役官兵补充。四是组建新的部队。按照动员计划和部队编制方案，从现役部队或军事院校抽调官兵，搭建部队架子，同时征召预备役官兵，组成新的部队。

后备兵员动员 指征召适龄公民到军队服现役的活动。主要是征召预备役军官和士兵补充到现役部队。根据战争的需要，国务院、中央军委还可以决定征召36～45岁的男性公民服现役。后备兵员动员是直接为现役部队动员服务的，是与现役部

队同步的动员活动。其主要用途：一是补充不满编的现役部队；二是补充扩建和新组建的部队；三是补充战斗减员的部队。

预备役部队动员　指国家为实施战争或应对其他危机，征召预备役部队并使之达到可遂行任务的状态的活动。通常包括征召所属人员，配发装备、物资，进行临战训练，组织动员等。预备役部队动员是战时迅速扩编军队的重要组织形式。《国防法》规定："预备役部队战时根据国家发布的动员令转为现役部队。"

民兵动员　指国家为实施战争或应对其他危机，征召民兵并使之达到可遂行任务的状态的活动。民兵是不脱离生产的群众武装组织，是保卫祖国的一支重要力量，战时可以配合军队作战和担负支援保障任务，也可以独立担负后方防卫作战和维稳任务。

专栏 1-12　《国防动员法》关于预备役人员储备与征召的有关规定

预备役人员的储备与征召是人民武装力量动员的基础。《国防动员法》针对市场经济条件下人员流动频繁的特点和信息化条件下局部战争快速动员的要求，对预备役人员的储备与征召做出了相应规定。

一是规定国家根据国防动员的需要，按照规模适度、结构科学、布局合理的原则，储备预备役人员；储备的规模、种类和方式由国务院、中央军事委员会决定。

二是规定国家决定实施国防动员后，县级以上人民政府的兵役机关、被征召的预备役人员所在单位以及被征召的预备役人员的责任和义务。

三是规定预编到现役部队和编入预备役部队的预备役人员、预定征召的其他预备役人员，离开预备役登记地 1 个月以上的，应当向其预备役登记的兵役机关报告。

这些规定为加强预备役人员管理，解决好战时首批动员和持续动员问题提供了法律保障。

——新华网．国防动员委员会综合办就《国防动员法》答记者问，2010-02-27

（二）国民经济动员

国民经济动员是国家将经济部门、经济活动和相应的体制从平时状态转入战时状态所进行的活动。主要包括工业动员、农业动员、贸易动员、财政金融动员等。

工业动员　指国家调整和扩大工业生产能力，增加武器装备及战争需要的其他工业品产量的活动。通常包括：统筹安排军需民用，调整工业布局，改组生产与产品结构，实行快速转产，扩大军品生产；组织工厂企业进行必要的搬迁、复产以及作战物资的生产和储备等，最大限度地把工厂企业潜力转化为实力。

农业动员　指国家调整和挖掘农业生产潜力，维护农业设施，增加粮食、棉花、油料、肉类及其他农副产品的产量和国家征购量，满足战争和社会生产、生活对农产品需求的活动。

贸易动员　指国家在商品流通领域实行战时管理体制和战时商贸政策，控制商品流通秩序和流向，以满足战争和人民生活对各种商品的需求。

财政金融动员 指国家为保障战争需要而采取的筹措和分配资金，维持财政金融秩序的活动。通常包括实行战时税制、实行战时预算、增加举借债务、加强金融监管。

科学技术动员 指为保障战争对科学技术的需要，国家统一组织和调整科研机构、科研人员、科研设备、资料及成果所进行的活动。通常包括科研机构动员、科技人员动员、科技经费、设备和物资动员，科技成果和科技情报动员。

医疗卫生动员 指统一调度和使用医疗卫生方面的人力、药品器材、设备和设施，满足战争对于医疗卫生的需要所进行的活动。主要包括实行医药卫生管制、组织战时医疗救护、搞好卫生防疫。

劳动力动员 指国家统一调配和使用劳动力，开发劳动力资源，以满足武装力量扩编、军工生产及其他领域对人力的需求所进行的活动。通常包括根据战争需求调配和使用劳动力、实行战时就业制度、扩大劳动力资源总量、实行战时劳动制度，提高劳动强度和效率。

专栏 1-13 《国防动员法》关于经济建设在贯彻国防要求方面的有关规定

在经济建设中贯彻国防要求，是平时进行国防动员准备的重要内容和战时实施快速有效动员的基础，也是世界主要国家的普遍做法。这项工作做好了，有利于实现平战结合、军民结合、寓军于民，有利于促进国防建设与经济建设的协调发展，有利于加快平战转换、提高动员能力。为此，《国防动员法》将经济建设贯彻国防要求作为一项重要的国防动员基本制度予以确立。

一是规定国防动员建设要与经济社会发展相协调，坚持平战结合、军民结合、寓军于民的方针。

二是规定县级以上人民政府应当将国防动员的相关内容纳入国民经济和社会发展计划，有关部门按照职责抓好落实。

三是规定与国防密切相关的建设项目和重要产品实行目录管理；列入目录的建设项目和重要产品，其军事需求由军队有关部门提出；建设项目审批、核准和重要产品设计定型时，县级以上人民政府有关主管部门应当按照规定征求军队有关部门的意见。

四是规定列入目录的建设项目和重要产品，应当依照有关法律、行政法规和贯彻国防要求的技术规范和标准进行设计、生产、施工、监理和验收。

五是规定县级以上人民政府应当对列入目录的建设项目和重要产品贯彻国防要求工作给予指导和政策扶持，有关部门应当按照职责做好有关的管理工作。

这些规定为各地各部门在经济建设和社会发展中贯彻国防要求提供了基本的法律依据。

——新华网. 国防动员委员会综合办就《国防动员法》答记者问，2010-02-27

（三）人民防空动员

人民防空动员，是指国家发动和组织人民群众防备敌人空袭、消除空袭后果进

行的活动。通常包括人防预警动员、群众防护动员、重要经济目标防护动员、人防专业队伍动员。

人防预警动员　是为了获取防空斗争所必需的情报，为组织民众防护和进行抢救抢修提供信息保障。

群众防护动员　是为了保护人民生命安全，保存后备兵员和劳动力资源，保证人心安定和社会稳定，维持战时生产和生活秩序。

重要经济目标防护动员　是为了减轻战争破坏程度，保护关键的生产能力。高技术局部战争表明，空袭经济目标、摧毁国防潜力对战争进程和结局具有决定性影响，搞好重要经济目标防护动员十分重要。

人防专业队伍动员　是根据战时消除空袭后果的需要，按照专业系统组成的担负抢救抢修等防空勤务的群众性组织需要所进行的活动。主要任务包括：平时组建各种人防专业队伍，进行必要的训练和演练，有针对性地落实抢修器材、装备和物资；战时适当扩充人防专业队伍，组织开展抢救、抢修行动，消除空袭后果，维护社会治安。

（四）交通战备动员

交通战备动员包括交通运输动员和通信动员，是国家统一管制各种交通线路、设施、工具和通信系统，组织和调动交通、通信专业力量为战争服务的活动。

交通运输动员　指国家为了适应战争需要，组织和利用各种交通运输线路、设施和工具，进行人员、物资和装备输送的活动。通常包括铁路、公路、水路和航空等运输方式的动员。交通运输动员对于充分利用所拥有的交通运输能力，发挥交通运输在战争或危机中的重要作用，保持战争和应对危机时社会生产、生活的正常运转，具有重要意义。

通信动员　指国家为了适应战争需要，统一组织调动通信资源和力量，综合运用多种通信手段，保证通信联络安全、稳定、畅通所进行的活动。通信动员由军队通信部门、地方通信部门和通信动员部门共同组织实施。通常包括对国家通信网络实行统一管制、征集和调用民用通信资源和力量、组织通信防卫、抢修抢建通信线路和设施，以确保军队指挥顺畅、军地联络通畅。

（五）政治动员

政治动员是指国家或政治集团为实施战争或应对其他军事危机，在政治和思想方面进行的活动。有效的政治动员，对于迅速实现政治体制的平战转换，形成多种政治力量共同对敌局面，占据有利的舆论阵地，充分调动社会各界参加和支持战争的积极性具有重要意义。

平时政治动员　主要表现为国防教育。其内容主要包括国防观念、国防知识、军事技能和国防法规等方面的教育，目的是增强国防观念和维护国家安全意识，提高履行国防义务的自觉性。国防教育以全民为对象，重点是国家机关工作人员、武装力量编成人员和青年学生。

战时政治动员 主要包括国内政治动员和外交舆论宣传。国内政治动员是政府、军队和社会团体等，运用各种宣传工具，对全国军民进行以爱国主义和革命英雄主义为核心的国防教育，使之增强国防观念，坚定打败敌人、夺取胜利的信心。外交舆论宣传，是国家通过各种外交活动和对外宣传，揭露敌人的战争阴谋，控诉敌人的战争暴行，瓦解敌方的战斗意志，争取世界爱好和平国家的声援和支持，建立国际统一战线或建立战略协作关系。

五、国防动员的实施程序

国防动员的组织实施，通常按照进行动员决策、发布动员命令、充实动员机构、修订动员计划和落实动员计划等步骤进行。

（一）进行动员决策

进行动员决策是国防动员实施过程中首先要解决的问题。只有实施了动员决策，整个国家的政治、军事、经济、文化和外交部门或领域才能相应地转入战时体制，进行动员的各项活动。进行国防动员决策的关键，是正确分析判断敌情。必须充分利用各种手段，广泛收集各国尤其是敌国的政治、经济、军事等各方面情况，并对这些情况进行综合分析，尽早洞察敌国的战争企图，从而视情况来确定动员实施的时机、规模和方式等。

（二）发布动员令

动员命令是宣布全国或部分地区、某些部门转入战时状态的命令。动员命令的发布，关系战争的胜负和国家的命运，各国大都由最高权力机关或国家元首、政府首脑发布。发布动员命令的方式，分为公开发布和秘密发布两种。动员令发布后，能否实施快速动员，在很大程度上取决于动员令的传递速度。所以，无论是公开动员还是秘密动员，都应该充分运用所有允许的传递形式，以最快的速度，将动员令传递到有关机构和人员。

（三）充实动员机构

国防动员机构是指平时负责动员准备、战时负责动员实施的组织领导机构。一旦实施战争动员，和平时期的动员机构，无论在人力上还是物力上，都难以适应需要，必须及时调整和加强。一方面，要扩大组织，增加人员。战时，一切为了夺取战争的胜利，动员机构任务十分繁重，工作量大，只靠平时的编制员额，远远满足

不了需要。另一方面，还要赋予动员机构应有的职权，使其具有较高的权威性。国防动员事关国家安危，责任重大，如果权力有限，指挥无力，处处受制，就难以完成繁重的动员任务，影响战争的顺利进行。

（四）修订动员计划

国防动员计划是实施国防动员的依据。在面临战争的情况下，由于国际战略环境和国内条件都发生了变化，事先制订的动员计划难免与战争的实际情况不完全吻合，所以要及时予以修订。修订动员计划，要注意统筹规划，关照全局，突出重点，兼顾一般。

（五）落实动员计划

落实动员计划是使计划见之于行动，是实施国防动员的关键环节。动员令发布之后，负有动员任务的地区和部门，应根据修订的动员计划，迅速转入战时体制。各行业以及社会生活的各个方面，都应以保障战争胜利为轴心迅速进行调整。其中，武装力量要迅速转入战时状态。现役军人一律停止转业、退伍、探亲和休假，外出人员立即归队。预备役部队应迅速集结、发放武器装备，并抓紧时间进行训练，准备承担作战任务。民兵应作好应征准备，同时启封武器装备，成建制进行训练，并准备承担各项任务。地方政府要根据上级下达的动员任务，积极实施动员行动。各行业、各阶层都要动员起来，落实国防动员任务，为赢得战争胜利贡献自己的力量。

六、国防动员的发展趋势

国防动员是随着政治、军事、经济、科技等各方面条件的变化而不断发展的。进入21世纪后，国际形势发生很大的变化，科学技术发展日新月异，军队武器装备日趋信息化，战争方式和战争需求出现了一系列新特点。这些对国防动员及准备带来了很大影响，使国防动员表现出许多新的发展趋势。

（一）精确化动员逐渐走向舞台，将成为未来国防动员发展的方向

精确化动员的出现，是日益成熟的信息技术应用于国防动员领域的必然产物。信息技术的迅猛发展及其在军事领域的广泛应用，大大促成了军事活动的精确化变革，精确运用各种武装力量、精确分配各种火器火力、精确定位，以及精确打击等“精确化”作战思想和作战指导的出现，也不断牵引和促使国防动员朝精确化方向发展。精确化动员与非精确化动员相比，更具有灵活性，更能迅速达成国防动员的目的和效果，这就使得国防动员从以人的“思维”为核心转向以“信息”为核心，形成以“信息”占主导地位的新一代“信息+物质+能量”型的动员系统。国防动员向精确化方向大跨越的时机正逐步走向成熟。随着信息技术在动员需求分析、动员

信息传输、动员信息管理、动员效能评估等方面广泛应用和发展，实施精确化动员将逐步从一种发展趋势转变为现实的确定形态。

专栏 1-14　从冷战后四场高技术局部战争看美国动员新发展

海湾战争、科索沃战争、阿富汗战争和伊拉克战争，是冷战结束后美国发动的四场高技术局部战争。从这四场战争可以清楚地看到战争形态从机械时代向信息时代一步步转变的过程，也可以看到为适应战争形态更替，美国动员理念、对象、目标等方面的变化。

动员理念："粗放型"→"集约型"　战争实践和科技发展是孕育产生战争动员理论的源泉与动力。从海湾战争到伊拉克战争，美国的战争动员理念完成了由"粗放型"向"集约型"转变；更加强调动员质量和动员规模，以所动员的资源能够满足战争客观需求为尺度；强调动员范围或动员地域在适应战争需求的基础上，尽可能地控制在最小的范围内和最低程度。海湾战争中，美国动员的 24 万后备役人员中，仅约 60%得到使用；而科索沃战争动员约 10 万人和伊拉克战争动员约 30 万人，基本上做到了人尽其用。

动员对象：实体资源→信息资源　海湾战争后，美军认真总结教训，认为信息资源是一种巨大的"无形资源"，准确、实时、充分的信息资源在快速、高效地组织实施动员活动中，越来越表现出决定性作用。在随后的科索沃战争中，美国充分挖掘和发挥信息技术优势，一方面加强实施指挥控制能力，使各种武器命中目标的精确度大为提高；另一方面，动员了国内计算机黑客多次对南联盟军队和政府网络实施攻击，注入大量病毒和欺骗性信息，中断、阻塞网络传播渠道。伊拉克战争中，美国动用空间卫星达 50 多颗。其中，有 20 颗左右的卫星用于侦察，以获取战场情报信息资源。同时，还以先进的信息技术为基础，将指挥、控制、通信、计算机、情报、电子对抗等系统有机地联为一体，实现了各兵种信息的及时传递和资源共享。据统计，美国在伊拉克战争中作战兵力仅为海湾战争的 40%，动员并投放战场的各种物资只有海湾战争的 10%。

动员目标：应付大规模战争→应付局部战争　海湾战争以来，局部战争成为主要的战争形态，与局部战争相适应的局部动员登上历史舞台。美国战争动员由应付大规模战争向应付局部战争这一目标转变，是在美国海湾战争之后，总结战争经验教训的基础上得出来的。美国在此次战争中使用的还是全面战争的动员计划，以后备力量动员规模为例，24 万后备役人员占动员总兵力的 56%，占其全部后备力量的 21.3%，达到了第二次世界大战以来兵员动员的最高峰，但实际被派往海湾地区的不到 4 万人。同时，美国仍像以往战争那样与军火商签订了 12 万项的军品生产合同，除了一些食品类的生活物资在规定时间内完成外，其他较为复杂的军品订货则未能如期完成。

动员储备：重点物资储备→能力储备　信息化战争作战节奏快，战场情况复杂多变，部队机动频繁，战争进程较短。面对这一变化，美国在动员物资储备中不再更多地储备实物，而将储备技术作为重点。

海湾战争中，美国虽然已通过其庞大的预置第三船队为作战部队提供了大量的作战及保障物资，但由于装备原是针对欧洲平原地区和远东丛林地区低强度作战需要研制的，不适应沙漠地区作战要求。于是只能重新进行大量的应急性生产动员。陆军器材司令部同 1500 多家承包商签订了 2.3 万余项合同，以加速生产弹药、给水系统、修理零配件、防化与环保系统和发电机等关键物资。此外，国防后勤局也同 1000 多家主要承包商签订了 9.4 万余项合同，诸如沙漠作战服、方便食品、修理零配件、装备、武器和油料之类的关键物资生产合同。

美军为了攻克伊军坚固的地下掩体，紧急动员平时的技术储备力量即科技力量和工业部门，在很短时间内就完成了 GBU-28 型激光制导钻地炸弹的设计和实验，并迅速生产了 50 多枚投入战场。美国一家汽车生产厂凭借平时形成的技术储备基础，在两周内就生产了 20 辆载重 70 吨的大型拖车，解决了坦克的运输问题。为对付伊拉克的“飞毛腿”导弹，美国利用技术储备紧急生产“爱国者”防空导弹。伊拉克战争也是如此，美国依赖强大的军品生产动员及装备维修能力，对战损武器装备进行了快速修复，使得高技术武器装备得以保持持续的作战能力。实践证明，如果美国工业企业没有雄厚的生产“能力储备”，就不可能满足战争的应急要求。

——周晓东，洪磊. 美国战争动员的新发展，中国国防报，2007-04-23

（二）科技与信息动员的地位不断上升，将成为未来动员的重心

信息技术的运用不仅改变了世界军事的面貌，也引起了军事领域的一系列变革。装备智能化、人员构成知识化、作战编成一体化、指挥控制高效化，使得过去那种体能型、经济型动员模式逐步向科技型、信息型动员的阶段前进。从最近几场局部战争来看，科技、信息动员正在取代经济动员成为动员的主要内容。为此，我们必须以积极的科技动员、信息动员来提升国防动员的整体素质和保障能力，而在我们民间又蕴藏着巨大的信息和科技动员的潜力，战时把这些潜力发掘、动员出来，就一定能够在未来的信息化战争中立于不败之地。

（三）先期动员作用更加突出，将成为未来动员的关键

机械化战争时期边打边准备都来得及，而信息化条件下的局部战争，时间短、强度高、节奏快，主要作战力量往往一次性投入，大量作战物资集中性消耗。信息化条件下的局部战争从一定意义上讲就是打准备、打储备，如果等到战争爆发后，再去动员，可能就为时已晚，就会出现在动员准备还没到位的情况下，战争已经结束。因此，战争准备必须提前到位，必须先期动员，准备好了再打。

（四）一体化动员应运而生，将成为未来动员的全新样式

一方面，信息化条件下局部战争，目标有限，规模有限，往往一次战争行动就可以达到战争目的，战争指导者可以在较小的范围内对作战行动和整个动员行动进

行一体筹划，从而使动员活动和作战行动有机融为一体。另一方面，信息化条件下局部战争是体系与体系对抗，客观上要求动员与之相适应，不仅各个领域必须形成统一整体，而且要与作战行动形成一个完整的大系统，从而使整个作战领域互联互通，融为一体。因此，一体化动员将成为未来国防动员的全新样式。

思 考 题

1．国防的含义和类型。
2．简述现代国防的基本特征。
3．中国国防历史带给我们哪些启示？
4．在新形势下，如何建立强大的国防？谈谈你的看法。
5．谈谈有中国特色的武装力量领导体制及其演变。
6．新中国国防建设取得了哪些成就？
7．我国现行的国防政策是什么？
8．如何认识我国国防建设这些年取得的成绩，谈谈你的看法。
9．什么是国防法规，其主要特性是什么？
10．我国的国防法规体系主要由哪些层次构成？
11．我国实行什么样的兵役制度？
12．什么是国防义务？我国公民承担的国防义务主要有哪些？
13．我国的武装力量由哪几部分构成？
14．简述中国人民解放军的性质和任务。
15．简述中国人民武装警察部队的性质和任务。
16．简述陆军、海军、空军、第二炮兵各自的任务。
17．国防动员的含义和特点是什么？
18．国防动员的地位与作用是什么？
19．国防动员的内容与程序是什么？
20．简述国防动员的主要发展趋势？

第二章

普通高等学校国防教育系列教材

军事理论教程

经典导读：中外军事思想

- 外国军事思想
- 中国古代军事思想
- 毛泽东军事思想
- 邓小平新时期军队建设思想
- 江泽民国防与军队建设思想
- 胡锦涛关于国防与军队建设的重要论述

第一节　外国军事思想

理论上，有了战争就有了军事思想。战争、国家、军队是私有制的产物，自从人类进入奴隶社会以来，战争就成了解决阶级矛盾、民族矛盾的主要方式之一。随着战争活动的不断发生，人们开始对战争实践进行理论总结，这样，军事思想就产生了。

一、外国古代军事思想

最早进入阶级社会的地区是西亚和北非，最初的战争也发生在那里。由于战争规模较小，也不十分频繁，作战行动主要依靠经验，不太可能产生比较成熟的军事思想。随着人类活动范围的不断扩大，各种利益冲突越来越频繁，规模也越来越大，军事行动也变得日益成熟和完善，比较成熟的军事思想也随之形成。

（一）外国奴隶社会时期军事思想

公元前 8 世纪至公元 5 世纪，是西方古代的奴隶制社会时期。在这个时期，古希腊、古罗马等奴隶制国家，为了扩张领土、建立霸权、掠夺奴隶和财物，频繁发动战争。在长期的战争实践中，涌现出许多著名的将领和统帅，产生了古希腊和古罗马时代丰富的军事思想。

1．古希腊军事思想

古希腊军事思想是西方近代军事思想的历史源头。它萌生在公元前 8 世纪希腊城邦出现后，并随着古希腊社会政治、经济的发展，战争与军事实践的不断积累，逐渐升华为理论，内容也日益丰富和发展起来。由于历史的局限，希腊很少有专门的军事著作流传后世，但在当时的《荷马史诗》、《历史》（希罗多德著）以及神话传说和回忆录中，仍保留着大量反映古希腊人军事言论及作战指挥艺术的资料，从中不难看出古希腊在军事思想领域中的历史贡献。

第一，关于战争。主要反映在对战争根源、战争胜负决定因素、战争与和平问题等方面的认识。

战争根源　亚里士多德认为，在战争中所得蛮族俘虏以及向蛮族地区猎取男女用作奴隶，都是“自然奴隶”，是财产的一部分。这种观点从阶级斗争的角度说明了战争的起因，在某种程度上是为当时正在走向没落的希腊奴隶制辩护。另一位著名的哲学家柏拉图则把战争的起因归结为人的贪婪。亚里士多德的“高足”亚历山大对战争起因的看法则稍有不同，他认为战争的根源就是为了谋求霸权，但他并不希望通过暴力征服行动将对方变为奴隶。

战争胜负决定因素　古希腊人已经注意到战争对经济的依赖，“战争的胜利全靠聪明的裁判和经济的资源”，“只有金钱才能使军备发挥效力”。古希腊人也看到决定战争胜负的因素不是单一的。军队的人数，海陆军力量的平衡，作战经验和战略战术的水平乃至人的勇气精神和爱国主义思想都对战争的结局有重要的影响。亚历山大则认为，要取得战争的胜利，需要把政治的、经济的、军事的、法律的、宗教的、民俗的、血缘的，甚至婚姻的手段都结合起来灵活运用。亚历山大在每次作战前，总是发表演说来鼓励将士们在整个作战过程中始终保持英勇气概。

战争与和平问题　古希腊人已意识到战争与和平的辩证关系，他们常派出使节，呼吁恢复和平，争取政治上的盟友。科林斯人在理论上深刻阐述了战争与和平的辩证关系，科林斯人奉劝人们不要担心暂时的恐怖，而要争取战后永久的和平。因为，战争使和平得到巩固，如果为着安宁而不肯作战，那么仍然不能避免战争的危险。

第二，关于军队建设。主要反映在对军队建设方向、军队教育训练和军人素质等方面的认识。

武器装备　为了称霸地中海，雅典将军地米斯托克利以“雅典的未来在海上”做号召，力主投入巨资建造大批战舰，扩充海军。对各处设计新颖的攻城器械，古希腊将军们与政治家也十分重视。修昔底德的《伯罗奔尼撒战争史》详细记载了交战各方的各种攻城武器，普鲁塔克的《希腊罗马名人传》中介绍了雅典政治家伯里克利重用瘸子器械师阿尔特蒙的事例。

军队教育训练　古希腊将帅重视激发将士的尚武精神，宣扬爱国思想，培养官兵视死如归的勇气、吃苦耐劳的作风和强烈的集体荣誉感。斯巴达城邦甚至规定，儿童从 7 岁起就全部由国家收养，编入连队。柏拉图非常强调纪律与服从，并认为，理想的城邦需要一个专门从事战争的第二等级，他们平时辅助第一等级（统治者）从事统治，战时则成为执行军事任务的战士。色诺芬对纪律的重要性概括较为深刻，对训练官兵提高军事技能方面的概括较为全面。

军人素质　随着战争进程复杂化与规模扩大化，对普通士兵的作战经验和纪律性的要求越来越高。对将领的素质要求更严。苏格拉底认为一个好的将领应当认真研究将兵术，能够为战争的必要事项进行准备等。色诺芬把指挥官的素质概括为：勇武、正义、慷慨、信义，亚历山大则强调以身作则。

第三，关于战略战术。主要反映在对战争艺术、战略方针和具体战法等方面的认识。

战争艺术　古希腊人已试图对“将兵术”内容做进一步区分，认为战术只是“将兵术”的一部分，包括编组战斗队形及在不同情况下的具体运用。此外，“将兵术”还包括选拔部将、筹备粮秣、训练和鼓动士兵等。苏格拉底认为，在许多场合下以同一方式排列阵营或带队是不合适的。色诺芬主张充分考虑地形条件和参战兵力的特点来编组战斗队形，不要拘泥于固有惯例。亚历山大在改革方阵时，把发挥军队的机动性作为基本出发点。

战略方针 强调重视战备，制订周密计划，发挥自身优势，以己之长击敌之短；先发制人，积极进攻，突然袭击，出奇制胜；海军与陆军密切配合，夺取和掌握制海权；巧用各种器械和手段攻城，修筑重城重壕守城。

具体战法 先后形成以快速冲击和两翼夹攻著称的雅典方阵，由纵深8列长矛兵组成的斯巴达方阵，集中主力于一翼的斜切战斗队形以及诸兵种联合的马其顿方阵等；海战中采用了先进的撞角、接舷战术，从而使古希腊军队的战术水平、机动和攻击能力长期居于世界前列。

古代希腊军事思想奠定了欧洲古代军事思想的基础，其精华部分多为古罗马人所继承，对古代罗马军事思想及文艺复兴前欧洲军事思想的发展产生了巨大影响，堪称世界军事思想宝库中的一份珍贵历史遗产。

2. 古罗马军事思想

古罗马军事思想继承了古希腊军事思想的精华，在长期对内对外征战中得到进一步的丰富和发展，是欧洲古代军事思想的典型代表。古罗马的军事思想体现在盖乌斯·尤利乌斯·恺撒的《高卢战记》与《内战记》、居维特·埃庇·弗拉维优斯·阿里安的《亚历山大远征记》、塞克斯图斯·尤利乌斯·弗龙蒂努斯的《谋略》、弗拉维乌斯·韦格蒂乌斯·雷纳图斯的《兵法简述》中。古罗马军事思想主要表现在：进一步认识到战争有正义与非正义之分；把军事作为实现政治目的的工具，而政治又是配合军事行动达成军事目的的手段；通过外交广泛联盟，孤立对手，恩威并举，实现自己的目的；主张以进攻为主防御为辅；在被迫处于防御地位时，也总是通过向敌后等薄弱处进攻，力求改变攻防态势，变防御为进攻；主张建立一支忠于自己的部队，以金钱、土地、建筑等物质利益保证部队的忠诚，以精神鼓励、严格的纪律保持部队的战斗力。

《兵法简述》是古罗马军事思想中的经典，确立了兵为胜利之本的理论支点。在其作者雷纳图斯看来，在战争中夺取胜利的根本保证，是建立并拥有一支训练有素的军队。罗马人之所以能够征服世界，靠的是军事训练、机巧地安营扎寨的技艺和自身的军事素质。在确立了以兵为胜利之本的支点后，雷纳图斯以一个古代兵家所独具的卓越学识，对战争的本质与规律做了系统的阐述与分析，在汲取古代罗马众多伟大军事家的战争智慧基础上，提出了一整套理论化、系统化的制胜理论。这主要表现在：

第一，训练至关重要。这是一支军队在战争中能否夺取胜利的关键要素。关于训练军队的问题，雷纳图斯做了极其周详的论述。他认为：熟悉整军经武之道使人在战斗中勇气倍增。一个人要坚信对自己的事业完全在行，他就会无所畏惧。实际

上，一个人数较少，但训练有素的队伍在作战时往往更易于夺取胜利，而庞大臃肿、缺乏训练的乌合之众注定会大败亏输。

第二，知己知彼。这是在战争中夺取胜利的前提条件。训练一支强大的有战斗力的军队，是战争中取得胜利的根本保证，但是要利用已经训练好的军队去夺取胜利，还需要与敌人进行殊死战斗。雷纳图斯认为：善于正确判断敌我双方实情的将领将立于不败之地；一个警觉的、镇定自若的、聪明的将帅由于能密切注意自己的部队和对方部队的一切情况，他就会像法官处理发生民事案件双方之间的矛盾那样做出判断。假若他能够断定，在许多方面他的确已超过敌人，那就应立即投入有利于他的交战。一旦发现敌人强于自己，就要力避正面战斗。要知道即使部队人数较少，实力较差，在突然袭击和设伏时，由于统帅指挥得当通常也是能够赢得胜利的。

第三，战争是有规律可循的。作战必须遵循一定的规则。雷纳图斯认为，战争是有规律可循的事，因此，一支军队在作战时必须遵循某些共同的战争规则。在《兵法简述》的第3卷卷末，他总结出一支军队在进行战争时所必须遵循的33条共同规则，概括起来，这些规则涵盖了以下几个方面的内容：在战略上重视突然性的作用，认为突然性是夺取胜利的捷径；重视后勤供应对战争胜负的决定性影响；主张在军队中严明赏罚以保证士气和战斗力；一个军事统帅在战场上必须随机应变。

（二）外国封建社会时期军事思想

从公元476年西罗马帝国灭亡，到1640年英国资产阶级革命，为漫长的欧洲中世纪时代。在这个长达1100多年的“黑暗”时代，由于封建割据的庄园经济、宗教思想和经院哲学的禁锢，极大地限制了军事思想的发展。

直到封建社会后期，随着中国火药、火器的传入及始自意大利文艺复兴的影响，外国古代军事思想才有了缓慢发展。此时军事思想可概括为以下几个方面：战争被披上宗教外衣，掩盖统治集团间的利益争夺；宣扬战争是人类天性中的一部分，是原始罪恶之果，也是教会权力的支柱；在战争中丧失生命的人，可以进入天国，赎免一切罪恶。这其实是对战争认识的倒退；重视军队建设，把军队看成是国家的重要工具；对雇佣兵制的弊端有了初步认识，主张实行义务兵制；初步涉及战略学、战术学概念；另外还认识到制海权的重要，认为控制了海洋，就可以赢得和守住巨大的海外领土。

二、外国近代军事思想

世界近代史是从1640年英国资产阶级革命至俄国十月革命。这一时期，封建与反封建的战争、资本主义与反资本主义之间的战争、帝国主义国家之间的战争、殖民与反殖民的战争，各种不同性质的战争交织在一起，频繁发生，为人们研究军事思想提供了实践依据；工业文明和科学技术的进步，使军队装备发生了较大变化，热兵器（火药为主）被广泛使用，从而产生了与之相适应的军事思想。外国近代军事思想可划分为资产阶级军事思想和无产阶级军事思想。

（一）资产阶级军事思想

17 世纪中叶至 19 世纪中叶，是资产阶级军事思想形成时期。代表人物及其著作很多，主要有普鲁士克劳塞维茨的《战争论》，俄国苏沃洛夫的《制胜的科学》，瑞士若米尼的《战争艺术概论》、《战略学原理》，比洛的《新战术》、《最新战法要旨》，美国马汉的《海权对历史的影响》、《海军战略》，法国吉贝特的《战术通论》等。其中，克劳塞维茨的《战争论》是外国近代军事思想的杰出代表。

1．克劳塞维茨的《战争论》

克劳塞维茨（1780～1831 年），19 世纪杰出的资产阶级军事理论家、军事历史学家、普鲁士将军。多次参加对拿破仑的战争，1818 年任柏林军官学校校长，并晋升为陆军少将。克劳塞维茨虽然在军事上反对法国资产阶级革命，始终与拿破仑为敌，但在战争实践中，他却深刻地认识到拿破仑战争创造了许多成功的经验，称赞拿破仑为“战争之神”。他任校长 12 年期间，潜心于战史和战争理论研究工作，通过总结拿破仑战争胜利和失败的经验教训，以新的眼光来研究战争及其战略战术思想，提出了许多独创性的见解，撰写了一系列的军事著作，使他在军事理论研究上达到一个时代的顶峰。《战争论》是克劳塞维茨最主要的代表作，是军事思想史上第一部自觉运用辩证法阐述战争理论的划时代名著，被尊为战略学的“圣经”。其创造性的见解主要有：

关于战争本质 他认为，战争反映国家的政治，是国家的工具之一。战争始终是一种具有政治目的的行动，政治“是孕育战争的母体”，政治动因的意义越大，使用暴力的范围就越大。军事观点必须从属于政治。他进而提出了“战争是政治通过另一种手段的继续”的名言。

关于战争目的与手段 他指出，战争就是一种暴力行动，用以强迫敌人屈服于自己的意志。抽象战争的唯一目的是解除敌人的武装，使其无力反抗。而现实战争所追求的目的却是多种多样的，可以是消灭敌人的军队，也可以是占领敌人的地区、入侵或等待敌人进攻。但是，“在战争所能追求的目的中，消灭敌人军队永远是最高目的。”战争的手段只有一种，那就是战斗，“不要听信有不经流血而克敌制胜的将军之说。”

关于精神因素在战争中的作用 他把决定战争胜负的要素归为精神、物质、数学、地理、统计五类，并将精神列为首要因素。他指出，“物质的原因和结果不过是刀柄，精神的原因和结果才是贵重的金属，才是真正的利刃。”精神因素贯穿于战争的各个方面，贯穿于战争的始终，在战争的各个时期都起作用。精神因素由统帅的才能、军队的武德、军队的民族精神三方面组成。在这三种因素中，统帅的才能在

战争中最为重要。这里，他在充分肯定精神因素作用的同时，在某些方面也存在夸大精神力量的偏颇。

关于民众武装的作用　他认为，以农民为主要力量的民众武装，有着正规军无法替代的作用，是一种巨大的战略防御手段。民众武装是熊熊烈火，可以烧毁敌人的基地，破坏敌人的生命线，而敌人却难以对付它，因为敌人不可能像驱逐一队队士兵那样赶走武装的农民。他提出，在人民战争中，应遵循正规军支持下的游击战原则，由小股部队执行有限的战术进攻，实行战略防御，避免会战。

关于进攻与防御的辩证关系　他认为，进攻与防御是相互影响、相互联系的两种作战形式。整体防御中有局部进攻，整体进攻中有局部防御，进攻可转为防御，防御也可转为进攻。他在军事思想史上，第一次提出了“积极防御”和“消极防御”的概念，并且主张实行积极防御，反对消极防御。

此外，克劳塞维茨还对作战中的一些基本原则，如集中兵力，出敌不意等提出了独到见解。克劳塞维茨是19世纪最杰出的军事理论家之一，被公认为资产阶级军事理论权威，列宁也称他是“一位非常有名的战争哲学和战争史的作家”。他的军事思想反映了资本主义上升时期的进步倾向和革命精神，对世界军事学术的发展具有重大影响。

克劳塞维茨的《战争论》被誉为西方近代军事理论的经典之作，对近代西方军事思想的形成和发展起了重大作用。克劳塞维茨本人也因此被视为西方近代军事理论的鼻祖。《战争论》探索战争奥秘的深度是克劳塞维茨死后一百多年来，任何一个军事理论家从未达到过的，并受到了各国的重视。无论是在资本主义阵营还是在社会主义阵营，克劳塞维茨的学说都受到高度的重视，并且拥有大量的拥护者。曾担任德军总参谋长、“施蒂芬计划”的策划人冯·施蒂芬伯爵在《战争论》第五版导言中写道“无论从形式上还是从内容上，都是有史以来有关战争的论述中最高超的见解”，“通过它造就了整整一代杰出的军人”。《美国军事学说》的作者达尔·奥·史密斯将军写道：“克劳塞维茨的理论虽然不是产生于美国，但是这种理论对美国的作战方法和政策都具有重要影响。”列宁曾高度评价克劳塞维茨：“战争是政治的工具；战争必不可免地具有政治的特性，……战争就其主要方面来说就是政治本身，政治在这里以剑代表，但并不因此就不再按照自己的规律进行思考了。”

2. 马汉的“海权论”

海权论非常典型地反映了西方军事思想传统。海权论的创始人马汉（1840～1914年），是美国海军学院院长、海权论鼻祖。马汉在《海权对历史的影响》中所确立的“海权论”，是一种阐明凭借海上实力及其控制海洋的能力以达到控制世界的理论。这种理论是对资本主义发展到帝国主义阶段后争夺殖民地和势力范围的残酷斗争的反映。

起源于海洋文明的西方国家很早就重视海洋的意义，距今2000多年前的古罗马哲学家西塞罗说："谁控制了海洋，谁就控制了世界。"几百年来，葡萄牙、西班牙、荷兰、英国乃至今天的美国在世界上的优势力量都是以海权为基础的。马汉认为，人类社会发展到海外贸易和一个国家的财富与权力有着如此密切关系的阶段，海洋就不可避免地要成为那些渴望获得财富与权力的国家之间进行竞争、冲突的主要领域。谁想获取财富与权力，谁想跻身于世界大国之林，谁就必须控制海洋。在这样一个历史阶段上，拥有控制海洋及海上交通的能力，即如何使自己获得海上自由活动的能力，同时又能按照需要制止他人获得这种能力，是一个关键性的问题。凭借着这种能力，国家和民族就能获得财富、地位和权力。

马汉认为，建立强大海权的根本目的是控制海洋。资本主义发展到帝国主义时代以来，海洋不仅是世界各国进行海外贸易的唯一通道，也是帝国主义国家对殖民地进行侵略和掠夺的主要途径，还是帝国主义列强之间展开角逐争夺世界霸权的重要场所。在马汉之前，英国的沃尔特·罗利爵士就说过："谁控制了海洋，谁就控制了贸易；谁控制了世界贸易，谁就控制了世界本身的财富。"马汉对这一名言推崇备至，并具体解释了国家建立和发展海权的重大意义。

马汉认为，从经济上看，通过建立和发展强大的海权能促进国家经济的繁荣和财富的迅速积累。在资本主义原始积累时期，海外殖民地对于早期资本主义国家的经济有着极其重要的意义，因为，海外殖民地既是宗主国丰富的工业原料产地，又是其商品的倾销市场，还能提供生产所需要的大量廉价劳动力。然而，无论是开展海外贸易，还是占有和掠夺殖民地，都必须以拥有强大的海权为基本前提。马汉一针见血地指出，英国建立海权的过程，就是它海外贸易兴起、发展，殖民地由少变多、日渐扩大的过程，同时也是国家经济繁荣、国力增强的过程。

从军事上看，国家建立了强大的海权，就能够夺取海洋战区的制海权并打赢海上战争。在殖民时代，海上列强除了对殖民地发动大量侵略与扩张的战争之外，他们相互之间也围绕着海洋霸权进行了极为频繁、激烈的海上战争。马汉认为，资本主义制度在本质上是一种充满着激烈竞争的制度，存在着弱肉强食的社会达尔文主义的规律，没有什么道义可言，对此进行抗议是没有用处的。为了能在这种自然淘汰的过程中生存，唯一的办法就是建立一支强大的海军舰队。只有这样，才能确保国家的安全和打赢连绵不断的海上战争。马汉指出，英国的历史就是一个最好的例证。当年，英国正是建立了世界一流的海权，才先后打败了其他海上强国，确立了长达数百年的海洋霸主地位。

从政治外交上看，强大的海权对于维护国家的国际政治地位至关重要。马汉认为，历史已经证明，海权是否强大，尤其是能否达到控制海洋的程度，不仅对国家的经济繁荣、军事强盛有着重大的意义，而且还直接关系到国家的国际政治地位和生死存亡。例如，西班牙、葡萄牙、荷兰、英国、法国等国300年的历史说明，作为世界强国，它们的兴起、发展和衰落，都与海权的获取与丧失直接地联系在一起。

西班牙曾是世界一流强国，但自从其“无敌舰队”在英吉利海峡覆灭，它广大的殖民地很快地为英国和荷兰所夺占，国家也由强盛走向衰落。英国则在与法国、西班牙的长期海上争夺中，由于海权始终超出了法国和西班牙，最后在1805年的特拉法尔加角海战中彻底击败对手，成了海上霸主。

由于海权对于商业立国的资本主义国家是如此重要，那么必然会有许多国家，尤其是那些最早确立资本主义生产方式的国家，如西欧各国，都十分渴望建立和保持强大的海权，以便使自己走向繁荣强盛。但是，资本主义发展的几百年历史证明，只有少数国家真正做到了这一点，如西班牙、葡萄牙、荷兰、英国等。这足以说明建立和发展强大的海权，不仅取决于人们的主观认识程度，而且取决于某些客观条件，也就是说，建立和发展海权有一定的内在规律可寻。为此，马汉研究了直接影响和制约国家建立、发展强大海权的基本条件及关于海战的一些作战原则，成为海权论的代表。

马汉的有关海权的理论著作有20多部。其代表作为“海权论三部曲”——1889年完成的《海权对历史的影响（1660～1783）》，1892年出版的《海权对法国大革命和帝国的影响（1793～1812）》，1905年完成的《海权的影响与1812年战争的关系》。马汉明确表示，他的海权论是要为美国的外交和军事战略提供基础，并公开称“强权即公理”。马汉曾任美国总统西奥多·罗斯福的海军顾问，他的理论成为美国海军发展和海上扩张的理论根据。1890年，美国国会通过了《海军法案》，美国开始大规模发展海军。19世纪最后10年，美国的海军实力由世界第12位跃升为第3位，仅次于英、法两国。第一次世界大战后，美国成为世界上最强的海权国家。第二次世界大战结束时，美国完全控制了太平洋，把太平洋当做自己的“内湖”。冷战结束后，美国在海外仍有700多个军事基地，4个作战舰队，13个航空母舰战斗群，各型舰艇468艘。

鉴于马汉对美国海军战略的重要影响，富兰克林·罗斯福总统说马汉是“美国生活中最伟大、最有影响的人物之一。”直至今天，强大的海权仍是美国全球战略的基础，马汉的海权思想仍然深深影响着美国和世界许多政治家和军事家。

（二）无产阶级军事思想

马克思、恩格斯和列宁是无产阶级军事思想的主要代表。马克思、恩格斯所处的时代是自由资本主义高度发展并开始走向反动的时代，无产阶级登上历史舞台。列宁生活于帝国主义和无产阶级革命的时代。他们坚持唯物论，以唯物辩证法研究军事，吸收资产阶级军事思想的有益成分，因而能对战争一系列重大问题有深刻认识。

无产阶级军事思想主要内容包括：战争是政治通过另一种手段的继续，要反对非正义战争，拥护正义战争；战争的奥妙在于集中兵力，主张积极防御、主动进攻，慎重决战，灵活机动；战争和军事是一个历史范畴，随着私有制和阶级的产生而产生、消灭而消亡；认识到科学技术的进步必然引起战略战术的变革；在帝国主义阶段，帝国主义是战争根源；无产阶级必须用暴力推翻资产阶级建立自己的统治；应组织城市工人武装起义为中心，先占领城市，夺取国家政权；无产阶级夺取政权、巩固政权都必须要有自己的新型的军队；无产阶级代表人民利益，有能力有条件把人民武装起来实行人民战争，并强调军队与人民群众相结合。

三、外国现代军事思想

世界现代史是从俄国十月革命及第一次世界大战以后开始的。这个时期，科学技术突飞猛进，武器装备发生巨大变化，巨炮、雷达、坦克、飞机、航空母舰、远程导弹、精确制导武器层出不穷，热兵器能量的运用从火药转为炸药，进而是原子释放，武器破坏力大大增加，作战效能成倍增长，对战争的进程乃至结局影响越来越大。因此，不但社会、政治、经济等各种因素对军事理论的研究有倾向性的影响，军事理论往往侧重对先进主战武器的探讨。

（一）“空中战争”理论

“空中战争”理论，又称空军制胜论。意大利的杜黑、美国的米切尔、英国的特伦查德被认为是这一理论的先驱，特别是杜黑在其著作《制空权》中对这一理论叙述较为细致，主要观点有：由于飞机的广泛应用，将出现空中战争，空中战争的胜负决定战争结局，为此要建立与海军、陆军并列的独立空军；夺得制空权是赢得战争的必要条件，空军的首要任务是夺取制空权；空中战争是进攻性的，空军的核心是轰炸机部队，要对敌国纵深政治、经济、军事目标实施战略轰炸，迫其屈服。

（二）“机械化战争”理论

“机械化战争”理论，又称坦克制胜论。英国的富勒、奥地利的艾曼斯贝格尔、法国的戴高乐、德国的古德里安、英国的利德尔·哈特是这一理论的倡导者，主要内容是：装甲坦克是战争的决定性力量，是陆军的主体；大量集中使用坦克和航空兵，实施突然有力的突击，可以迅速突破对方主要集团的防线，深入敌纵深，摧毁一个战备不足的国家；主张军队改革，建立少而精的机械化部队；机械化包括补给和战斗机械化。

（三）“总体战”理论

“总体战”理论是德国的鲁登道夫在其著作《总体战》中提出的理论，其主要观点是：现代战争是总体战，它既针对军队，也针对平民，战争具有全民性，强调民族的团结在战争中的重要性；主张实行国民经济军事化；要建设好一支平时就准备好的军队；重视统帅在总体战中的作用；战争的突然性意义重大，力求闪击对方。

（四）“核武器制胜”理论

第二次世界大战后至 1991 年苏联解体的冷战时期，霸权主义成为局部战争的根源，高技术在作战中逐步运用，世界处在核阴影之中，美苏两霸动辄进行核恫吓。此时军事理论研究往往围绕核武器及高技术展开，从美苏两国军事思想可以清楚看到这一点。例如，美国就以核实力确定军事战略，在杜鲁门时期，美核力量处于绝对优势，提出遏制战略，对苏联及其他社会主义国家实施核讹诈；朝鲜战争后，美为以最小的军事代价取得最大的威慑力量，采取大规模报复战略；在苏联打破核垄断及越南战争后，美又分别推行灵活反应、现实威慑、新灵活反应等战略。在处于核优势时期，美认为自己能打赢全面核战争，则主张削减常规力量，重点发展核武器和战略空军；而在苏打破其核优势、局部战争不断发生时，美在确保核威慑的前提下，不断发展常规力量。认为核战争会造成灾难性后果，核时代的战争必然是有限战争。

与各自的国家战略相适应，各国军事思想呈现不同特点。美军以遏制、预防潜在“全球性竞争对手”为目的，加大常规、核、太空优势，建立导弹防御系统，确保自身绝对安全；重视质量建军，加强数字化、信息化建设；重视非对称作战、非接触作战，实施远距离精确打击，力求零伤亡；进一步发展空地一体战理论，提出“空地一体运筹作战”思想；“9・11”事件后，布什认为陆军的作用日益降低，有强调海、空作战趋势。

英、法、日、德等军采取以维护自身利益为出发点的战略方针；增强军事实力，逐步摆脱对美军事依赖（英国除外），或以其他联盟的方式挑战美国的军事地位；重视发展高技术以带动军事技术的进步；依据各自国情、军队现况走质量建军的道路，确立与国家和军事战略相适应的军队规模。

俄军认为核战争的可能性大大降低，主要威胁是局部战争和武装冲突；在经济、军事力量弱于美国的情况下分别提出“纯防御”、“积极防御”和“现实遏制”战略；走质量建军之路，如明确建军原则、目标，发展太空技术，确保合理够用的核攻击力量等。

第二节　中国古代军事思想

在中华民族悠久的历史长河里，涌现了许许多多伟大的军事思想家。其人物之众多，思想造诣之深邃，理论体系之博大，思维逻辑之严谨，在世界军事思想史上都是独一无二的。据不完全统计，我国历代兵书多达 3380 部，23500 卷；目前尚存兵书 2308 部，18567 卷。兵学之盛，甲于天下。

一、中国古代军事思想的形成和发展

中国古代军事思想是指夏朝至鸦片战争期间（公元前 2070～公元 1840）产生和发展的军事理论。它是中华民族军事智慧、军事韬略、战争艺术的光辉结晶和历史记录。中国古代军事思想将军事与政治、经济、人文、自然、心理等有关因素融合在一起，言兵而不限于兵，充满了哲理与智慧。其发展过程可分为四个阶段。

（一）中国古代军事思想的初步形成阶段（夏、商、周时期）

中国古代军事思想形成及其发展过程的第一阶段大约从公元前 21 世纪到公元前 8 世纪。在此阶段，我国先后建立了夏、商、（西）周三个王朝，是奴隶社会时期。

夏朝军队的性质，基本上仍沿袭酋邦或部落联盟时期的习惯，由贵族和脱产的亲兵为骨干，战时才从适战成员中征集人员，组成氏族军。

公元前 1600 年，汤灭夏建立了商王朝，当时实力强大，威望甚高，诸侯各国不敢不服，所以战争较少。中期后，战争逐渐增多。为了镇压叛乱和反击边疆游牧族的侵扰，经常需要军队出征。整个商代，步兵仍然是军中的主要兵种。由于战争规模的不断扩大和战争实践的经验增多，商代后期，车、步两个兵种分别编组协同作战，并采取了以严整队形为特征的方阵战术。阵，就是战斗队形，《司马法•严位》所说的“立卒伍，定行列，正纵横。”就是将装备不同性能兵器的士兵，按照一定位置关系，列成一定形式的战斗队形，在指挥官的统一号令下进行协同一致的行动，这就是初步的“整体大于部分之和”的道理。

周代的社会经济相当发达，与战争有密切关系的手工业发展尤为突出。例如，在周朝已能制造精良的战车，不仅车身牢固，能耐颠簸，而且运转灵活，便于快速行驶和转变方向，战车的数量大为增加。西周时期，战车成为军中的主要兵种，步兵则下降为战车的属兵，真正跨入了车战为主的时代。西周军队的编制，也从步车分编逐渐发展为车步合编，即以车战为主体，每车配属一定数量的步兵，组成一个称之为“乘”的单位。

目前能够证明确是西周时期的兵书，有《军政》和《军志》，可惜已经全部散佚，仅在《左传》、《孙子兵法》及《李靖兵法》等著作中保留极少的引文。从这些佚文中可以看出，《军政》和《军志》已经不是战争行动的简单记录，而是对战争经验的总结和概括。成书于战国时期的《司马法》和《六韬》也有少量内容是追述西周兵法和整理西周军事思想的内容。

夏、商、周时期的军事思想具有三个特点：一是把军事视为对内统治的特殊手段。由于当时所受外部侵略少，军队主要承担了治理诸侯和镇压奴隶反抗的任务；二是以“礼”和“刑”为治军的基础；三是迷信色彩重，形成了以天命为主的战争观。

夏、商、周时期的军事思想，虽然还带有相当的朴素性，尚未达到系统化的程

度，但却反映出一个事实，即中国的军事思想，在西周时已开始走向独立发展的道路，而这种重视抽象、概括和充满哲理的表达方式和风格，则是中国古代兵书独有的特点。可以说，西周的军事思想，虽然尚处于萌芽阶段，但其内涵及表达风格，是后来以《孙子兵法》为代表的军事思想体系的基础。

（二）中国古代军事思想的成熟阶段（春秋战国时期）

公元前 8 世纪初到公元前 3 世纪末，即春秋战国时期，是我国从奴隶制向封建制的过渡时期，是我国古代政治、经济、文化、科技大发展的一个历史阶段，也是古代军事大发展的时期。军事思想在这一时期取得了空前成就，涌现出许多杰出的军事著作。被封建社会一直视为兵学经典的 7 部兵书中有 5 部产生在这个时期。其中，包括在中国乃至在世界上影响最大的军事理论《孙子兵法》，它标志着封建军事思想的成熟。此外，这一时期的军事思想代表作还有《吴子》、《司马法》、《尉缭子》、《六韬》和《孙膑兵法》等。

军事思想在这一时期大发展的原因有三点。一是战争特点的变化和发展比较明显。从战争形态上看，争霸战争、兼并战争非常激烈、频繁；用兵的数量也逐渐增多，由几千人发展到几十万人；战争的时间更长了，甚至经年不息。从军事技术上看，铁兵器的制造已经达到相当高的水平；军事筑城技术有了很大提高，攻守用的器械开始增多。二是由于文化的普及。私学兴起使春秋战国打破了奴隶社会“学在官府”的局面，文化教育开始在民间普及，这为军事思想的成熟发展奠定了良好的理论基础。三是各诸侯国的重视和提倡。出于生存和争霸的需要，各诸侯国争相招贤纳士，广揽人才，客观上促进了军事思想的发展。

中国古代军事思想在这个时期呈现出三个特点。一是形成了比较完整的战争观，主要表现在：第一，对战争的性质有了新的认识，依据战争产生的直接原因，将战争区分为“义”与“不义”两种不同的性质；第二，对战争与政治的关系有了新的认识，产生了与克劳塞维茨“战争是政治的继续”基本精神相类似的思想；第三，对战争与人民的关系有了更深刻的认识，强调人民在战争中的作用。

二是总结出了一些战争的指导原则，如“不战则已，战则必胜”、“知己知彼，百战不殆”等。整个中国冷兵器的军事理论，是不断发展提高和丰富完善的，其主要的作战原则，在春秋战国的军事论著中都可以找到。有些作战原则，如“天下虽安，忘战必危”、“知己知彼，百战不殆”、“攻其不备，出其不意”等，不仅在古代的战争中适用，在现代战争中也仍有一定的生命力。

三是军事斗争与政治斗争、外交斗争同时或交互进行。中国的军事思想，至春秋末期，已经经历了三个不同阶段：在“神权政治”的夏商，迷信天命，一切军事行动都是在天命思想支配下进行的；到了“贵族政治”的西周，开始重视人在战争中的重要作用，并有了军事思想的萌芽。但又强调“礼制”，讲究“军礼”，主张“以仁为胜”，“争义不争利”[1]，要求“不重伤，不禽二毛，不推人于险，不迫人于危”[2]等；到了春秋战争，由于大国争霸逐渐向兼并战争发展。战争胜败，直接关系着国家的兴亡，于是人们在战争问题上的价值观，自然地增加了功利主义的成分。对敌人，不再受礼、义、仁、信等行为规范的约束，只要能战胜敌人，一切诡诈手段都可以使用。如晋、楚城濮之战，在一定程度上就反映了这一思想。城濮之战是中国军事思想发展史上的一个转折点，是古代战争从实力制胜向谋略制胜转变的开始。

（三）中国古代军事思想的丰富和发展阶段（秦～五代时期）

公元前 3 世纪至公元 10 世纪中叶，是中国封建社会发展的上升阶段，这期间主要经历了秦、汉、晋、隋、唐等几个大的王朝。其中，汉、唐两代是中国封建社会经济发展的高峰时期，反映在军事上，也是开疆扩土的鼎盛时期。因此，这一时期的战争特点，也最具有封建时代战争的典型特点，即以骑兵为主要兵种。

秦以后进入了以铁兵器为主的时代，骑兵成为作战力量主角，舟师水军参战也更多了。这就要求作战指挥必须加强步、骑、水军的配合作战。从汉到隋曾，多次发生像赤壁之战、淝水之战这样的大规模、多兵种、大集团的配合作战。在这些战争中，政治斗争与军事斗争的结合，谋略与决策的运用以及作战指挥艺术都达到相当高的水平。战争的发展使得战略战术的运用和指挥艺术都得到高度发展，战略思想也日臻成熟。诸葛亮的《隆中对》成为当时战略决策的一代楷模。

这个时期出现了许多总结军事斗争经验的兵书。其中，汉初的《黄石公三略》和后来的《李卫公问对》等，都是传世的重要著作。《黄石公三略》是一部从政治与军事关系论述战争攻取的兵书，也是中国古代第一部专讲战略的兵书。它进一步阐述了“柔能制刚，弱能制强”的朴素军事辩证法思想，并指出，最高统治者必须广揽人才，重视民众与士卒的作用。《李卫公问对》结合唐代初期的战争经验，对以往的兵书进行了探讨，对《孙子兵法》提出的虚实、奇正等原则及其内在联系，作了辩证的论述，在某些方面提出了更新的见解，发展了前人的思想，深化了先秦某些用兵原则与内涵。特别是它以史例论兵的研究方法，开创了结合战例探讨兵法的新风，受到历代兵家的高度赞赏和效仿。

（四）中国古代军事思想的成体系化阶段（宋～清朝前期）

这个时期约从公元 960 年至 1840 年，我国经历了宋、元、明、清（前期）四个朝代，这是封建社会的后期，也是中国古代军事思想形成体系的重要时期。

宋、辽、夏、金、元时期，是中国封建社会精神文明及物质文明不断发展、提高，并达到相当高度的时期，是中国几个政权并立逐渐走向统一的时期。随着国家

---

① 司马法·仁本。
② 韩非子·外储。

的统一与民族的融合，各民族在军事制度、军事思想和战争方式上的差别都趋于统一，从而极大地丰富了中华民族多元化一体格局的历史内涵，促使中国的战争形态和军事思想展现出许多新的特点。由于这一时期的战争主要是以汉族为主体的两宋政权为焦点的国内战争，而两宋的军事力量基本上是步兵，辽、夏、金、蒙族政权的军事力量基本上是骑兵，所以反映在战争形态方面的突出特点，就是步骑对抗作战和骑兵大兵团作战，都展现出前所未有的新特点。北宋开始，火药应用于军事，战争也进入冷、热兵器并用的时代，反映在军事思想方面，朝野上下，具有忧国忧民的士大夫和知识分子，都重视兵书，研究战争，提出许多密切联系现实战争的新论点、新主张，颇有一些现实主义的色彩。

以游牧民族为主的辽、夏、金、元（蒙）政权，都是“以兵得国”，都持有“神佑天立”和“战胜而强立”的战争观，“以忠诚为长，以战斗为务”[①]，都以进攻战略为主，强调“先发制人”。以农业定居民族为主的宋政权，则继承了中国传统的军事思想，采用防御战略。由于统治集团主要决策者有怯战苟安的思想，所以宋的防御战略是消极的“来则备御，去则勿追”专守防御战略。在战争指导思想上，强调“贵谋”、“先备”，认为“经武之略在于贵谋”，“兵不在多，能以计取”等。由于“将从中御”等思想造成了宋在战争中的被动局势，一些明智之士产生了改革创新思想，认为“用兵之术，知变为大”[②]，认为古今情况不同，对兵法之能“或因或革，便于施用而已”[③]。主张用兵“不以法为守，而以法为用”[④]等。辽夏金元的统治者，也认识到“兵书一定之法，难以应变”[⑤]，强调“临敌制变”和“专力防守”的国防战略，也提出了集中兵力、防守要点和以攻为守的主张。

在作战指导思想上，由于辽、夏、元、金都是以骑兵为主，进行骑兵大兵团作战，所以骑兵战术有极大的发展。特别是蒙古（元）政权，创建了举世无双的强大骑兵集团，创造了“以聚攻散”闪击战、宽正面进攻战、连续突击包围战，无后方作战等十几种骑兵进攻新战法。宋朝虽然把解决马匹问题作为加强骑兵的重要内容，采取了许多措施，但始终无法建立强大的骑兵集团。因而重视步、水军的建设。在对抗骑兵突击中，创造和发展了多种制骑的战法。总之，这一时期的军事思想，不仅重视继承传统，而且更讲究适应军事现实的新观点、新战法。

明清两代，是中国封建社会政治、经济、军事文化发展到极限，并开始走向没落的时代。战争，由国内的统一战争、农民起义战争为主，逐渐发展为抗击外来侵略势力的战争为主。随着西方军事科技的进入，火器性能和数量得到提高与增多，军队主力部队装备的火器比例逐渐增大，明初为10%，至中期时已占 50%。而且还

---

① 西夏记（卷六）。

② 虎钤经（卷一）。

③ 武经总要（卷四）。

④ 何博士备论·霍去病论。

⑤ 金史·兵志。

建立了前所未有的海防体系。中国的军事实力，一度达到鼎盛。郑和七次下西洋所率的舰队，是当时世界最为强大的海军特混舰队。郑成功以渡海远航的海岛登陆作战，击败了拥有大量先进火器、坚固防御工事、号称“海上霸王”的荷兰殖民军，收复了祖国宝岛台湾。明代中后期，出现了研究及撰写各种联系军事实际、具有实用价值的兵书的高潮。不仅数量众多，内容广泛，分类详细，而且在继承传统军事思想基础上都创有新意。

清代前期，平定三藩之后，清军在东北击败了沙俄帝国的入侵；在西北摧毁了准噶尔德分裂势力；在西方打退了廓尔喀的入侵，保障了西藏的安全；在西南以政治、军事并用手段实现了改土归流；在东南击降了郑氏割据政权，统一了台湾，使中国重新统一。这一时期在军事思想上产生了萌芽性的制海权思想。但中期以后，政治的腐败导致军事的腐败和战斗力下降，盲目地以天朝大国自居，安于现状，闭关锁国，故步自封。

中国古代军事思想历经漫长的发展之后，走上了成体系化的时期。其主要表现为兵书数量繁多，分类齐全，概括性强，自成体系，成为我国古代兵书数量最多的一个时期。据统计，这个时期的兵书共有1815种，占我国古代兵书总数的3/4以上，而且内容丰富，其分门别类地概括了军事思想的各个方面，形成逻辑性较强的比较完整的体系。例如，宋仁宗设立武学，也就是军事学校，他命令曾公亮采集古代兵法及当代计谋方略，编成《武经总要》一书，供武职官员阅读。这是一部军事百科性质的巨著，分为前后两集，各有20卷，是对宋朝的国防建设和军事教育都有指导性、综合性的军事教程。到了宋神宗时期，武学作为一种固定的制度确立下来。为适应当时军事斗争、教学、考选武举的需要，宋神宗命令国子监司业朱服、武学博士何去非等挑选、汇编兵书。他们从当时流行的340多部中国古代兵书中挑选出《孙子》、《吴子》、《司马法》、《六韬》、《尉缭子》、《黄石公三略》和《李卫公问对》七部为《武经七书》，作为武学经典，并把它们定为武学必读的教科书，可以说是我国冷兵器时代军事思想的智慧结晶。自此，《武经七书》被定为官书，颁之武学，并列学官，设置武经博士。《武经七书》是自宋代以来封建社会武举试士的基本教材，能否谙熟《武经七书》，成为统治者选拔军事人才的一条重要标准。

二、中国古代军事思想的基本内容

中国古代军事思想源远流长，博大精深。在不同的历史时期，不同的代表人物，产生的军事思想也会有所不同。下面，我们以《孙子兵法》的军事思想为主线，从以下六个方面简单介绍我国古代军事思想的基本内容。

（一）以“仁”为本的战争观

关于战争的起因，《吴子》兵法认为：“一曰争名，二曰争利，三曰积恶，四曰

内乱，五曰因饥。”由此，对于战争的性质，《吴子》兵法指出：“一曰义兵，二曰强兵，三曰刚兵，四曰暴兵，五曰逆兵。”也就是说，禁暴除乱，拯救危难的军队叫义兵；仗恃兵强，征伐列国的军队叫强兵；因君王震怒而出师的军队叫刚兵；背理贪利的军队叫暴兵；不顾国乱民疲，兴师伐众而出征的军队叫逆兵。

因此，战争的支柱是“以仁为本”，战争的准则是“师出有名”。这是以仁为本的战争观的两层含义。《司马法 • 仁本第一》开宗明义：“古者，以仁为本，以义治之之谓正，正不获意则权，权出于战，不出于中人。” 意思是说采用合于正义的措施治理国家，这是正常的方法。用正常的方法达不到目的就采取特殊的手段，特殊手段是以战争方式表达出来的，而不是以和平方式表现出来。作者又认为，“仁者使人亲，义者使人悦”，此二者才是战斗力的凝聚核，才是赢得战争胜利的基础。《礼记•檀弓下》主张“师必有名”，认为师出无名，必将遭到众人的反对，定成败局。

所以，战争的作用正如《司马法》指出的那样：“杀人安人，杀之可也；攻其国爱其民，攻之可也；以战止战，虽战可也。”[①]《尉缭子》则明确指出：“故兵者，所以诛暴乱，禁不义也。”

（二）“不战则已，战则必胜”的指导原则

很长时间以来，人们对战争所持的态度是不一致的。反对战争的人们认为，“兵，天下之凶器”，不可提倡，主张“以道佐人主”，而“不以兵强天下”。而孙子站在新兴地主阶级的立场上，用当时比较进步的思想和方法观察战争，号召人们积极研究和认识战争。他提出的“四战”思想（重战、慎战、备战、善战），构成了“不战则已，战则必胜”的战争指导原则。

重战思想　《孙子兵法》开篇就指出：“兵者，国之大事，死生之地，存亡之道，不可不察也。”这段关于战争的精辟概括，是孙武军事思想的基本出发点。春秋末期，诸侯兼并，战乱频繁，战争不仅是各国维持其政治统治，向外扩张发展的主要手段，而且关系到国家的存亡。孙武总结了一些国家强盛，一些国家灭亡的经验和教训，提出“兵者，国之大事”的著名论断，这对于人类认识战争的实质，无疑是一个巨大的贡献。

慎战思想　慎战就是要慎重地对待战争，不轻易言战。《孙子兵法》讲：“主不可以怒而兴师，将不可以愠而致战。合于利而动，不合于利而止。怒可以复喜，愠可以复悦，亡国不可以复存，死者不可以复生，故明君慎之，良将警之。”所以，对待战争问题，明智的国君要慎重，贤良的将帅要警惕。从这点出发，孙武主张，“非利不动，非得不用，非危不战。”不是对国家有利的，就不要采取军事行动；没有取胜把握的，就不能随便用兵；不处在危急紧迫情况下，就不能轻易开战。

---

① 意思是说，用战争手段去诛杀为非作歹的人，虽行杀伐也可行之；如果处于爱护和解救该国人民于水火之中，则进攻那个国家也是允许的；为了伸张仁和义，采用战争的方式去制止邪恶的战争也是允许的。

备战思想　意思就是要做到未雨绸缪。“用兵之法，无恃其不来，恃吾有以待也；无恃其不攻，恃吾有所不可攻也。”[①]春秋战国时期，大国争霸、小国图存图强，战争频繁。一些国家武备周全，抗住了敌国的进攻，保住了自己。一些国家武备强盛，吞并了他国。也有一些国家武备松弛，被别国灭掉了。生活在那个时代的孙子，受当时形势的影响和思想的熏陶，提出了必须重视战备的思想，并告诫人们思想上时刻不要忘记战备。他认为，用兵的原则，不要寄希望于敌人不会来，而要依靠自己有充分的准备；不要寄希望于敌人不会来攻，而要依靠自己有使敌人无法攻破的条件。战争的立足点要放在事先做好充分准备，严阵以待，使敌人不敢轻易向我发动进攻的基点上。

善战思想　“善战”就是要会用兵打仗。如何做到这一点，智者见智，仁者见仁。孙子认为在战略战术上，要重视谋略制胜。谋略，是指用兵的计谋。《孙子兵法》军事思想的核心是谋略制胜。它认为军事斗争不仅是军事力量的竞赛，而且是敌我双方在政治、经济、军事和外交上等综合斗争，也是双方军事指导艺术的较量，即斗智。

专栏 2-1　孙武谋略制胜思想

“五事七计”，以“道”为首要因素的多因素制胜论　“五事”是指道、天、地、将、法。“七计”是对“五事”的具体论述，就是说，判断胜负要看“主孰有道？将孰有能？天地孰得？法令孰行？兵众孰强？士卒孰练？赏罚孰明？”[②]在这“五事七计”中，首要的因素是“道”。他说，“道者，令民与上同意者也”。就是说，战争要取得胜利，必须要得到人民的拥护。

“先胜而后求战”，“庙算”[③]制胜　“夫未战而庙算胜者，得算多也；未战而庙算不胜者，得算少也。多算胜少算而况于无算乎！吾以此观之，胜负见矣。”庙算制胜，主要是指战前要从战争全局上，对战争诸因素进行分析对比，决定打不打，怎么打，用什么部队打，在什么时间、地点打，打到什么程度，如何进行战争准备和后方保障？做到有预见、有计划、有保障，心中有数，打则必胜。也就是说先求“运筹于帷幄之中”，然后才能“决胜于千里之外”。

“兵以诈立”，诡道制胜　孙子认为要获得胜利还要善于运用计谋，“兵者，诡道也”。用兵打仗是一种诡诈行为，要依靠诡诈多变取胜。军事上的诡道是指异于常规的一些做法。

“能而示之不能，用而示之不用，近而示之远，远而示之近，利而诱之，乱而取之，实而备之，强而避之，怒而挠之，卑而骄之，佚而劳之，亲而离之，攻其无备，出其不意，

---

① 孙子兵法·九变。

② 孙子兵法·计篇。

③ “庙算”，是以人知敌我之情的谋算、谋测。这段话的意思是，战前计算周密，胜利条件多，可能胜敌；计算不周，胜利条件少，不能胜敌；而何况于根本不计算，没有胜利条件呢！我们从这些方面来考察，谁胜谁负就可以看出来。

此兵家之胜，不可先传也。”这被称为“诡道十二法”，其核心是“攻其无备，出其不意”。“兵不厌诈”为古今常理。在战争的舞台上，如果对敌人讲“君子”之道，就必然被敌所制；如果能较好地运用诡道，造成敌人的过失，创造战机，那就会陷敌于被动。

“致人而不致于人”，掌握战争主动权 “致人”就是调动敌人，使敌受制于我。“致于人”就是被敌人左右，让自己受制于敌人。所以，“致人而不致于人”就是掌握战争的主动权。在孙子看来，这个主动权关系到战争的胜利或失败，关系到军队的生存或灭亡，战争主动权实为军队的“司命”。

孙子认为战争主动权不是凭空可以得到的，它是要经过主观努力去争取的。例如，在时机运用上，要占敌“机先”，要做到“后人发，先人至”①，否则就会因落后而陷入被动挨打的地步。在空间的运用上，要“先处战地而待敌”，“先居”有利地形，这样就可以“以逸待劳，以饱待饥，以安待动”。在战斗的部署上，要以“示形”等办法，予敌假象，用以引诱敌人、调动敌人。“故善动敌者，形之，敌必从之；予之，敌必取之。以利动之，以卒待之。”②，如此等等。对于孙子提出的这条战略原则，历代兵家都极为重视。唐代名将李靖说：“（兵法）千章万句，不出‘致人而不致于人’而已。”

“我专敌分”，集中兵力 《孙子兵法·虚实篇》指出：“故形人而我无形，则我专而敌分。我专为一，敌分为十，是以十攻其一也。则我众敌寡，能以众击寡者，则吾之所与战者约矣。吾所与战之地不可知，不可知则敌所备者多。敌所备者多，则吾所与战者寡矣。故备前则后寡，备后则前寡，备左则右寡，备右则左寡，无所不备，则无所不寡。寡者，备人者也；众者，使人备己者也。”众寡不是固定、绝对的概念，实战中的众寡全系于主动和被动。关于众寡之用的战略，孙武概括的深刻性、科学性令人叹为观止。它是普遍适用的军事原理，它抽象的哲学意义适用的范围则更广泛。

兵贵神速，速战速决 《孙子兵法》在总结战争指导原则时说，“兵之情主速，乘人之不及”，“其疾如风”，“动如雷震”。又说，“兵贵胜，不贵久”，“其用战也贵胜，久则钝兵挫锐，攻城则力屈，久暴师则国用不足。夫钝兵挫锐，屈力殚货，则诸侯乘其弊而起，虽有智者不能善其后矣。故兵闻拙速，未睹巧之久也。夫兵久而国利者，未之有也。”这些都是讲进攻作战要求速战速决，反对旷日持久。因为旷日持久的战争将使军队疲惫，锐气挫折，并消耗国家经济力量，造成师老财竭的局面，在政治上、军事上陷于危险的境地。

“攻其无备”，出奇制胜 孙子在用兵上强调奇正③，认为“战势不过奇正”，无论攻守、进退都可以分为奇、正两种态势。军事家指挥作战的重要原则，就是正确掌握奇正变化，出奇制胜。

① 孙子兵法·军争。

② 孙子兵法·势篇。

③ 奇正的含义广泛，一般说来，常法为正，变法为奇。分而言之：在兵力使用上，守备、箝制的为正兵，机动、突击的为奇兵；在作战方式上，正面进攻、明攻的为正兵，迂回、侧击、偷袭的为奇兵；在作战方法上，按一般原则作战的为正兵，采取特殊战法的为奇兵。奇正充分体现了用兵的机动灵活性，出奇制胜的高妙之处，在于攻击敌人无备与虚弱之处。

老子提出“以正治国，以奇用兵”但没有展开论述。《孙子兵法·势篇》说：“凡战者，以正合，以奇胜。故善出奇者，无穷如天地，不竭如江河。终而复始，日月是也；死而复生，四时是也。声不过五，五声之变，不可胜听也；色不过五，五色之变，不可胜观也；味不过五，五味之变，不可胜尝也；战势不过奇正，奇正之变，不可胜穷也。奇正相生，如循环之无端，孰能穷之？”要做到出奇制胜，就要使自己的军事力量形成一种像激水和鸷鸟一般的态势。他解释说“激水之疾，至于漂石者，势也，鸷鸟之击，至于毁折者，节也。”应用这种“其势险，其节短。势如彍弩，节如发机。”的力量，给敌以“攻其无备，出其不意”猝不及拒的猛烈打击，才能达到出奇制胜的目的。

“因敌变化”，“避实击虚”　孙子认为克敌制胜的基本战术就是避实而击虚。什么是虚和实，孙子形象地以蛋和石头来比喻说：“兵之所加，如以石投卵者，虚实是也。”[①]就是说，用兵的原则，要避开敌人的坚实之处，而攻击其虚弱之处。在《孙子兵法·虚实篇》里，孙子又说：“夫兵形象水。水之行，避高而趋下；兵之形，避实而击虚。”避实击虚，必先审察虚实之情。虚实之情表现在军事上，包括军队的数量、质量，将帅素质、上下关系、物资后勤等。大凡孙子所说的强弱、勇怯、饥饱、劳逸、治乱、众寡、锐气、惰归与有备与无备等都属于虚实的范畴。

“兵形象水”，“水因地而制行”，所以兵也“无恒形”。为了做到“避实而击虚”，就要根据兵“无恒形”的特点，经常研究敌情变化，并适应这种变化，及时转换虚实[②]。孙子说的：“故我欲战，敌虽高垒深沟，不得不与我战者，攻其所必救也；我不欲战，虽画地而守之，敌不得与我战者，乖其所之也。”讲的就是这种虚实态势的转换。因为“攻其所必救”引敌离开“高垒深沟”而出战，则敌即由实而变虚；“乖其所之”，把敌人引向歧途，则我即由虚而变实。巧妙地运用虚实转换，“能因敌变化而取胜者，谓之神。”[③]

——姜国柱．中国军事思想简史．新世界出版社，2006

（三）“知己知彼，百战不殆”的战争指导思想

《孙子兵法·谋攻篇》中写道：“知彼知己，百战不殆；不知彼而知己，一胜一负；不知彼，不知己，每战必殆。”孙武简明扼要的语言，指明了战争的普遍规律。这条规律，从哲学意义上讲，是实事求是的朴素的唯物主义思想；从战争理论上讲，是分析判断情况的根本规律；从指导战争的意义上讲，是先求可胜的条件，再求必胜之机的重要抉择。

（四）“不战而屈人之兵”的“全胜”战略

自古以来，战争的直接目的就在于保存自己、消灭敌人。在这个问题上，孙子

① 孙子兵法·势篇。

② 所谓转换虚实，就是利用各种办法把敌之实转换为虚，把我之虚转换为实，造成用我之实击敌之虚的有利态势。

③ 孙子兵法·虚实篇。

已经有一定的认识。但他提出，最高和最理想的目标就是以“全”争胜——“不战而屈人之兵。”他在《孙子兵法·谋攻篇》中指出：“是故百战百胜，非善之善者也；不战而屈人之兵，善之善者也。”因此，“善用兵者，屈人之兵而非战也，拔人之城而非攻也，毁人之国而非久也，必以全争于天下。故兵不顿而利可全，此谋攻之法也。”这段话的大意就是说，不通过实战就能使敌人屈服，使利益完完全全地取得，这是战胜敌人的最佳效果。所以，孙子主张：“上兵伐谋，其次伐交，其次伐兵，其下攻城。”最好是以谋制胜，使敌人屈服。其次是通过外交途径，分化瓦解敌人的同盟，迫使敌人陷入孤立，最后不得不屈服。孙子这一思想的提出，不仅具有深远的历史意义，而且对现实有指导价值。具体表现在：

不战而屈人之兵的全胜思想，是一种进步的人道主义的军事思想　从古代战争历史的发展来看，它把战争从野蛮残暴的屠杀中解脱出来，引向力求保全敌方（当然也包括己方）的人力、物力，为己所用的比较文明的斗争行为。虽然，战争所特有的交锋、格斗及其破坏性，不可能因“不战而屈人之兵”思想的提倡而彻底消灭，但若所有战争指导者都奉行这一思想，即使必须交战以决胜负，那也将大大减少战争中的滥杀和破坏现象。应该说，“不战而屈人之兵”的提出，是人类社会文明发展在战争问题上的反映。

不战而屈人之兵的全胜思想，是经过实战检验切实可行的　早在原始社会末期，舜帝就用过这种“不战而屈人之兵”的手段降服苗（三苗）族。史书记载，夏禹时有“万国”、商汤时有“三千余国”、春秋战国时有“千二百余国”。这些国家的减少，其中有相当数量是不战而屈的。例如，公元前618年，楚穆王率军讨伐郑国和陈国。郑、陈都在楚军兵临国境后，慑于楚国的威势，不战而屈了。

不战而屈人之兵的全胜思想，是一种高水平的战争指导艺术，有重要的实用价值和战略指导意义　其真谛在于以武力为后盾，以谋略和威胁为手段，用小的代价换取大的胜利。它把政治斗争、外交斗争、经济斗争与军事斗争相结合，是伐谋、伐交、伐兵相结合的威胁战略。它不受时间、空间限制，不仅为古代兵家所用，而且为现代及当今各国奉行“威胁战略”的人们所青睐。

当然，这不是说一切战争都可以如此。“不战而屈人之兵”只是在特定条件下，战争双方矛盾转化的一种形式，并不能代替战争的一般规律。它的实现需要具备一定条件，这就是，交战双方有一方在军事力量上占有明显优势，在政治上顺应历史潮流，民心所向，大势所趋；而另一方则是内部矛盾重重，兵无斗志，战则必败。在这些条件中，一方对另一方保持强大的军事威胁力量，不战而屈人之兵才有可能变为现实，否则只能是空想。

（五）选贤任能的用将之道

选贤任能，不仅是古人的用人之方，也是用将之道。这方面的重要思想有：

重将思想 《投笔肤谈·军势第七》指出："三军之势，莫重于将。""大将，心也。士卒，四肢百骸也。"孙子也认为：将帅是"民之司命"、"国家安危之主"。又说："夫将者，国之辅也，辅周则国必强，辅隙则国必弱。"[①]我们现代所说的"千军易得，一将难求。"也是这个道理。

选将思想 选拔将帅是军队建设的重大问题。在古代，选将标准有五，《孙子兵法·计篇》中明确提出"将者，智、信、仁、勇、严也"。孙子认为只有符合这五项条件的将帅，才能指挥军队胜利作战。他还对将帅的修养提出很高的要求，要将帅做到"静以幽，正以治"[②]，即深谋远虑和公正无私。要求他们"进不求名，退不避罪，唯民是保，而利于主。"[③]他还要求将帅警惕和克服贪生怕死、鲁莽偏激等性格上的弱点。

《吴子》兵法中则提出，"总文武者，军之将也。"故将之所慎者五："一曰理，二曰备，三曰果，四曰戒，五曰约。"如何考核将帅？《武经总要·选将》提出"九验"："远使之以观其忠，近使之以观其恭，繁使之以观其能，猝然问焉以观其智，急与之以观其信，委之以货财以观其仁，告之以危以观其节，醉之以酒以观其态，杂之以处以观其色。"

用将思想 古人认为，将帅使用的原则，就是信任和放手，做到"用人不疑，疑人不用。"

（六）"文武兼施，恩威并用"的治军思想

孙子在治军上主张爱兵，他要求将帅"视卒如婴儿"，"视卒如爱子"[④]，但这种爱绝不可以不严格要求。他说："厚而不能使，爱而不能令，乱而不能治，譬如骄子，不可用也。"[⑤]为了避免把士卒养成骄子，他主张加强对士卒的管理教育，严爱相兼，赏罚有信。他说："卒未亲附而罚之，则不服，不服则难用也；卒已亲附而罚不行，则不可用也。故令之以文齐之以武，是谓必取。令素行，以教其人，则人服，令不素行，以教其人，则人不服。令素行者，与众相得也。"[⑥]帅还没有取得士卒的爱戴和拥护就去惩罚他们，他们就不会心服，心不服就很难使用他们去作战。将帅已经取得了士卒的爱戴和拥护，而纪律不能严格执行，也不能使用他们去作战。因此，一方面要用体贴和爱护使他们心悦诚服；另一方面要用严格的纪律使他们行动整齐，这样才能战必胜。

另一方面，中国古代兵家很早就知道确立一系列军事法规来规范士兵的行动。

---

① 孙子兵法·谋攻篇。
② 孙子兵法·九地篇。
③ 孙子兵法·地形篇。
④ 孙子兵法·地形篇。
⑤ 孙子兵法·地形篇。
⑥ 孙子兵法·行军篇。

例如，《尉缭子》中设有《重刑令》、《伍制令》、《勒卒令》、《经卒令》和《兵令》等，就是为了“明刑罚，正功赏”，“鼓之，前如雷霆，动如风雨，莫敢当其前，莫敢蹑其后。”使军队“方亦胜，圆亦胜，错邪亦胜，临险亦胜。”《吴子》中指出，“故用兵之法，教戒为先。一人学战，教成十人。十人学战，教成百人。百人学战，教成千人。千人学战，教成万人。万人学战，教成三军。”《兵略从言提纲》中指出，“不教则不明，不练则不习。”在训练方法上主张“教得其道”，“练心”、“练胆”、“练艺”。

专栏 2-2　孙子兵法的国际影响

《孙子兵法》在国外久负盛名。据粗略统计，到目前为止，世界上已有日、英、俄、德、法、意等 19 种语言，约 778 种版本的《孙子兵法》广为传播。它在唐朝初期流入日本，那时起，日本皇室贵族及各界人士都非常重视对《孙子兵法》的学习、研究，并在社会上产生了很大的影响。他们称《孙子兵法》为“兵学圣典”、“世界第一兵书”，把孙武推崇为“百世兵家之师，东方兵学的鼻祖”。18 世纪下半叶传入欧美等国，并以其博大精深的思想内容，蕴涵深邃的军事哲学以及辞如珠玑的文学语言，吸引了无数专家学者一代接一代的苦心研究。

第二次世界大战后，英国蒙哥马利元帅在会见毛泽东时，建议将《孙子兵法》作为世界所有军事学府的教材。海湾战争爆发后，美国出现了一条爆炸性的新闻，标题说“中国人参加了海湾战争”。当时，引起了世界舆论的哗然。其中，有一段耐人寻味，“尽管中国在这里没有派驻一兵一卒，但有一个神秘的中国人却亲临前线，操纵作战行动，他就是 2500 年前的孙子。因为每一个美国海军陆战军官的背囊里，都装有《孙子兵法》的英译本和一盘解释性的录音带。”

——李军章，张景伦．世界兵书——孙子兵法．走向世界，2003，(5)

第三节　毛泽东军事思想

毛泽东是伟大的马克思主义者，是伟大的无产阶级革命家、战略家、军事家和著名的军事理论家，是中国共产党、中国人民解放军和中华人民共和国的主要缔造者和领导者。在长期的革命战争实践中，毛泽东运用他的聪明才智，凝聚全党全军的集体智慧，创造性地形成了毛泽东军事思想。毛泽东军事思想是我军的建军之魂、立军之本、制胜之道，是我国国防和军队建设的根本指导思想。

一、毛泽东军事思想的科学含义和历史地位

（一）毛泽东军事思想的科学含义

毛泽东军事思想，是以毛泽东为代表的中国共产党人关于中国革命战争、人民军队和国防建设以及军事领域一般规律问题的科学理论体系。它是毛泽东思想的重

要组成部分，是马克思列宁主义普遍原理与中国革命战争和国防建设实际相结合的产物，是中国革命战争和国防建设历史经验的升华，是中国共产党领导中国人民及其军队长期军事实践经验的科学总结和集体智慧的结晶，同时也多方面汲取了古今中外军事思想的精华，是中国共产党领导中国革命战争、军队建设、国防建设和反侵略战争的指导思想①。

（二）毛泽东军事思想的历史地位

毛泽东是当之无愧的现代中国革命军事理论的奠基人和集大成者，是国际无产阶级斗争史以及世界政治军事史上屈指可数的伟大的军事家和战略家，毛泽东军事思想在中国乃至世界军事思想史上都占有极其重要的地位。

1. 毛泽东军事思想是对马克思主义军事理论的重大发展

毛泽东是举世公认的战争艺术大师，在 20 世纪的世界无产阶级革命家中，就指挥革命战争时间之长、规模之大、经验之丰富，毛泽东当是首屈一指。以毛泽东为代表的中国共产党人，从中国国情出发，既遵循马列主义的基本原理，又灵活处理中国革命战争中的具体问题，创造性地发展了马列主义的军事理论，并将其发展到一个新的高度，毛泽东军事思想具有鲜明的中国特色，是对马克思主义军事理论的重大发展。

2. 毛泽东军事思想在世界上具有广泛而深刻的影响

毛泽东军事思想的影响，远远超出了中国的国界和产生的时代。它作为人类优秀文化的灿烂结晶，在世界军事理论殿堂中享有显赫的地位。在中国革命战争取得胜利后，毛泽东军事思想受到世界各国的普遍重视，许多人开始对其进行探索和研究，许多国家还成立毛泽东军事思想的研究会和学习会，出版《毛泽东思想》月刊，甚至有的国家还要求军官晋升时必须撰写研究毛泽东军事思想的论文。毛泽东军事思想在第三世界广泛传播，成为许多国家被压迫民族和人民争取独立和解放的强大思想武器。在 20 世纪，全球发行量最大的书之一就是《毛泽东选集》，它不仅在中国出版几亿册，而且在世界 100 多个国家发行。毛泽东的军事著作已成为各国军事家必读的经典之作，甚至成为一些国家首脑的案头书。

许多有识之士，都称誉毛泽东是当代最伟大的军事家、战略家和著名的军事理论家。有着传奇经历的古巴革命运动领袖卡斯特罗评价说："毛泽东领导下的中国革命是人类历史上最壮丽的史诗！"越南人民军前总司令武元甲在总结奠边府战役胜利的经验时说："毛泽东军事思想对于我党领导这场抗战有着重大的贡献。"毛泽东一生中有过许多敌人，然而，他那深刻的洞察力、坚毅的性格和高超的谋略艺术，即使其高明的对手也不得不佩服他。作为毛泽东在意识形态上的敌人——美国前总

① 中国军事百科全书．军事思想卷．军事科学出版社，1997。

统尼克松，1972 年访华时，心悦诚服地对毛泽东说：“主席的著作推动了一个民族，改变了整个世界。”

研究毛泽东军事思想的人，尽管身份不同、动机各异，但都从不同侧面说明毛泽东军事思想已经超出国界，成为世界人民的共同财富，在全世界产生了极为广泛和深刻的影响。

3．毛泽东军事思想是我军克敌制胜的法宝

20 世纪，一部中国共产党的历史、中华人民共和国的历史，都与毛泽东的名字紧紧相连。今天，毛泽东的巨幅画像仍高挂在天安门城楼，他的基本思想仍被奉为中国共产党和中国军队的行动准则。现在，国际国内形势都发生了巨大变化，科学技术发展日新月异，世界军事革命已从理论步入实践。在这种情况下，有人可能会问：主要产生于战争年代的毛泽东军事思想，还能够适应今天的需要吗？回答是肯定的。

毛泽东军事思想的基本原则反映了现代战争和军队建设的一般规律，是经过实践检验的科学真理，对指导我国国防建设、军队建设及做好新时期军事斗争准备，对我军打赢未来高技术条件下的现代战争，都具有普遍的指导意义。

二、毛泽东军事思想的形成和发展

毛泽东军事思想是一定历史阶段的产物，它产生于 20 世纪 20 年代的中国革命战争，其形成和发展经历了一个逐步完善的过程。

（一）产生时期（1921 年 7 月～1935 年 1 月）

从中国共产党成立到遵义会议前，是毛泽东军事思想的产生时期，主要标志体现在以下几个方面。

1．接受了马列主义关于暴力革命的学说，掌握和影响了部分武装力量

十月革命后，毛泽东开始接受了马列主义的暴力革命学说，思想发生了显著的变化，赞成中国革命必须走俄国人的道路，必须采取俄国式的暴力革命方式。

第一次大革命失败后，我党直接掌握和影响的军队有近 3 万人。这支基本武装力量是 1927 年下半年中国共产党发起南昌起义、秋收起义和广州起义这三大暴动的骨干力量。

2．开创了农村包围城市，武装夺取政权的革命道路

大革命失败后，由于“左倾”教条主义的影响，我党领导了百余次武装起义，大部分以夺取城市为目标，最终都以失败而告终。中国向何处去，红旗到底能够打多久，诞生只有 6 年的中国共产党，处在彷徨和徘徊之中。

在这生死存亡的危急关头，毛泽东以独特超众的胆识，义无反顾地提出了“上山”的主张。用毛泽东诙谐幽默的话讲：“上山和绿林好汉交朋友，当革命的山大王。”随即将秋收起义部队拉到“山高皇帝远”的井冈山地区。在井冈山艰难困苦的岁月里，毛泽东坚信："星星之火，可以燎原。"[①]毛泽东曾作过一个生动的比喻："我们好比一块小石头，蒋介石好比一口大水缸，我们这块小石头，总有一天要打烂蒋介石那口大水缸。"[②]毛泽东亲手创立了第一个农村革命根据地，由此找到一条适合中国革命特点的"农村包围城市、武装夺取政权"的正确革命道路。

3．缔造一支新型的人民军队

从秋收起义至 1929 年年底，毛泽东先后领导进行了工农红军三湾改编，提出了"支部建在连上"的党指挥枪的重要建军原则；为红军制定了"三大纪律八项注意"等，通过这些实践探索，成功地解决了在中国这种社会条件下，把以农民为主要成分的革命武装，建成新型的无产阶级人民军队的一系列建军原则问题。在此期间，毛泽东和朱德提出"敌进我退、敌驻我扰、敌疲我打、敌退我追"的游击战原则，指挥红军粉碎了敌军多次组织的"进剿"、"会剿"。提出积极防御的作战原则和方针，诱敌深入，集中兵力打运动战、速决战、歼灭战，连续打破了国民党军第一、第二、第三次大规模"围剿"。

在此期间，毛泽东先后写下了《中国红色政权为什么能够存在》、《井冈山的斗争》、《中国共产党红军第四军第九次代表大会决议案》、《星星之火，可以燎原》等著作。毛泽东的上述实践和著作，为中国革命及其武装斗争指出了道路，成功地解决了中国革命走什么路、如何建军、如何作战三个根本问题，标志着毛泽东军事思想的产生。

（二）形成时期（1935 年 1 月～1945 年 8 月）

从 1935 年 1 月遵义会议至 1945 年 8 月抗日战争胜利，是毛泽东军事思想得到多方面发展和系统总结而达到成熟，形成比较完整系统的科学理论体系的时期。

遵义会议是中国革命从挫折走向胜利的一个伟大的转折点，也是毛泽东军事思想从产生走向成熟的开端。遵义会议后，毛泽东率领中国工农红军四渡赤水，两占遵义，越过乌江，巧渡金沙江，强渡大渡河，爬雪山，过草地，摆脱了国民党几十万大军的围追堵截，三大红军主力会师会宁，胜利到达陕北。一路过关斩将，用兵如神，极大地丰富了毛泽东的作战经验，全面地检验了他的军事思想。

抗日战争爆发后，毛泽东在指挥作战之余，进一步研究中外军事理论，总结自遵义会议以来的建军和作战经验，完成了他一生最辉煌的军事理论著作。其中，有代表性的是《中国革命战争的战略问题》（1936 年 12 月发表），《抗日游击战争的战略问题》（1938 年发表），《论持久战》（1938 年发表）。这些军事著作所阐述的内容，包括无产阶级战争观和方法论、人民军队、人民战争、人民战争的战略战术等，标志着毛泽东军事思想形成了一个比较完整的科学体系。

---

① 毛泽东选集。
② 毛泽东选集。

（三）丰富和发展时期（1945 年以后）

抗日战争胜利后，我军又经历了人民解放战争、抗美援朝战争及社会主义建设的新时期。毛泽东军事思想得到全面的丰富和发展。在此期间，毛泽东创立了独特的战略进攻、战略决战、战略追击等思想。此外，他还提出了以下重要思想：

- 提出十大军事原则；
- 建设现代化、正规化的国防军；
- 确立了发展“两弹一星”的国防科技战略；
- 积极防御的战略思想有新的发展。

毛泽东同志逝世以后，以邓小平同志为核心的第二代领导集体、以江泽民为核心的第三代领导集体及以胡锦涛为总书记的党中央，继承了他的基本理论，毛泽东军事思想得到了进一步创新和发展。

三、毛泽东军事思想的主要内容

毛泽东军事思想是一个内容十分丰富的科学体系，其主要内容大体可分为以下 5 部分。

（一）无产阶级的战争观和方法论

无产阶级的战争观和方法论是毛泽东研究和指导战争的基本观点和方法，是毛泽东站在无产阶级的立场上，运用历史唯物主义和辩证唯物主义的观点和方法，对战争本质问题所做的正确回答，对战争规律和战争指导原理所做的科学揭示。它是毛泽东军事思想的理论基础，是马克思主义哲学和军事相结合的结果，是我们研究和指导战争的基本依据。

1. 无产阶级的战争观

战争的起源、实质和形式　毛泽东精辟地阐述了战争的起源、实质和形式，他给战争下了一个科学的定义，即“从有私有财产和有阶级以来就开始了的，用以解决阶级和阶级、民族和民族、国家和国家、政治集团和政治集团之间，在一定发展阶段上的矛盾的一种最高的斗争形式”。[①]这一定义明确说明：战争的起源是私有财产和阶级；战争的本质是解决阶级之间、民族之间、国家之间、政治集团之间矛盾的一种最高斗争形式；战争的表现形式是一种暴力行为。

战争与政治的关系　毛泽东科学完整地阐述了战争与政治的关系，指出：“战争是政治的继续”、“战争有其特殊性”，“政治是不流血的战争，战争是流血的政治”。说明战争是从属于政治，为政治服务，为了达到政治目的的一种手段；战争又不同于

① 毛泽东选集。

一般的政治；当经过战争达到政治目的之后，战争便告结束，战争又转化为和平；既然战争是政治的继续，那么，从战争的性质来分析就有正义与非正义之分。

战争与经济的关系 毛泽东准确地说明了战争与经济的关系，认为革命战争的出发点和目的，最终原因都是经济原因，都是为解放生产力、发展生产关系和为改变生产关系。就革命战争自身而言，经济是革命战争的物质基础。

人与武器的关系 毛泽东分析了人与武器的关系，指出："武器是战争的重要因素，但不是决定的因素，决定的因素是人不是物。力量对比不但是军力和经济力的对比，而且是人力和人心的对比。军力和经济力是要人去掌握的。"[①]

战争的目的 毛泽东阐明了战争的目的，指出："战争既不是从来就有的，也不是永远存在的。我们研究和进行战争的最终目的是为了消灭一切战争，实现人类永久和平。"

2. 研究和指导战争的认识论和方法论

研究和指导战争必须认识和把握战争规律。研究和指导战争的基本方法是认识和掌握战争规律。战争规律是战争双方互相矛盾着的政治、经济、军事、自然条件等基本因素的本质的、必然的联系及其一般的发展趋势。

认识和掌握战争规律的基本方法 首先，应着眼于特点和发展；其次，要立足全局，掌握重要环节；再次，要做到"知彼知己"；最后，要善于学习，勇于实践。

尊重战争的客观规律，充分发挥主观能动性 毛泽东明确指出了正确指导战争的两个基本条件：一是取胜的物质条件，二是取胜的主观条件。离开一定的客观条件奢谈战争的胜利，那是战争的唯心论者。然而在客观条件具备时，战争指导者不发挥主观能动性去实施正确的指挥，就不可能把战争胜利的可能性变成现实性。

（二）人民军队建设理论

人民军队是中国共产党缔造的，用以执行革命的政治任务的武装集团，是实行人民战争的骨干力量。毛泽东人民军队建设理论的主要内容包括以下几方面。

1. 人民军队的性质

毛泽东从"军队是国家政权的主要成分"、"是阶级压迫的工具"的原理出发，提出"枪杆子里面出政权"和"党指挥枪"的思想，指明我军必须是中国共产党绝对领导下的，执行无产阶级革命政治任务的武装集团。坚持中国共产党对军队的绝对领导，是确保人民军队无产阶级性质的根本原则，是毛泽东建军思想的核心。所谓党的绝对领导，主要是指军队必须是完成党的政治任务的工具，军队必须坚决贯彻党的路线、方针、政策，军队的一切行动必须听从党中央和中央军委的指挥。"绝对"两个字表明，中国共产党是唯一的、独立地领导和指挥这支军队的政党，我军必须完全地、始终如一地置于党的领导之下。

---

① 毛泽东选集。

2. 人民军队的宗旨

我军是人民的军队，来自人民，为了人民。我军从建立的那天起，就是为人民的利益，而不是为少数人或狭隘集团的私利而战斗的。所有参加这个军队的人，从指挥员到战士，都是为人民服务的。毛泽东指出："紧紧地和中国人民站在一起，全心全意地为中国人民服务，就是这个军队的唯一宗旨。"把全心全意为人民服务作为我军的唯一宗旨，有了这一条，我们就能无往而不胜。

3. 人民军队的三大任务

红军是一个执行革命政治任务的武装集团。这个革命政治任务就是毛泽东规定的战斗队、工作队和生产队三大任务。这是军事、政治、经济三位一体的任务，是由我军的性质、宗旨和中国革命战争的特点决定的。在战争年代，我军的主要任务是打仗，消灭敌人的军事力量，即战斗队的任务；还要担负宣传群众，组织群众，武装群众，帮助群众建立革命政权，以及建立党组织等任务，即工作队的任务；为了减轻人民群众的负担，还要在可能的情况下进行生产，即生产队的任务。军队的战斗队任务，在三大任务中居于主要地位。

4. 人民军队政治工作的三大原则

进行强有力的政治工作，是毛泽东建军思想的一个突出特点。我军的政治工作，随着革命战争的发展而逐步完善，形成官兵一致、军民一致和瓦解敌军的三大原则。官兵一致原则，就是我军内部尽管职务上有上下之分，军衔上有高低不同，但在政治上都是一律平等的阶级兄弟关系，这条原则是处理军队各种关系的基本准则。军民一致原则，就是自觉地尊重人民、尊重政府，实行秋毫无犯的严格纪律，坚持开展拥政爱民和拥军优属活动，达到军民团结一致。这条原则是密切军民关系，正确处理军民之间矛盾的基本原则。瓦解敌军原则，就是我们的胜利不但要依靠作战消灭敌人，而且要靠敌军的瓦解，要正确执行对敌斗争的政策和策略，从政治、思想、组织上瓦解敌人。

毛泽东历来重视攻心制敌。他说："我们的胜利不但依靠我军的作战，而且依靠敌军的瓦解。"在平津战役中，北京能够得以完整地保存下来，堪称是一个奇迹。当时，以傅作义为首的55万国民党军队盘踞京津地区。如果硬打，只能是城毁人亡，其后果不堪设想。毛泽东高瞻远瞩，一方面，在军事上兵临城下，以造成大军压境之势；一方面，开辟第二条战线，进行政治瓦解。最后迫使傅作义起义，北平和平解放，古老的名城顺利回到人民手中。

5. 人民军队内部的三大民主

毛泽东把我军的民主制度概括为"政治民主"、"经济民主"和"军事民主"三大民主制度。所谓政治民主，就是士兵或下级有权批评和评议官长和上级，进行政治监督。所谓经济民主，就是士兵参与经济生活的管理，公开账目，士兵选出代表参加经济管理机构，防止官长多吃多占和其他经济腐败行为。所谓军事民主，就是在战时通过火线开大小诸葛亮会，广泛发动士兵参与战斗方案的研究：而在平时则体现在官兵互教、兵兵互教方面。发扬三大民主是通过集中领导下的民主，达到政治上高度团结，生活上获得改善，军事上提高技术和战术的目的。

（三）人民战争思想

人民战争是指广大人民群众为反抗阶级压迫或抵御外敌入侵而组织和武装起来进行的战争。人民战争具有两个基本特征：一是战争的正义性。在毛泽东看来，战争的性质既取决于它的政治目的，又取决于它的社会效果，就是能否促进历史的进步，而其根本标志在于是否符合广大人民群众的根本利益。战争的正义性是实行人民战争的首要条件和政治基础。二是战争的群众性。战争的群众性是指战争必须有广大人民群众支持和参加，这是人民战争的重要标志。历史上凡是具备这两个特征的战争都可称作人民战争。但是我党领导的人民战争，较之一般意义上的人民战争，群众性更广泛、革命性更彻底、组织性更严密。

人民战争思想是毛泽东军事思想的核心内容，是中国共产党的群众路线在革命战争中的具体运用和发展，是人民军队建设、我军战略战术的形成和国防建设理论的基础。人民战争思想的基本精神：在中国共产党的领导下，以人民军队为骨干，坚决依靠广大人民群众，实行主力兵团与地方兵团相结合，正规军、地方武装、民兵与游击队相结合，武装斗争与非武装斗争相结合的人民战争。

1. 人民战争思想的理论根据

毛泽东创造性地发展了马列主义关于人民战争的理论，对实行人民战争的必要性和可能性以及如何实行人民战争问题，做了系统的论述，阐明了人民战争的理论基础和政治基础，实行人民战争的指导原则，创立了具有中国特色的人民战争思想。

人民群众是战争胜负的决定力量　战争是力量的抗争，人民战争的主体是人民群众，人民群众是社会发展变革的决定力量，也是战争胜负的决定力量。要准确地理解和把握人民战争思想，就必须首先认识人民群众在战争中的作用。毛泽东曾说：“人民，只有人民，才是创造世界历史的动力。”这就是毛泽东人民战争思想的根本出发点和理论基础。

早在土地革命战争时期，毛泽东就指出：“革命战争是群众的战争，只有动员群众才能进行战争，只有依靠群众才能进行战争。”中国革命战争的历史和实践证明，人民群众是人民军队赖以生存和发展的条件，是战争中一切力量的源泉，是战争胜负的决定力量。

战争的正义性是实行人民战争的政治基础　战争是政治的继续，是为一定的阶级、政治集团的利益服务的。历史上的战争，虽然千差万别，但按其性质，不外乎两大类：一类是正义战争，一类是非正义战争。正义战争是进步的，符合人民群众根本利益，人民群众不但真心拥护，积极支持，而且踊跃参加。相反，非正义战争是

退步的，违背民众的根本利益，必然要遭到人民群众的坚决抵制和反对。尽管战争发动者采取蒙蔽欺骗的手段，或者煽动民族仇恨，驱使人们去为他们卖命，但终有一天会被识破，从而导致失败的结局。所以，非正义战争是不可能实行人民战争的。

战争的革命性、正义性是唤起民众、激发热忱的政治基础。革命战争的目的与民众的根本利益保持一致，就能调动民众自觉的行动和勇敢的奋斗精神。这就是“得道多助，失道寡助”。战争的正义性是实行人民战争的政治基础，只有正义的革命战争，才能实行最广泛的人民战争。

战争胜负的决定因素是人不是物　人和武器是构成战斗力的两个基本要素，正确处理人与武器的关系，是人民战争思想的一个重要理论问题。战争是人和武器的综合竞赛。毛泽东根据历史唯物主义的基本原理，批判了“唯武器论”的观点，科学地阐明人在战争中的地位和作用。他指出，武器是战争的重要因素，但不是决定的因素，决定的因素是人不是物。决定战争胜负的是人民，而不是一两件新式武器。这是毛泽东同志在战争问题上对人与武器关系的精辟论述和高度概括。

力量的对比不但是军力和经济力的对比，而且也是人力和人心的对比。军力和经济力是要人去掌握的。战争中的人包括人力、人心、人的能动性三个方面，人心是人的能动性的动力，人力是物质的力量，人心、人的能动性是精神的力量。因此，人是物质力量和精神力量的统一体，是具有精神活动的物质力量。任何武器和物质，都要靠人去掌握，从而构成了人和武器之间的主导与非主导的关系。人是战争胜负的决定因素，在一定的物质基础上，谁充分发挥了人的能动作用，谁就能赢得战争的胜利。

武器是战争胜败的重要因素　毛泽东重视武器这个重要因素的作用。以往战争年代，在我们没有军事工业的条件下，毛泽东采用从敌人手中夺取武器的办法，以缩小敌我武器的差距。新中国成立后，他强调，敌人有的，我们要有，敌人没有的，我们也要有，迅速建立起独立的国防工业体系。毛泽东历来反对忽视武器装备，片面夸大精神作用的“唯意志论”，同时又反对片面夸大武器作用的“唯武器论”。

2. 人民战争思想的主要内容

在指导中国革命战争的长期实践过程中，以毛泽东为代表的中国共产党人，以辩证唯物主义和历史唯物主义为基础，继承中国历史上的优秀军事遗产，总结中国近百年革命战争的经验和教训，发展了马克思主义关于人民战争的理论，形成了一整套具有中国特色的人民战争思想。毛泽东人民战争思想的内容极为丰富，主要有以下几个方面：

坚持中国共产党对人民战争的统一领导　毛泽东指出：“任何的革命战争如果没有或违背无产阶级和共产党的领导，那么战争是一定要失败的。”“共产党的这种绝对领导权，是使革命战争坚持到底的最主要的条件。”中国共产党对人民战争的统一领导是进行人民战争的政治、思想、组织保障。

结成最广泛的革命统一战线 动员群众、组织群众、武装群众，是实行人民战争的根本前提和坚实基础。在这个问题上，党取得了丰富的经验。一是倾注极大的精力抓好群众的动员和组织工作，人民群众的觉悟不是自发产生的，需要教育提高，动员是教育的过程，也是组织的过程；二是时刻关心人民群众的切身利益，党在领导战争的全过程中，真心实意为民众着想，制定正确的政策和措施，切实解决群众的根本利益问题；三是实行正确的统战政策，结成最广泛的革命统一战线，根据不同历史时期的不同作战对象，及时调整和制定正确的政策，把尽可能争取过来的阶层和人，争取到人民一边来。

实行以人民军队为骨干的"三结合"武装力量体制 毛泽东在指导中国人民革命战争中，为适应实行人民战争指导思想的需要，创造了三结合的武装力量体制。在三结合的武装力量体制中，人民军队是实行人民战争的骨干力量。毛泽东说："没有一个人民的军队，便没有人民的一切。"三结合的武装力量体制，能够把人民群众中蕴藏着的各种力量有效地调动和协同起来，使人民战争的威力得到更好的发挥。

以武装斗争为主与其他斗争形式密切配合 中国革命的主要斗争形式是武装斗争，我党的历史就是武装斗争的历史。但武装斗争不是孤立的，是与其他各种斗争形式相配合的。毛泽东指出："统一战线和武装斗争，是战胜敌人的两个基本武器。""没有武装斗争以外的各种形式的斗争相配合，武装斗争就不能取得胜利。"为此，必须开展协同于战争的政治、经济、文化、外交等各种战线的对敌斗争，包括与敌人的政治谈判斗争和争取敌军、瓦解敌军的斗争。

建立巩固的革命根据地 毛泽东关于革命根据地的理论，是在批判和纠正红军队伍中存在流寇主义思想的基础上提出来的。他阐明了革命根据地是"工农武装割据"路线的必要条件，并在抗日游击战争中加以重申和系统化。毛泽东把根据地比作执行战略任务的战略基地。他说："没有这种战略基地，一切战略任务的执行和战争目的实现就失掉了依托。"在解放战争中，他又进一步告诫全党，"必须人人下决心，从事最艰苦的工作，迅速发动群众，建立根据地。"革命根据地的作用，在政治上，是团结人民的中心，具有强劲的吸引力；在军事上，它是战争的依托，人民军队备战和训练的基地，休养生息的良好环境；在经济上，它是提供战争所需财力、物力和各种战争保障的后勤基地，保证军队的生存和发展。

（四）人民战争的战略战术

人民战争的战略战术，是实行人民战争的具体方针、原则和方法，是毛泽东军事思想的落脚点，是毛泽东高超的战争指导艺术的总结，它揭示了中国革命战争的指导规律，是毛泽东军事思想中十分精彩的部分。毛泽东的战略战术，高超绝伦，内容也十分丰富，其内容包括：战略上藐视敌人，战术上重视敌人；保存自己，消灭敌人；实行积极防御，反对消极防御；集中优势兵力，各个歼灭敌人；三种作战形

式密切配合，并适时转换；慎重初战，实行有利决战；战争指导上的主动性、灵活性和计划性等多个方面，主要可归纳概括为以下三点。

1．立足全局，审时度势

立足全局，审时度势，是毛泽东指导战争和指挥作战的第一个原则。战略头脑出高谋。毛泽东在立足全局，审时度势方面，为我们提供了许多经典范例。1947 年上半年，蒋介石虽然在军事上处境日益不利，但同我军相比，其兵力、兵器仍占优势。蒋介石决心不变，继续贯彻将战争引向解放区的战略方针，加强对山东、陕北的重点进攻，力求迅速解决这两个战场的问题，再行转兵其他战场，以达到最后摧毁解放区、消灭我军主力的目的。蒋介石的这一“哑铃”战术，棋着不为不高，用心不为不绝。

从受敌人重点进攻的山东和陕北两个解放区来看，形势也相当严峻。山东解放区已大部分被敌占领，只剩下胶东半岛的片隅之地；陕北方面，胡宗南的 25 万大军已占领延安，毛泽东率领着中央机关和警卫人员组成的只有 200 多人的一支小分队，经常被敌人追击，爬山越岭、风餐露宿。可想而知，当时形势是何等的险恶。可就在这种险恶的情况下，毛泽东坚持不过黄河。他目光敏锐，审时度势，对全局做了透彻的分析。他认为，中国的时局将要发生一个新的变化，军事形势在朝着有利于人民的方向发展。机不可失，时不再来。毛泽东抓住影响整个战争全局的重要关节，做出了“大举出击，经略中原”的战略决策。

专栏 2-3　三军配合、两翼牵制

为使跃进大别山，逐鹿中原的决策付诸实施，毛泽东做了“三军配合，两翼牵制”的战略部署。具体地说，毛泽东“经略中原”的方略，是由“三把钢刀、两把铁钳”来实现的：

第一把钢刀，即由刘伯承、邓小平统帅的 12 万大军，自鲁西南强渡黄河，实施中央突破，尔后直插大别山，在长江以北地区实施战略展开；

第二把钢刀，以陈（赓）、谢（富治）兵团的 8 万人马，7 月由晋南强渡黄河，在刘、邓大军的右翼实施战略展开，协助刘、邓经略中原，并配合西北战场粉碎敌重点进攻；

第三把钢刀，由陈毅、粟裕指挥的 18 万人马，在刘、邓左翼实施战略展开，与刘、邓大军和陈、谢兵团共同经略中原。

在三路大军南进的同时，由许世友指挥华野 4 个纵队，由彭德怀指挥西北野战军，继续在山东和陕北两个战场从两翼钳制敌人，策应刘邓、陈谢和陈粟三路大军实施中央突破。

与此同时，西北战场的彭德怀和山东战场的许世友如同两把铁钳又死死拖住胡宗南和陈诚不放。三路大军在中原地区互相配合，饮马长江，直接威胁着国民党的老巢——南京和战略要地武汉。

——党中央、毛泽东转战陕北．光明日报，2007-07-22

毛泽东胸有全局，高瞻远瞩，而各路大军指挥员又能创造性地贯彻统帅部的意图。

刘邓大军为了全局的胜利，面对着 40 个师的国民党军队，以“狭路相逢勇者胜”的英雄气概，长驱直入，一举插进敌人的战略纵深。刘邓大军占据大别山，东震南京，西挟武汉，南控长江，北瞰中原，像一把利剑插入国民党的心脏。像这种战略全局上的出敌不意的进攻行动，在战争史上是绝无仅有的。三路大军突破黄河以后，与国民党主力逐鹿中原，我军由战略防御转入了战略进攻，拉开了大决战的序幕。

2. 集中兵力，运动歼敌

集中兵力打歼灭战，是毛泽东一贯的作战指导思想，并创造性地运用和发展了这一思想。毛泽东关于集中优势兵力，各个歼灭敌人的论述十分精彩，令人回味无穷，他做了前人所没有的贡献。正如毛泽东所说“对于人，伤其十指不如断其一指；对于敌，击溃其十个师不如歼灭其一个师”。

专栏 2-4 集中兵力、运动歼敌

毛泽东集中兵力、运动歼敌的奥妙在于:

重点用兵 兵力是指军队的实力，主要包括人员和武器装备，它是构成战斗力的基本要素。在中国革命战争实践中，我军长期处于被围攻的环境，因此，必须集中主力于主要的作战方向，必须重点用兵，绝不能分兵把口或四面出击。毛泽东指出：“在有强大敌军存在的条件下，无论自己有多少军队，在一个时期内，主要的使用方向只有一个，不应有两个。”

击其要害 先弱后强，先打分散孤立之敌，后打集中强大之敌，并不排除在必要和可能的情况下打“强”敌。打敌要害，往往能够取得全盘皆活的效果。

1947 年，蒋介石重兵进攻山东，妄图消灭我华野主力。在毛泽东战略思想的指导下，陈毅元帅在孟良崮投下一着奇正相济，反常用兵的活棋。孟良崮战役在选择歼击目标上，华野陈粟首长认为，强与弱是相对的。其强点是：整编第 74 师全部美式装备，训练有素，战斗力较强；师长张灵甫精明强干，敢打敢拼。从这些方面来看，是强敌。但也有其弱点：一是该敌是重装备部队，进入沂蒙山区，机动受限制，坦克、火炮难以发挥作用；二是师长张灵甫因是蒋介石黄埔嫡系，平时骄横狂妄，不把其他将领看在眼里，同友邻敌军矛盾很深。这些，又是其致命的弱点。

华野认为，74 师孤军冒进，在我军围歼该敌时，友邻敌军不会奋力救援。同时，74 师是国民党五大主力之首，歼灭该敌，必将给敌人以重大震慑，其他各路敌人将不战自退，于是定下了歼敌 74 师的决心。不出华野所料，孟良崮战役打响以后，友邻敌军行动迟缓，坐山观虎，见死不救。结果我军如愿以偿，74 师 32000 人全军覆没，师长张灵甫被击毙。

力求在运动中歼灭敌人 古今中外，聪明的军事家都力争打运动战。在毛泽东的著作里，军队的机动被他简单地称之为“走”。有人曾作过这样一个颇为有趣的计算：从秋收起义开始，毛泽东率军实际作战的时间，远不如他率队转移的时间。毛泽东善打运动战。为此，西方军事界称毛泽东为“东方运动战的大师”。

“你打你的，我打我的；打得赢就打，打不赢就走。”是毛泽东军事思想中战略战术的精髓。在战争指导上，毛泽东不按常规办事，他的办法是“放开两手，诱敌深入，在运动中歼灭敌人”。在战争年代，我军除济南战役等少数战例，大多是运动战。例如，被毛泽东称为“一生中的得意之笔”的四渡赤水河战役、三次反围剿战役，都是运动战。解放战争时期，我军的运动战规模越打越大，从几万人的战役发展到几十万乃至上百万军队参加的大战役。毛泽东说：“大踏步进退，不拘一城一地之得失，完全主动作战，……调动敌人各个击破。”

——陈宇．毛泽东集中兵力战法．当代中国出版社，2008

3．灵活用兵，因敌制胜

我国历代有作为的军事家无不重视灵活地使用兵力。孙子曰：“兵无常势，水无常形；能因敌变化而取胜者，谓之神。”宋代岳飞说：“阵而后战，兵法之常；运用之妙，存乎一心。”他们的这些名言，都强调了要根据敌情的变化和战场的情况，灵活地使用兵力。战场的情况变幻莫测，作战的方法也变幻无常。可以说，在战争指导上丧失灵活性，也就意味着丧失主动权。

专栏 2-5 灵活用兵

毛泽东说：“古人所谓‘运用之妙，存乎一心’，这个‘妙’，我们叫做灵活性。”根据毛泽东的论述和他指导战争的实践，灵活用兵可概括为五个基本要素。

因时用兵 自古以来的兵家，多重视时间因素。所谓因时，即天时，指时机。机不可失，时不再来。战场情势变幻无穷，战机稍纵即逝。因时用兵，要抓住战机，分秒必争，定下决心要当机立断，切不可优柔寡断，贻误战机。

因地用兵 “知天知地，胜乃无穷”。孙子所讲的意思就是天时地利。战争指导者不仅要巧借天时，还要会妙用地利，根据战场环境摆兵布阵，巧妙布设兵阵火杖。

解放战争时期，毛泽东决定首先发起辽沈战役，集百万大军谋取关外，并非事出无因。一是东北背靠苏联，东临朝鲜，南是大海，西有高山、长城，我军进可瞰制关内，退可自保有关，战场环境对我军十分有利；二是在战前选择歼敌目标上，毛泽东决定置沈阳、长春两地的敌人于不顾，南下北宁线，首攻锦州城。毛泽东身在华北的西北坡，为何如此看中东北的锦州呢？锦州的地理位置十分重要，是东北通向华北的咽喉，攻克锦州，即可彻底切断东北和华北之敌的联系，造成对东北敌人的“关门打狗”之势。辽沈战役打响以后，我军先克锦州、再歼廖耀湘、后取沈阳和营口。辽沈战役，我军以百万大军对卫立煌 55 万人马，历时 52 天，就地歼灭了卫立煌集团 38 个师 47 万人，取得了我军第一次战略大决战的伟大胜利。

因敌用兵 解放战争，对国民党军队作战，我军多以大兵团决战，一次歼敌几万乃至几十万人；朝鲜战争，美军有强大的空中优势，且战术上采取集团滚进、齐头并进。尤其是作战初期，我军遭到几次惨败以后，变得谨慎小心，稳扎稳打，步步为营。

毛泽东变换战法，采取了“零敲牛皮糖”的战术，指示志愿军广泛开展“你歼敌一个班，我歼敌一个排”的小歼灭战运动，一口一口地吃，集小胜为大胜。我志愿军第42军，约10个月没有正面接敌，但“敲”掉美军5027人；阻击英雄张桃芳，一个人在33天时间以422发子弹，“敲”掉美军214人。

因己用兵 “知己知彼，百战不殆”。毛泽东因己用兵，有两大要则：一是择其优，避其弱。参战部队情况不同，有的强，有的弱，有的能攻，有的善守，有的能攻善守。指挥员必须是明白人，好钢要用在刀刃上。战争年代攻坚啃骨头是这样，和平时期执行急难险重任务也是如此。二是知人善任，择优选将。如果把蒋介石和毛泽东用人做一个简单的对比，可以发现，蒋介石在用人选将上多不是以才取人，而是以是否嫡系来划分亲疏，尤其对黄埔生宠爱有加，并委以重任。对其他派系则进行排挤打击，或削弱其兵权。而毛泽东恰恰相反，他既有爱才之心，识才之法，又懂得用才之道。我军初创时期，我军的一些高级领导人来自于不同山头。毛泽东从不以山头分亲疏，而以才华降大任。

毛泽东对其统领的将帅知仁善任，非常了解，非常信任，除委以重任外，还赋予其指挥决策权，而各路将帅都能根据毛泽东总的战略意图，临机处置，灵活指挥，在各自统领的战场上，打得有声有色。1947年胡宗南以25万大军进攻陕北，敌人十倍于我，情势非常严重，毛泽东大笔一挥，亲自点将，让担任军委副主席和总参谋长的彭德怀挂帅出征，指挥西北野战军2万余人的部队作战。彭总临危受命，不负厚望，取得了西北三战三捷的胜利，扭转了西北战局。

因势用兵 势指态势、气势。简明地说，“势”是“形”的运用，也就是军队实力的发挥。因势用兵，要因势而乘，因势而动，毛泽东向来重视谋势。解放战争之初，毛泽东原计划要用4～5年的时间解决问题。解放战争进入第三年时，蒋军主要分散在5个战场上，态势非常孤立，对我集中兵力歼敌主力非常有利。毛泽东决定因势而动，加快这一进程，他抓住了非常有利的歼敌态势，以伟大的胆识和高超的指挥艺术，连续发起了三次决定中国命运的战略性大决战，这就是辽沈战役、平津战役和淮海战役。

三大战役结束后，我军控制了大半个中国，长江以北地区已基本解放。这时，国内外许多人提出了穷寇莫追，划江而治的主张。“宜将剩勇追穷寇，不可沽名学霸王”。毛泽东吸取了项羽未能乘势击败刘邦，纵虎归山，最后落得霸王别姬、自刎乌江的教训，乘势发出了打过长江去，解放全中国，将革命进行到底的号令。毛泽东一声令下，于1949年4月20日，人民解放军百万大军，突破汤恩伯、白崇禧两个集团70万大军防守的长江天险，以大迂回、大包围的战术对敌实施战略追击，夺南京、战上海、攻武汉、取重庆，以摧枯拉朽之势，横扫江南各省，终于赢得了解放战争的最后胜利。从毛泽东筹划三大战役和渡江战役的战争奇观，我们看到了毛泽东是因势用兵的典范。

——王军．毛泽东等老一辈军事家战役指导艺术．高等教育出版社，2005

（五）国防建设理论

中华人民共和国成立后，军事工作的中心随之转到巩固和建设国防上来。为此，毛泽东提出了一系列相应的指导思想和原则。

1．国防建设的基本原则

国防建设要与国家经济建设协调发展　国防建设与经济建设，是国家建设的两个基本组成部分。经济建设是国防建设的基础，国防建设必须服从经济建设的大局。在经济发展的基础上，逐步加强国防建设，国防建设要促进国民经济的发展。

国防建设要以现代化为中心　实现国防现代化是毛泽东的一贯思想，是国防建设的方向和主要原则，国防建设的各项工作，都必须紧紧围绕现代化这个中心进行。抓住了现代化这个中心，国防建设就前进、就发展。偏离了这个中心，国防建设就迟缓，甚至倒退。

国防建设要独立自主，自力更生　国防现代化建设要两条腿走路，一是自力更生，二是对外开放。国防建设要实行军民结合、平战结合。这是毛泽东在领导我国社会主义建设和国防建设的实践中，摸索出的一条国防发展道路。

2．国防建设的主要内容

国防科技和国防工业　国防科技和国防工业是国防经济的主体部分，它直接为国家武装力量提供武器装备，既是实现国防现代化和进行战争准备的主要物质技术基础，又是促进国家经济建设的重要力量，还是国防经济力转化为军力的主要途径。新中国成立后，我国建立了专业门类齐全、科研和生产手段配套的国防科技工业体系，造就了一支具有一定水平的科技和生产队伍，自己生产的武器装备基本满足了陆军、海军、空军、第二炮兵等各专业技术兵种的需要，使我国成为世界上能够独立自主地掌握核技术和空间技术的国家之一，大大提高了我国的国威和军威。

加强武装力量建设是国防建设的核心内容　毛泽东从中国实际出发，为我国确立了“三结合”的武装力量体制，形成了独具特色的武装力量建设模式。它是我国发挥军民结合的整体威力、持久作战、以劣胜优的根本。

第四节　邓小平新时期军队建设思想

邓小平新时期军队建设思想是指以邓小平为代表的中国共产党人在新时期提出的关于军队和国防建设的一整套理论、方针和原则。它是邓小平对当代中国及其军队和国防建设最重要的贡献之一，是当代中国军事思想的瑰宝。

一、邓小平新时期军队建设思想的主要内容

邓小平新时期军队建设思想是个博大精深的理论体系，涉及国防和军队建设的各个方面，内容十分丰富。

（一）国防和军队建设指导思想实行战略性转变

1985年6月，邓小平基于时代特征，根据对战争与和平问题新的判断，做出了

军队和国防建设指导思想实行战略性转变的重大决策，即由立足于早打、大打、打核战争的临战状态，转到和平时期的建设轨道上来。其实质包含两个转变：一是军队建设指导思想从临战准备状态向和平时期质量建设上转变；二是战争准备指导思想从准备“早打、大打、打核战争”向打赢一般条件下的局部战争上转变。

中国人民解放军从 1927 年建军到 1985 年的 58 年间一直处在战争和随时准备打仗状态。这一转变使国防和军队建设从延续了几十年的传统观念中解放出来，进入到一个全新的境地。在我军建设史上具有划时代的战略意义。

专栏 2-6　和平与发展

现在世界上真正大的问题，带全球性的战略问题，一个是和平问题，一个是经济问题或者说发展问题。和平问题是东西问题，发展问题是南北问题。概括起来，就是东西南北问题。南北问题是核心问题。

——邓小平文选．人民出版社，1993

邓小平得出“和平与发展”是当今时代的主题这一判断，不是一蹴而就的，是经历了认识和发展过程的，大体分为三个阶段。

第一阶段：20 世纪 70 年代末，认识转变　20 世纪 70 年代前，我们认为世界战争是不可避免的，而且是迫在眉睫的。当时全国的中心任务是“准备打仗”。国防建设的指导思想是立足于最困难、最严重的局面，准备“早打、大打、打核战争”。

从当时国际战略形势看，美苏两霸争夺激烈，曾几次把世界推到核战争的边缘。二战结束后，苏美两霸长期对峙，全球处于冷战时期，两个超级大国咄咄逼人，疯狂地进行军备竞赛，干涉其他国家事务，甚至进行武装侵略，世界大战的危险严重威胁到各国的安全。尤其是 1958 年的“柏林危机”和 1962 年的“古巴导弹危机”，战争到了一触即发的地步。

从中国周边环境看，我国国家安全受到来自多方向的严重威胁。20 世纪 50 年代初，美国先是发动了侵略朝鲜战争，并武装侵占中国领土台湾，直接威胁到新中国的安全。接着又提出“两个半战争”的战略目标，把中国作为其作战的主要对象之一，并入侵越南。在东南沿海，美国从三个方向对我国实行军事包围和经济封锁。20 世纪 60 年代，中苏关系由破裂走上尖锐对抗。1969 年珍宝岛事件后，苏联在中苏边境地区陈兵百万，我国安全受到来自北方的最直接、最严重的威胁。西部边陲还有印度的挑衅。所以，得出“早打、大打、打核战争”这一结论也是当时历史条件的客观要求。

到 20 世纪 70 年代末，我们对世界战争爆发时间的认识发生了变化，认为世界战争不可避免，但可能推迟。

做出这一判断的依据是，国际战略形势发生重大变化，开始向有利于中国的方向发展。我国周边安全环境改善，逐步摆脱了美苏两霸同时对我国威胁的局面。1972 年

美国总统尼克松访华，标志着两国关系的缓解。1979 年，中美基于各自的战略利益，建立了外交关系，实现了两国关系的正常化，来自东南部的威胁减小。在中美苏“大三角”关系中，中国处于有利地位，大大改善了我国面临的国际环境。在国内，政治上果断结束了“文化大革命”；经济上实行改革开放政策，国内形势稳定，人民生活得到了极大改善。这些变化促使我们重新思考中国面临的战争与和平问题。

邓小平同志以战略家的远见卓识，敏锐地抓住了这一变化，并预见到世界战争可能延缓或推迟。1977 年邓小平提出：“战争可能延缓爆发。”1980 年他又说：“我们有信心，如果反霸权主义斗争搞得好，可以延缓战争的爆发，争取更长一点时间的和平。”这一认识，就是把对战争已经迫在眉睫的估计做了重要修正。这是我们对战争与和平问题新认识的开端。

第二阶段：20 世纪 80 年代，逐步形成　进入 80 年代后，国际战略形势的变化是多方面的。邓小平对这些变化进行全面系统的分析后，对世界战争爆发的危险和爆发的时间做出了全面判断。他认为和平力量的增长超过了战争力量的增长，尽管仍然存在战争的危险，但如果我们搞得好，世界大战在相当长的时间里是可以避免的。

第三阶段：20 世纪 90 年代，进一步发展　进入 90 年代后，苏联解体标志着两极格局终结，冷战结束。大国之间的关系经历着重大而又深刻的调整，国际形势发生了很大变化。邓小平说：“现在国际形势不可测的因素多得很，矛盾越来越突出。过去两霸争夺世界，现在比那个时候要复杂得多，乱得多。”面对复杂的国际形势，邓小平进一步指出：“尽管世界格局发生了重大变化，但世界战争可以避免的趋势没有改变。”

从 70 年代末到 90 年代初，邓小平同志对战争与和平问题的认识从战争“可能延缓”、“可以延缓”、“可以避免”到“可以避免的趋势没变”。为实施战略转变奠定了基础，为国家发展指明了方向。

专栏 2-7　邓小平对新时期中国国防和军队建设的历史贡献

20 世纪 70 年代末至 80 年代初，在人类社会的发展出现大转折、美苏等诸多国家仍忙于冷战对抗之时，邓小平以一个伟大战略家的远见卓识，敏锐地捕捉到和平与发展的时代主题，及时调整了中国的内政外交政策，从方方面面进行拨乱反正。在国防和军队建设领域，他毅然决定，把国防和军队建设由“盘马弯弓”的临战状态转到和平时期建设的轨道上来，大力推进精简整编，努力探索新时期国防和军队建设的新特点和新规律，实现了一次伟大的历史性转折。

——袁德金，马德宝. 论邓小平新时期国防和军队建设的历史贡献. 中国国防报，2004-08-19

（二）军队要服从整个国家建设大局

邓小平提出这一思想，深刻反映了新时期军队和国防建设的客观规律，是军队和国防建设必须长期遵循的基本方针，也是富国强军，实现军队和国防现代化的根本途径。

服从国家建设大局是新时期军队建设的根本原则 邓小平关于军队要服从国家建设大局的思想，明确指出在当时的历史条件下，军队和国防建设与经济建设之间存在着一个谁先谁后、谁主谁次的问题。它反映了相对和平时期军队和国防建设的客观规律，是一个从长远和根本上加强军队和国防建设的正确战略思想。因为经济是军事的基础，军事的发展必须依赖经济。一方面，经济基础决定着军队建设的规模和速度。另一方面，经济基础决定军队建设的质量和水平。改革开放之初，邓小平同志讲，先把经济搞上去，一切都好办。同时他还指出，军队要忍耐。并采取了相应的措施，例如，空军的一些机场，海军的一些港口，还有部分铁路专用线，能够改为民用的就改为民用，不能改为民用的采取军民合用的办法，支援国家和地方的经济建设，保证国家集中力量把经济建设搞上去。

服从国家建设大局是当时历史条件的客观要求 “文化大革命”结束后，我国可以说是百业待兴，人们最基本的衣、食、住、行都难以满足。所以，邓小平同志提出要以经济建设为中心，要先把经济搞上去。实践也进一步证明，在当时的历史条件下，这个战略抉择极大地促进了我国经济建设和社会的持续高速发展，取得了举世瞩目的辉煌成就，解决了十三亿人口的温饱问题。

军队和国防建设要与国家经济建设协调发展 经济建设是国家发展的需要，国防建设是国家安全的需要，两者都反映了国家的根本利益，不可偏废。经济建设是国防建设的基础和前提，经济不发展，国防就难强固，必须坚持以经济建设为中心；国防建设是经济建设的安全保障，国无防就不安，必须在集中力量进行经济建设的同时，加强国防建设。所以，我们既不能片面地强调国防和军队建设，也不能片面地强调经济建设，一定要使两者互相促进，协调发展。

（三）军队要担当起维护国家主权和安全的历史责任

维护国家的主权和安全，是新时期我军的神圣职责和历史使命。确定新时期军队建设的正确原则和方向，必须牢记我军的职责和使命。为此，邓小平强调国家的主权和安全要始终放在第一位，强调建设有中国特色社会主义需要坚强有力的安全保障，强调我军是人民民主专政的坚强柱石，是建设有中国特色社会主义的重要力量，肩负着捍卫国家主权、统一、领土完整和安全，为国家的改革开放和现代化建设创造一个和平、稳定的安全环境的艰巨任务。

国家的主权和安全要始终放在第一位。主权与安全，是国家生存和发展的基础。在新的历史条件下，邓小平指出：“国家的主权、国家的安全要始终放在第一位，对这一点我们比过去更清楚了。”[①]这是邓小平关于新时期国家安全问题最具代表性的精辟论断，是他关于国家安全问题的一贯思想。

---

① 邓小平文选．3卷．人民出版社，1993，348。

在新的历史条件下，经济建设成为党和国家的中心工作，成为整个国家建设的大局。党和国家能够以经济建设为中心，一个重要的原因是有比较安全这个先决条件。中国的主权和安全尤其珍贵。当前，无论是我国的安全利益，还是发展利益，都面临不同程度和不同性质的威胁。西方敌对势力不希望看到中国健康快速发展，希望中国乱和变，不断采用遏制、制裁等手段对我国施加压力，干扰我国的经济建设，阻碍我国的经济发展；我国国内也有少数敌对分子企图闹事，搞分裂。在这种情况下，如果不把国家安全放在第一位，人民民主专政的政权就会不稳，团结统一的多民族国家就会出现四分五裂的局面，独立自主的人民共和国就有可能沦为西方资本主义世界的附庸，充满希望的中国社会主义现代化事业就可能夭折，现阶段国家的根本利益就会受到极大危害。所以，不论是从国家的安全利益还是从国家的发展利益看，我国都必须把国家的主权和安全放在第一位。

加强军队和国防建设，是国家安全和现代化建设的基本保证。一个国家安全、稳定的环境关系到国家的生存和发展，是我国改革开放和经济建设的先决条件。而强大的军队则是国家安全、稳定的可靠保障和坚强支柱。要保卫社会主义祖国，保卫人民的和平劳动，抵御国际敌对势力的入侵，防范国内敌对分子的颠覆，维护国家统一和社会稳定，推进现代化建设事业的发展，不能没有一支强大的军队。要使我国在未来世界战略格局中居于主动地位，能自立于世界民族之林，同样不能没有一支强大的军队。没有一支强大的军队，便没有人民的一切。过去如此，现在仍然如此，将来也是如此。

（四）实行积极防御的军事战略方针

军事战略方针是党和国家在一定时期内规定的战争准备与战争实施需达到的总目标和应遵循的指针。在新的历史条件下，邓小平把毛泽东积极防御战略思想与我国所面临的军事斗争相结合，确立了新时期积极防御的战略方针和现代条件下人民战争的战略思想。这是指导和统揽新时期军事斗争和军队建设的根本方针，为我们认识和解决新的历史条件下各种重大军事问题，提高军事斗争艺术和战略指导水平指明了方向。

我国新时期军事战略方针仍然是积极防御。实行积极防御的军事战略方针，是我军一贯传统。尽管在不同历史时期，我军的战略方针进行了多次调整，但积极防御始终是我军军事战略的本质和核心。

20 世纪 70 年代和 80 年代初，面对新的国际国内形势，邓小平重新审视军事战略方针问题，明确指出："我们未来的反侵略战争，究竟采取什么方针？我赞成就是'积极防御'四个字。"①邓小平这一论断基于以下考虑：一是我国国家性质和对外

① 邓小平关于新时期军队建设论述选编. 八一出版社，1993，44。

政策决定了新时期仍要坚持积极防御战略方针；二是积极防御战略思想的强大生命力决定了新时期仍要坚持积极防御战略方针；三是新时期军队建设和军事斗争准备的客观需要决定了仍要坚持积极防御战略方针。只有坚持积极防御战略方针，才能实现新时期军事斗争的战略目标和战略任务。在新时期，党和国家赋予军队的目标和任务是为国家改革开放和经济建设提供坚强有力的安全保证。要完成这一任务，必须实行积极防御的军事战略方针。

新时期积极防御战略方针有新的历史内涵。邓小平关于新时期的积极防御军事战略方针，建立在毛泽东积极防御战略思想基础之上，内容十分丰富。主要包括：一是做好战争准备。邓小平在主持军委工作期间，明确了新时期军事斗争准备的战略任务，提出新时期战争准备的新思路。二是坚持自卫立场，实行后发制人。邓小平在指导新时期的军事斗争特别是在指导自卫还击作战中，创造性地运用后发制人的思想，进一步丰富和发展了积极防御战略思想。三是寓攻于防，攻防结合。邓小平结合新的历史条件下的军事斗争的实际，对寓攻于防、攻防结合的实质作出进一步解释。他指出："积极防御本身就不只是一个防御，防御中有进攻。"[①]在指导新时期军事斗争的实践中，邓小平对这一思想进行创造性运用，在战略指导上充分体现了积极性与防御性的高度统一。四是对待强敌，持久作战。这是弱军战胜强敌的一个重要指导思想，也是积极防御战略思想的一个基本精神。正如邓小平所指出的："既然是积极防御，本身就包括持久作战。"[②]我国是一个大国，既有坚持长期战争的辽阔战场和雄厚的战争潜力，又有进行持久作战的传统以及和平时期的充分准备。任何强大敌人要想对我国动手，只要我们把它拖进持久战之中，最后胜利就是属于我们的。五是灵活运用兵力和战法。邓小平曾经说过，我们的战略问题不能太死，我们军队的好处就是活。这个"活"字，在毛泽东积极防御战略思想的运用上表现得尤为充分。在指导未来军事斗争时，我们着眼于战争的特点和发展，努力在"活"字上做文章。其中，包括灵活选择作战样式，灵活地运用各种作战手段，灵活运用战法，灵活地机动兵力和火力。只有这样，才能做到有理、有利、有节，在战略指导上既坚决又灵活。

坚持积极防御的战略方针，必须坚持现代条件下人民战争的战略思想。坚持人民战争，适合中国的实际情况，是我们拥有的真正优势和力量所在。邓小平指出："我们的战略是毛主席制定的，毛主席的战略就是人民战争，现在我们还是坚持人民战争。虽然战争样式、规模、地点、武器装备等方面和过去相比发生了变化，但坚持积极防御军事战略，最基本的还是依靠人民战争。"[③]坚持人民战争，适合中国的实际情况，是我们拥有的真正力量所在，是我们克敌制胜的法宝。第一，我们坚

① 邓小平关于新时期军队建设论述选编. 八一出版社，1993，44。
② 邓小平关于新时期军队建设论述选编. 八一出版社，1993，48。
③ 邓小平关于新时期军队建设论述选编. 八一出版社，1993，46。

持的是自卫立场，立足于维护世界和平与维护国家利益这个基本点上，正义属于我们。第二，中国地域辽阔，人口众多，敌人要占领我们的国家，消灭我们的人民，是根本不可能的。第三，中国有一支由人民解放军、武装警察部队和广大民兵组成的强大武装力量。三种武装力量相结合，必将产生巨大的整体效应和整体优势。第四，我们具有人民战争的光荣传统和丰富经验。深厚的人民战争潜力，绝不是现代化装备所能替代的，是任何强大敌人不敢贸然入侵中国的重要原因。富有人民战争传统和经验的中国人民，完全可以继续依靠人民，赢得未来反侵略战争的胜利。

坚持人民战争，必须研究现代条件下的人民战争，发展人民战争的理论。当代高新技术的迅猛发展，世界军事领域的深刻变革，使战争形态、作战方式、作战空间时间等都发生了很大变化，人民战争也面临着许多新情况、新问题。现在的人民战争与过去相比，对象不同，装备不同，手段不同，条件不同，所表现的形式也不同。在高技术条件下，我们不仅要坚持人民战争，而且要创造性地发展人民战争，使人民战争理论和实践产生新的飞跃。

（五）建设一支强大的现代化正规化的革命军队

建设一支强大的现代化正规化革命军队，是新时期我军建设的总目标，是军队建设由低级阶段向高级阶段发展的历史必然。革命化是现代化、正规化的灵魂；现代化为革命化和正规化规定了具体的任务和落脚点，规定了检验标准；正规化是革命化和现代化的重要保证。革命化、现代化、正规化是辩证统一的，三者相互依赖，互相促进，缺一不可。

要始终不渝地坚持人民军队的性质 军队的性质是指军队的阶级属性。我军是共产党领导下的无产阶级性质的人民军队。军队革命化，从根本上体现了我军这一性质。建设一支强大的现代化、正规化革命军队，必须把革命化建设放在第一位，始终不渝地坚持人民军队的性质。这是关系军队建设全局，决定军队发展方向的根本问题。新的历史时期，军队建设的大环境已经出现前所未有的深刻变化。既给军队建设增添了新活力，又给军队建设带来了新的考验。处在这样的大背景下，邓小平以高度的政治敏锐性，深刻揭示了人民军队性质的科学含义，明确指出："我确信，我们的军队能够始终不渝地坚持自己的性质。这个性质是，党的军队，人民的军队，社会主义国家的军队。这与世界各国的军队不同。就是与别的社会主义国家的军队也不同。因为他们的军队与我们的军队的经历不同。我们的军队要始终忠于党，忠于人民，忠于国家，忠于社会主义。我确信，我们的军队能够做到这一点，几十年的考验证明军队能够履行自己的责任。"①邓小平正是紧紧抓住这一根本问题，提出了关于新时期我军革命化建设的思想。坚持人民军队的性质，做到政治上永远合格，

① 邓小平文选，3卷．人民出版社，1993，334。

这是贯穿于邓小平新时期军队建设思想中的基本精神，也是新时期军队革命化建设的根本出发点和落脚点。

现代化是军队三化建设的中心 以现代化建设为中心，是邓小平新时期军队建设思想的重要内容，是新时期军队建设的根本方针。邓小平多次强调，谋划军队建设全局，“指导思想要明确，就是要解决现代化问题”。以现代化为中心，是邓小平高瞻远瞩做出的重大决策。它反映了我军建设的客观规律。其主要目标是实现军事人才、武器装备、体制编制和军事理论的现代化。

一是大力培养现代化的军事人才。军队现代化建设是一项宏大的系统工程。其基础和关键，是培养现代化军事人才。在新的历史条件下，邓小平深刻阐明了培养现代军事人才的极端重要性，指出：“人才是现代化建设的关键，是建军之本。不造就一大批现代化的军事人才，就谈不上军队现代化。”二是武器装备现代化是军队现代化的主要标志。武器装备是军队战斗力的物质基础，是决定战争胜负的重要因素。邓小平指出，我们一定要在国民经济不断发展的基础上，改善武器装备，加速国防现代化。三是科学的体制编制是军队现代化建设的重要方面。建立科学的体制编制，是军队现代化建设的一项重要内容，是实现军队整体优化和建立高效运行机制的基础，是提高战斗力的重要环节。四是先进的军事理论，能够揭示战争的特点和规律，从而使我们正确认识和运用军事规律，把握军队发展的趋势，正确选择军队建设的目标和途径。五是现代科学技术是军队和国防现代化的根本动力。现代社会科学技术发展很快，新科技成果往往最先应用于军事领域。高科技正在广泛渗透于战斗力诸要素之中，对战斗力的生成和发展起着越来越重要的作用，是军队现代化最重要的增长点和倍增器，是现代化建设的根本推动力，没有科学技术的现代化，也就不可能实现军队建设的现代化。

提高军队正规化建设水平 正规化建设是军队建设的重要方面，主要是军队的组织、管理和军制等规范化建设。通过正规化建设，实现军队的高度集中统一。正规化建设的主要内容：坚持依法治军，加强组织纪律，加强管理；全面建立战备、工作、生活等正常秩序；建立适应现代战争要求的科学体制编制，使部队适应未来作战任务、武器装备发展、部队训练和管理的需要；强化体制编制的科学性和权威性等。

正规化建设是军队发展的客观要求，也是军队建设向高级阶段发展的重要标志。没有正规化，军队就不能形成一个整体，不能凝聚成强大的战斗力，也就不可能赢得战争的胜利。恩格斯指出：“任何一支由平民组成的军队，假如它得不到比较强大的正规军的巨大精神资源的陶冶和支持，就永远不会有战斗力。”①毛泽东等老一辈无产阶级革命家十分重视军队正规化建设，把它作为我军发展壮大的重要措施。

① 马克思恩格斯全集．15卷．战士出版社，1981，426。

邓小平对此进行了科学总结和高度概括，把它作为新时期我军建设总目标的一项重要内容提出来，并采取了一系列措施，大大提高了我军正规化建设水平。

（六）把教育训练提高到战略地位

把教育训练提高到战略地位，是邓小平关于新时期军队建设的突出思想和独到见解。它反复强调，把教育训练提高到战略地位，不是权宜之计，而是具有全局意识和战略远见之举，是和平时期军队建设的一个根本方针。

把教育训练提高到战略地位揭示了军队建设的客观规律 军队建设的根本目的在于提高战斗力，战斗力是军队的生命。而军队战斗力的生成主要有两条途径：一是战争实践，二是教育训练。战斗力生成途径的最佳选择受一定社会历史条件制约，这是不以人们的意志为转移的。在新的历史条件下，邓小平同志一再强调，我们的军队过去是在长期的战争环境中成长和发展起来的，现在不打仗，你根据什么来考验干部，用什么来提高干部，提高部队的素质，提高部队的战斗力。还不是要从教育训练着手，从我们自己的经验来讲，归根到底还是要靠教育训练。因此，要把军队的教育训练提高到战略地位，这是和平时期军队建设不能违背的客观规律。

和平时期提高部队的素质要从教育训练入手 邓小平之所以强调要把教育训练提高到战略地位，归根到底是因为这是解决现代战争的客观需要同我军现代化水平比较低的矛盾的正确选择，是提高我军战斗力的根本途径。特别是在不打仗的情况下，只有靠从难、从严、从实战出发进行严格的教育训练，才能提高军队素质，提高军队战斗力。

提高部队的素质必须从加强诸军兵种的合成训练入手 邓小平指出：“现在合成军队作战，空中也有，地面也有，水里也有，不是过去的小米加步枪了。”①现代作战，已逐步发展成为诸军兵种在陆、海、空、天、电磁等多个战场、多个领域、以多种作战手段进行的整体较量，单凭哪一个军兵种都将无法赢得战争的胜利。要形成整体作战的能力，军种之间、兵种之间，仅仅依靠编成是不可以完全解决问题的，编成只是合成的基础，编起来了，未必能够“合”得起来。解决这个“合”的问题，要靠教育训练。况且是否编得合理，也要靠教育训练来检验。所以，加强诸军兵种合成训练，体现了现代战争的基本特征，反映了现代战争对教育训练的客观要求，是提高部队素质、提高战斗力的重要途径。

办好院校是落实教育训练战略地位的重要环节 要加强军队的教育训练，“一个方面是部队本身要提倡苦学苦练”，“军队好的传统、好的作风，也要从苦练当中恢复和培养起来”；“另一个方面通过办学校解决干部问题”，“把更多的干部放到学校去训练。”②邓小平指出：“过去是在战争中训练，从战争中学习，而且那个学习

---

① 邓小平文选．2卷．人民出版社，1994，21。

② 邓小平文选．2卷．人民出版社，1994，60～61。

是最过硬的。但是现在，即使有战争，不经学习也不行，因为装备不同了，指挥现代化战争需要多方面的知识。”①这里，邓小平把办好院校作为加强军队特别是干部教育训练的重要环节。

军队院校是培养干部的重要基地。邓小平提出，学校要“训练干部，选拔干部，推荐干部。用形象化的语言说，就是各级学校的本身要起到集体政治部的作用，或者说起到集体干部的作用。”②邓小平赋予军队院校选拔干部、训练干部、推荐干部的职能，使我军干部的生长、晋升途径发生重大变化。这表明军队院校的职能从传统的训练干部扩大为选拔干部、训练干部、推荐干部；表明军队院校的责任不仅要培养部队当前需要的人才，而且要培养出一代接一代的无产阶级革命事业接班人。

（七）走有中国特色的精兵之路

走精兵之路是我军建设的根本方针。军队战斗力的生成与发展，包括数量与质量两个方面。现代高技术广泛运用于军事领域的一个必然结果，就是人与武器装备在结构关系上发生变化：军队员额的作用下降，武器装备的作用上升。对战斗力形成乃至战争结局，军队质量要素显得越来越重要，越来越突出，起来越具有决定性意义。邓小平强调：“质量问题是影响战争胜败的问题。只讲数量，不讲质量，会耽误大事，要正确处理数量和质量的关系，要把质量建设作为军队建设的根本方针，长期坚持下去。”③

注重质量建设要贯彻精兵、利器、合成、高效的原则 兵贵精，不贵多，精兵为古今中外治军之道。冷战结束后，世界各国调整建军方针，为争夺21世纪战略优势，普遍注重军队质量建设。表现为军队从人力密集型转向技术密集型，通过提高质量增强军事实力。我国地域辽阔，科技水平从总体上讲与发达国家还有较大的差距，需要把军队数量保持在适当的水平上，但也必须适应世界潮流，注重质量建设，适当减少数量，优化结构，提高效能，坚持科技强军，使我军由人力密集型向技术密集型转变，由数量规模型向质量效能型转变，在精兵、利器、合成、高效上下工夫，不断增强总体实力。

科技强军 科学技术对加强军队质量建设有着非常重要的作用。一支军队质量水平的高低，主要体现在人员素质、武器装备、体制编制、教育训练、军事理论这几方面，而科学技术在这几方面中，都能起到巨大的作用。武器装备的发展过程，直接依赖于军事科技的发展。武器装备的“代差”，实际是军事科技在发展过程中留下的“脚印”。在现代军人素质中，现代军事科技素质是最关键的，只有掌握现代科技知识，才能得心应手地驾驭现代战争。科学技术不仅是第一生产力，也是第一战斗力。

---

① 邓小平文选．2卷．人民出版社，1994，289。
② 邓小平文选．2卷．人民出版社，1994，62。
③ 邓小平关于新时期军队建设论述选编．八一出版社，1993，104。

科技强军是实现我军“两个根本转变”的关键。邓小平的科技强军思想，旨在以科学技术推动军队现代化建设，实现打赢未来反侵略战争的目的。这是新时期军队建设要注重质量建设的关键所在。人类正进入高技术时代，在这个时代，科技兴则国家兴、国防兴；科技强则国力强、军队强。换言之，当今时代，国防兴衰，军队战斗力强弱，将集中体现在国防和军队的现代化程度上，体现在国防和军队的高科技含量上。

（八）国防建设是全党和全国人民的事业

国防是国家的基本保证。加强国防建设，关系到国家安危，关系到社会主义现代化建设的成败，关系到国家的最高利益和广大人民群众的根本利益，是全党和全国各族人民的事业。

独立自主的国防是主权国家的重要标志　维护国家的主权和安全，在整个国家利益中占有重要地位。安全，是一个国家生存和发展的先决条件，是一个国家最基本的利益。确保国家安全，是一个主权国家在国际舞台上作为独立的利益主体所必须具有的基本条件和根本标志。发展，也是国家的重要利益，但任何发展都必须建立在国家安全的基础之上。没有安全保障的国家不会有独立的主权，也就谈不上发展。从这个意义来说，国防，是立国的基础，是国家主权的象征，是国家生存和发展的安全保障。

开展全民国防教育是加强国防建设的重要措施　国防观念是国防建设的社会思想基础。深入持久地开展全民国防教育，是加强国防建设的重要举措之一。没有深入持久的全民国防教育，就不可能增强全民国防观念，也就不可能坚持全民办国防的根本方针。

国防事业是全党、全军和全国人民的事业，要巩固和发展这一伟大事业，必须广泛发动广大人民群众，积极关心、参与和支持这一事业，并将其变为一种自觉的行动。因此，要动员全党和全国人民关心、参与和支持国防建设，除了国家在政策上要给予指导和保障外，主要还是要靠通过深入持久的国防教育来提高全民国防观念。新时期国防教育，其实质和中心内容是爱国主义和革命英雄主义的教育，是民族精神和民族气节教育，是在全体人民中唤起国家主人翁的责任感、使命感的教育。

国防教育是一项宏大的社会工程，新时期国防教育需要根据形势的发展而发展，形成具有中国特色的“国家、军队、社会、学校和家庭”五位一体的国防教育网络，不断创造出行之有效的教育形式和教育手段，使国防教育生动、活泼，为广大人民群众喜闻乐见。只有这样才能使国防教育广泛、深入、持久地开展下去。

建设有效的国防动员体制和强大的国防后备力量　要想赢得未来反侵略战争，一个条件是国家综合国力要强，应付战争的潜力要雄厚；另一个条件是战争动员要快，能迅速从和平状态转入战争状态，适时、足够以至于最大限度地把已经具备的战争潜力转化为战争的现实力量。建立有效的国防动员体制对我国的国防现代化建设具有十分重要的意义。邓小平指出，军队“平时的组成要同战时结合……要制订出动员方案”，“平时多养兵不合算，不需要这么多兵”，“如果把动员方案制订好，战时指定哪些地方补充……就可以减少军队兵员数量。”[①]邓小平这一论述指出了新时期国防建设一条重要的原则，即寓兵于民，平时少养兵，战时多出兵。要做到这一点，就必须建立有效的国防动员体制。

坚持全民办国防的方针，需要建设强大的国防后备力量。常备军和后备力量是构成现代国防的两大基本要素。常备军是实施国防武装力量的主体和骨干，后备力量是基础。就一般意义而言，进行高技术条件人民战争，必须以常备军为骨干，以后备力量和人民群众为基础。没有常备军或是没有强大后备力量的国防，都是不完整的国防，都不算是强大的国防。

我国是一个幅员辽阔、边境线和海岸线长、周边环境复杂的大国，又处在经济相对落后的社会主义初级阶段，存在着“兵少则不足其卫，兵多则不胜其养”的矛盾。为了解决这一矛盾，为了打赢现代化条件特别是高技术条件的局部战争，我们必须在建设一支精干的常备军的同时，努力建设一支数量充足、质量较高、动员迅速、机制完善的强大后备军。

邓小平新时期军队建设思想八个方面的内容，系统地回答了新的历史条件下军队和国防建设的一系列重大问题，反映了新时期军队和国防建设及军事斗争准备的基本规律。这些内容有着自身的内在联系和逻辑结构，形成一个科学的理论体系。贯穿其中的思想精髓，就是解放思想，实事求是，这是毛泽东思想活的灵魂在新的历史条件下的具体运用。学习邓小平新时期军队建设思想，最主要的是要深刻领会这一思想精髓。正如邓小平所指出的：“实践是检验真理的唯一标准。我读的书并不多，就是一条，相信毛主席讲的实事求是。过去我们打仗靠这个，现在搞建设、搞改革也靠这个。”

二、邓小平新时期军队建设思想的地位作用

邓小平新时期军队建设思想的形成奠定了新时期中国军事理论的基础，在中国当代军事思想中起着承前启后的作用。实践证明，它符合我国国情和军情，反映了新时期中国国防和军队建设的基本规律，是中国新时期国防及军队建设的行动纲领和指南。

（一）邓小平新时期军队建设思想是马克思主义军事理论与当代中国实际和时代特征相结合的历史产物

邓小平新时期军队建设思想的产生，不是偶然的，根本原因在于我国国防与军队建设所处的历史条件发生了新变化。

① 邓小平关于新时期军队建设论述选编．八一出版社，1993，78。

一是国际环境的新变化。主要是战争与革命的时代主题在特定的历史条件下转换为和平与发展的时代主题。围绕时代主题的变化，世界基本矛盾运动出现新的力量组合和新的斗争焦点。对我军新时期国防和军队建设提出了新的挑战，也提供了新的机遇。

二是国内环境的新变化。以党的十一届三中全会为标志，党和国家工作重心转移到社会主义建设上，以经济建设为中心，坚持四项基本原则，实行改革开放，建立社会主义市场经济，走有中国特色的社会主义道路，进一步解放和发展生产力。党领导全党全军全国各族人民自力更生，艰苦创业，为把我国建设成为富强、民主、文明的社会主义现代化强国而奋斗。这些对国防与军队建设提出了新的更高要求。

三是军队建设自身特点的新变化。邓小平重新主持军队工作后，我军逐步进入建军史上从未有过的发展阶段，他提出了以现代化为中心的国防与军队建设目标、任务，以及国防和军队建设指导思想实施战略性转变等一系列重要建军思想，从此军队建设走上了新的征途，步入了新的发展轨道。邓小平新时期军队建设思想正是在这样时代背景下，顺应时代要求逐步形成和发展起来的。

（二）邓小平新时期军队建设思想是毛泽东军事思想在新的历史条件下的继承和发展

邓小平作为我们党第一代领导集体的重要成员，对毛泽东军事思想的形成与发展做出过重大贡献。作为党第二代领导集体的核心，邓小平适应新时期国防与军队建设的客观需要，以大胆创新的精神和求真务实的态度，运用马列主义军事理论，毛泽东军事思想的立场、观点和方法，研究新情况，解决新问题，提出了一系列关于新时期国防与军队建设的基本理论、方针和原则，揭示了新时期国防与军队建设的基本规律，为创立邓小平新时期军队建设思想做出了重大贡献，丰富和发展了毛泽东军事思想。

专栏 2-8 发展了的毛泽东军事思想

对待毛泽东军事思想，一要继承，二要发展。把继承和发展统一起来，是邓小平同志一贯倡导和坚持的科学态度，也是邓小平新时期军队建设思想的显著特点和风格。结合新的条件，邓小平同志始终不渝地坚持毛泽东同志关于人民军队的建军原则，关于人民战争的战略思想，关于依靠人民建设现代国防的根本方针；始终不渝地坚持自井冈山以来毛泽东同志所树立的一整套好的制度、传统和作风；始终不渝地坚持运用毛泽东军事思想的立场、观点和方法，科学回答和解决当代军事实践所提出的历史性课题，领导全党全军开拓军队和国防现代化的建设道路。邓小平新时期军队建设思想，是毛泽东军事思想同新的历史条件相结合的必然产物，是发展了的毛泽东军事思想。

——邓小平、江泽民、胡锦涛国防与军队建设理论资料

（三）邓小平新时期军队建设思想是邓小平理论的重要组成部分

邓小平新时期军队建设思想，就是邓小平理论与新时期中国军队建设实际相结合的产物，是邓小平理论在国防和军队建设实际中的应用。其一，解放思想，实事求是，是邓小平理论的精髓，也是邓小平新时期军队建设思想的理论基础。其二，和平与发展是时代主题的理论，既是邓小平理论的一块重要理论基石，是我们正确认识国际战略环境，做出一系列战略决策的重要依据，同时，也是邓小平新时期军队建设思想的重要内容。其三，“一个中心，两个基本点”的基本路线，是邓小平理论的核心，而正是这一点构成了邓小平新时期军队建设思想的灵魂，规定了我军以现代化建设为中心，建设一支强大的现代化、正规化革命军队的总目标，并强调在服从国家经济建设大局的同时积极搞好自身建设。

第五节　江泽民国防与军队建设思想

江泽民国防与军队建设思想是江泽民关于中国国防和军事领域一切重大问题的系统化的理性认识，是对毛泽东军事思想和邓小平新时期军队建设思想的继承和发展，是指导新时期中国国防和军队建设的根本依据。

一、江泽民国防与军队建设思想的主要内容

江泽民国防和军队建设思想从“三个代表”的高度，着眼新的形势和任务，总结新形势下国防和军队建设的基本经验，对国防和军队建设提出新的要求，做出新的部署，形成了自己的科学理论体系。这一科学体系的主要内容包括：① 从国际关系全局和国家发展大局思考国防和军队建设问题；② 始终不渝地坚持党对军队的绝对领导；③ 建设一支政治合格、军事过硬、作风优良、纪律严明、保障有力的战斗力很强的人民军队；④ 确立新时期积极防御的军事战略方针，立足打赢高技术局部战争；⑤ 坚持和发展人民战争的战略思想和作战方法；⑥ 把思想政治建设摆在全军各项建设的首位；⑦ 确立科技强军战略，进一步加强军队质量建设；⑧ 集中力量把我军武器装备特别是“杀手锏”装备搞上去；⑨ 把培养和造就大批高素质新型军事人才作为一项刻不容缓的战略任务；⑩ 努力完成机械化和信息化建设的双重任务，实现军队现代化的跨越式发展；⑪ 走出一条投入较少、效益较高的军队现代化建设路子；⑫ 依法从严治军；⑬ 在继承优良传统的基础上大胆改革创新。

本节围绕“打得赢、不变质”这一思想主线，着重阐述下面三个问题。

（一）围绕“不变质”提出坚持党对军队的绝对领导，要求把思想政治建设摆在全军各项建设的首位

“不变质”的问题，是江泽民同志始终最为关注的首要问题。坚持党对军队的绝对领导，也是我们取得革命战争胜利的重要法宝，毛泽东讲：“要党指挥枪，绝不能枪指挥党。”江泽民强调，坚持党对军队的绝对领导，是我们永远不变的军魂，同时要把思想政治建设摆在全军各项建设的首位。他提出这样的要求也是由当时的国际国内形势决定的。

从当时的国际形势看，社会主义阵营解体，军队纷纷实行非党化。在美国策划和主导下，20 世纪 80 年代末、90 年代初，世界上出现了一股以推行“多党制”和实行“军队国家化、军队非党化”为主要标志的“民主化”浪潮。在这一浪潮的冲击下，相继出现了苏联解体、东欧剧变和“颜色革命”等，一些执政党丢失政权。“民主化”浪潮为什么能迅速蔓延并引发政权更替？其中，一个重要原因，如江泽民总结的那样，“这些国家的军队最后不服从党的领导。”

从当时的国内形势看，改革开放不断深入，社会主义市场经济逐步建立，国内出现了军队国家化，军队非党化，军队非政治化思潮。关于军队非党化的后果，俄罗斯军队给我们提供了例证，它一味效仿西方模式，急于将军队全盘西化，特别是全面实行“军队非党化”、“军队非政治化”，结果是军队丧失政治方向，官兵失去精神支柱，军队在国家政治生活中被边缘化，导致部队士气低落、军心涣散、军队凝聚力和战斗力急剧下降。这一深刻教训对我们是一个警示。失去军魂，没有正确的政治方向，没有坚强有力的思想政治建设，既搞不好军队建设，也搞不好军事改革，更重要的是，给国家的安全和发展带来严重损害。

正是在上述国际国内背景下，江泽民提出要坚持党对军队的绝对领导。坚持党对军队的绝对领导就是要高举邓小平理论伟大旗帜，全面贯彻“三个代表”重要思想，紧密团结在党中央周围，确保党的路线、方针、政策在军队的贯彻落实，确保军队在任何时候任何情况下都坚决听从党中央的指挥。在这一点上，人民解放军始终做到了让党放心，让人民放心，党指挥到哪里军队就到哪里，哪里有危险哪里就有人民解放军。

（二）围绕“打得赢”提出贯彻积极防御的军事战略方针，提高高技术条件下的防卫作战能力

“打得赢”问题，江泽民始终高度重视。1990 年 12 月，江泽民指出：“军事战略归根结底是治国之道。任何一个国家，要治理好国家，军事不搞好是绝对不行的。因为军事战略必须跟整个国家的经济、政治、外交密切协调。如果军事战略错了，损失

是很大的。”1991 年，海湾战争爆发，江泽民及时指出：“从海湾战争可以看出，现代战争正在成为高技术战争，成为立体战、电子战、导弹战，技术落后就意味着被动挨打。我们要研究先发展什么，后发展什么，怎么发展，要有一个规划。”①

1993 年江泽民同志主持制定了新时期积极防御的军事战略方针。新时期军事战略方针主要包含三方面内容：一是坚定不移而又与时俱进地坚持积极防御的战略思想。江泽民指出：“积极防御这个方针应该说是我们的传家宝，要全面系统地学习，要完整准确地理解，要坚定不移地贯彻。同时，随着形势的变化，还应实事求是地继承和发展。”他认为，积极防御的军事战略方针是根据我国社会主义制度的性质和维护国家安全的需要制定的，同时能够适应新形势下我国安全环境和军事斗争任务发生的重大变化。二是立足打赢高技术局部战争。军事斗争准备的基点由应付一般条件下的局部战争转到打赢现代技术特别是高技术条件下的局部战争上来。明确了新形势下我军军事斗争准备的目标和任务，抓住了我军建设的主要矛盾，正确解决了我军建设和发展的方向问题。三是研究高技术条件下人民战争的战略思想和作战方法。江泽民认为，应付高技术局部战争，我们真正的优势还是人民战争。关键要着眼于高技术局部战争的特点，深入研究和积极探索高技术条件下人民战争的指导规律。要求我们要完善国防动员体制，加强民兵和预备役部队建设，发展高技术条件下人民战争的战略战术。

（三）围绕“打得赢”，实施科技强军战略，实现我军现代化的跨越式发展

如何适应世界新军事变革的发展趋势，从我国国情和军情出发，推进中国特色的军事变革，建设一支能够打赢未来信息化战争的现代化、正规化革命军队，是摆在我们面前的一项重大战略任务。

江泽民关于国防和军队现代化建设的宏观构想是：“实施一个战略，解决一个主要矛盾，实现两个根本性转变，完成双重历史任务，实现一个战略构想。”这个构想，既从我国、我军的实际出发，又体现了面向世界、面向未来的特征；既强调我国、我军特色，又尊重世界军事发展的客观规律，重视世界军事发展的潮流。

专栏 2-9　江泽民关于国防和军队现代化建设的宏观构想

实施一个战略——科技强军战略。

解决一个主要矛盾——现代化水平与现代战争需要不相适应的矛盾。

实现两个根本性转变——在军事斗争准备上，由应付一般条件下局部战争向打赢现代技术特别是高技术条件下局部战争转变；在军队建设上，由数量规模型向质量效能型转变、由人力密集型向科技密集型转变。

① 江泽民文选。

完成双重历史任务——机械化和信息化建设，努力争取我军现代化的跨越式发展。

实现一个战略构想——党的“十五大”做出了用下个世纪前五十年时间分三个阶段实现国家现代化的战略部署，国防和军队现代化建设作为国家现代化建设的一个重要组成部分，必须与国家经济建设协调发展。

——根据《江泽民文选》的有关内容整理

二、江泽民国防与军队建设思想的地位作用

江泽民国防和军队建设思想是江泽民同志根据国内国际形势的变化，经过深入的调查研究适时提出的关于我国国防和军队建设的科学理论体系，是以江泽民同志为核心的第三代领导集体继承和发展毛泽东军事思想及邓小平新时期军队建设思想的集中体现，是党的第三代领导集体智慧的结晶。

（一）江泽民国防与军队建设思想是马列主义军事理论、毛泽东军事思想、邓小平新时期军队建设思想在新形势下的继承与发展

以江泽民为核心的第三代领导集体所面临的客观形势，与以邓小平为核心的第二代领导集体所处的客观形势相比较，既有一致之处，又有新的变化，这就从客观上决定了江泽民国防与军队建设思想，既要坚持、运用邓小平新时期军队建设思想，又必须不断丰富和发展马列主义军事理论、毛泽东军事思想、邓小平新时期军队建设思想。第一，江泽民强调“必须以毛泽东军事思想和邓小平新时期军队建设思想为根本指导”，“必须按照邓小平同志关于新时期军队建设的思想”来加强军队建设。第二，江泽民系统论述了邓小平新时期军队建设思想的基本内容。第三，江泽民在论述国防与军队建设的任何问题时，十分注意结合新情况、新问题，正确运用马列主义军事理论、毛泽东军事思想和邓小平新时期军队建设思想的立场、观点和方法，从而使国防和军队建设不断在继往开来中发展前进。第四，江泽民始终坚持解放思想、实事求是、与时俱进，根据变化的新情况、新问题，提出具有鲜明指导意义的新概括、新观点，从而不断丰富和发展马列主义军事理论、毛泽东军事思想和邓小平新时期军队建设思想。

（二）江泽民国防与军队建设思想，深刻揭示了和平时期建军治军的特点和规律

纵观20世纪80年代末以来的客观形势，尽管时代主题、基本国情仍然保持基本稳定，但国际战略格局发生了深刻的变化，社会主义经济体制改革和对外开放的深度和广度也有很大发展，现代技术特别是高技术条件下的局部战争已成为现实的威胁。这种新形势对我们国家和军队建设，既带来机遇，也带来挑战。这些机遇和

挑战互相影响、互相制约，使军队建设呈现许多新特点、新规律。江泽民国防与军队建设思想正是建立在这些特点和规律之上的，是对这些特点和规律的正确反映，是符合这些特点和规律的正确的指导规律。他提出了继续深入贯彻军队建设指导思想实行战略转变的思想，在服从国家建设大局的前提下，国防与军队现代化建设要以新时期军事战略方针统揽全局，坚持走有中国特色的精兵之路，贯彻科技强军战略，努力实现“两个根本性转变”，真正把“五句话”①的总要求落到实处。

（三）江泽民国防与军队建设思想是新形势下指导国防与军队建设的科学理论

理论的生命力来自实践。1989 年 11 月至 2004 年 9 月，江泽民担任军委主席期间，我国的国防与军队建设所处的历史条件发生了一系列重大变化，江泽民指出：“我们正处在新世纪交替的重要历史时期，我们面对的是一个充满矛盾和激烈竞争的世界”，“我们党正在带领全国人民向 21 世纪迈进，实现中华民族振兴的伟大历史任务，我军面临着新形势，部队建设的担子很重。”新的形势、新的情况和新的实践呼唤新的理论。江泽民同志着眼国际战略格局的变化，世界军事变革的挑战，我国安全形势的新情况，对台斗争的严峻形势，向我军提出了“打得赢”高技术局部战争的历史性课题；着眼国家进一步扩大开放，深化改革，发展社会主义市场经济，向我军提出了坚持人民军队的性质、本色、作风“不变质”的历史性课题。江泽民国防与军队建设思想，为新形势下国防与军队建设提供了科学的理论指导。

专栏 2-10　新形势下推进国防与军队建设的强大思想武器和科学指南

江泽民国防与军队建设思想，是江泽民在 20 世纪 90 年代和 21 世纪初针对时代发展变化，为指导国防和军队建设而提出的系统理论，是“三个代表”重要思想的重要组成部分，是党和军队集体智慧的结晶，是对毛泽东军事思想和邓小平新时期军队建设思想的继承和发展，进一步回答了新的历史条件下建设什么样的军队、怎样建设军队，未来打什么仗、怎样打仗的基本问题，是新形势下推进国防和军队建设的强大思想武器和科学指南。

——邓小平、江泽民、胡锦涛国防与军队建设理论资料

第六节　胡锦涛关于国防与军队建设的重要论述

21 世纪，中国的发展进入了新的重要的战略机遇期，胡锦涛同志以政治家和战略家的远见卓识与战略智慧，着眼时代特点，立足维护国家安全和发展利益的大局，依据国际国内环境的发展变化和新世纪新阶段国防与军队建设的客观实际，提出了关于加强国防与军队建设的一系列重要论述。

① 政治合格、军事过硬、作风优良、纪律严明、保障有力。

一、胡锦涛关于国防与军队建设重要论述的主要内容

胡锦涛关于国防与军队建设的重要论述，以邓小平理论和“三个代表”重要思想为指导，贯彻落实科学发展观。着眼新的形势和任务，总结国防和军队建设的特点规律，对国防和军队建设提出了新要求，做出了新部署。这些内容主要可以归纳为四个方面。① 加强军队思想政治建设，强化部队战斗精神：一是军队要大力加强思想政治建设；二是加强军队各级党委和部队党的先进性建设；三是强化战斗精神，树立敢打必胜的信心。② 认真履行使命，统筹军队全面建设，打赢信息化战争：一是认真履行新世纪新阶段军队的历史使命；二是坚持“五个统筹”，实现国防与军队建设可持续发展；三是加强军队全面建设，提高信息化作战能力；四是加强军事训练，提高部队应对危机和处置突发事件的能力；五是推进中国特色军事变革，加快军事创新。③ 弘扬求真务实精神，坚持依法从严治军：一是进一步增强求真务实的自觉性；二是坚持以人为本，把工作重心放在基层建设上；三是坚持依法从严治军。④ 坚持国防建设与经济建设协调发展：一是正确处理经济建设与国防建设的关系；二是要把国防建设融入现代化建设全局之中；三是要建设一支同我国地位相称和发展利益相适应的军事力量。

专栏 2-11　五个统筹

胡锦涛指出，为实现国防与军队建设可持续发展，要坚持“五个统筹”：统筹中国特色军事变革与军事斗争准备，统筹机械化建设与信息化建设，统筹诸军兵种作战能力建设，统筹当前建设与长远发展，统筹主要战略方向与其他战略方向。

——党中央、中央军委推进国防和军队建设科学发展．中国青年报，2007-08-07

上述四个方面的主要内容是一个有机的整体，是相辅相成的。本节重点介绍以下内容。

（一）从党和国家事业发展全局出发，着眼实现富国与强军的统一，明确提出了以科学发展观为指导，统筹国防建设与经济建设的协调发展

党的十七大报告中指出：“国防与军队建设，在中国特色社会主义事业总体布局中占有重要地位，必须站在国家安全和发展战略全局的高度，统筹经济建设和国防建设，在全面建设小康社会进程中实现富国与强军的统一。”胡锦涛在第十届全国人大三次会议解放军代表团全体会议上指出：“统筹好国防建设和经济建设的关系，是贯彻科学发展观的必然要求。”他强调：“要依托国家经济社会发展，把国防建设融入现代化建设全局之中，统筹国防资源与经济资源，注重国防经济和社会经济、军用技术与民用技术、军队人才和地方人才的兼容发展，进一步形成国防建设和经济建设相互促进、协调发展的良好局面。”如何形成这样良好的局面？

一是树立国防建设与经济建设协调发展的观念。针对国防建设和经济建设协调发展的内在规律，胡锦涛强调指出："从国家讲，要在经济发展的基础上，逐步增加国防投入，保障和促进国防和军队现代化建设。从军队讲，要坚决服从服务于国家经济社会发展的大局，自觉在大局下行动。"坚持这一思想就能实现我国经济社会发展和国防建设协调运行。国民经济发展了，国防现代化就有了物质技术基础；国防强大了，国民经济发展就有了安全保障。要完成这两大战略任务，正确处理好经济建设与国防建设的关系，必须牢固树立两者相互促进、协调发展的观念。

二是完善国防建设与经济建设协调发展的良性互动机制。建立完善的体制，协调国防建设与经济建设的关系。胡锦涛指出："要完善有利于统筹协调的体制机制。"当前，在国防建设与经济建设协调的过程中还存在着薄弱环节，直接影响到两者协调的效果。解决协调的问题，必须建立高层次的领导管理机构，在协调体制上形成权威性，在一些涉及国防建设和经济建设的重大战略问题上有高层次的部门或机构负责协调工作，从而使两者有机协调起来。正如胡锦涛指出的："把国防战略布局的完善与国家经济结构和地区经济布局调整结合起来"，"把国防科学技术研究纳入国家科学技术中长期发展规划。"这就是说，要把国家发展规划与军队的发展规划联系起来，真正形成协调发展的战略格局。

三是健全法规和政策，使国防建设与经济建设协调发展进入法制的轨道。胡锦涛指出："要建立相应的法规政策和军民通用技术标准。"要真正把国防建设与经济建设协调发展的方针落到实处，就要把这一指导思想贯彻落实到国防建设与经济建设实践中去。现行的《国防法》虽然对国防建设和经济建设协调的有关组织领导管理机制进行了宏观规定，但其中缺乏某些可操作性的条文以及与之相配套的法规。因此，要对基本法律中有关国防建设与经济建设协调发展的条文进行补充与完善，根据新情况和新问题制定具体的法规制度，使国防建设与经济建设的各个方面实现最大程度的协调发展，进而推进经济社会和国防建设全面、协调、可持续发展。

专栏 2-12　国防走"强"局

在追求"伟大复兴"的征途中，中国的执政者深谙"富国"和"强军"之间的内在逻辑。胡锦涛在十七大报告中提出，在全面建设小康社会进程中实现富国和强军的统一。"富国和强军的统一"，这一表述第一次出现在党代会的政治报告中。

纵观世界历史上那些曾经叱咤风云的大国的兴衰史，一条基本定律被反复印证：国富才能兵强，兵强才能安全，安全才能发展。当经济总量跃居世界第四，中国已具备了进一步强军的经济基础。同时，必须拥有一支强大的军事力量作战略支撑，才能更好地维护国家安全，从而保持经济建设的继续稳步推进。"富国"与"强军"，二者不可偏废。

因此，十七大报告不仅要求"统筹经济建设和国防建设"，而且首次写入"把科学发展观作为国防和军队建设的重要指导方针"。

“马放南山，刀枪入库”，是中国古人所追求的和平、安详生活的理想境界。但这一梦想，中国人从未实现过，世界历史上也没有哪个国家真正实现过。

当前的国际形势，虽然基本态势保持总体稳定，却也并非天下太平。就中国而言，传统和非传统安全问题交织。亚太地区安全的复杂因素在增加，中国与邻国的领土、领海争端仍未完全解决。

因此，从自身的安全角度出发，中国也必须使“国防和军队建设，在中国特色社会主义事业总体布局中占有重要地位。”

——中新社北京2008年10月19日电

（二）从军事斗争准备和军队建设发展全局出发，着眼实现党的意志、国家发展和人民利益，明确提出“三个提供，一个发挥”的历史使命

“三个提供，一个发挥”的历史使命，即新世纪新阶段军队要为党巩固执政地位提供重要的力量保证，为维护国家发展的重要战略机遇期提供坚强的安全保障，为维护国家利益提供有力的战略支撑，为维护世界和平促进共同发展发挥重要作用。其理论价值在于：

一是对军队地位作用的新概括。新的历史使命，既强调我军是巩固人民民主专政的坚强柱石，又要求我军为党巩固执政地位提供重要的力量保证；既强调我军是保卫社会主义祖国的钢铁长城，又要求我军为维护国家发展利益提供安全保障和战略支撑；既强调我军是建设社会主义的重要力量，又要求我军在维护世界和平与促进共同发展中发挥重要作用，进一步凸显了现阶段人民军队的特殊地位和作用。

二是对我军职能任务的新拓展。革命战争年代，我军的职能主要体现为“战斗队、工作队、生产队”。新时期我军主要担负“巩固国防、抵抗侵略、保卫祖国、保卫人民的和平劳动，参加国家建设事业”的重任。新的历史使命，把我军职能做了“四个延伸”，由维护传统领土、领海和领空安全，延伸到维护海洋、太空、电磁空间等领域的安全；由应对传统安全威胁，延伸到应对非传统安全威胁；由维护国家生存利益，延伸到维护国家发展利益；由维护国家改革发展稳定大局，延伸到在维护世界和平中发挥积极作用。这些都赋予了我军新的职责和任务，开辟了国防建设和军事发展的新领域。

三是对人民军队性质宗旨的新要求。在新的历史条件下，巩固党的执政地位成为人民根本利益的核心，国家的安全统一和发展是实现人民利益的重要保证，维护世界和平关系到国家和民族的长远利益。新的历史使命，集中体现了党的意志、国家发展和人民利益的高度一致性，对坚持人民军队的性质和全心全意为人民服务的宗旨提出了新的更高要求。

四是对军队建设目标方向的新定位。毛泽东在新中国成立不久，提出要把我军

建设成为一支优良的现代化革命军队。邓小平把建设一支强大的现代化、正规化革命军队，作为新时期我军建设的奋斗目标。江泽民提出建设信息化军队、打赢信息化战争的战略目标。胡锦涛着眼时代发展，提出要努力建设一支与我国地位相称和我国发展利益相适应的军事力量，进一步明确了新世纪新阶段我军建设发展的奋斗目标和努力方向。

总之，“三个提供，一个发挥”的历史使命，闪耀着马克思主义的理论光辉，充盈着治党治国治军的政治智慧，体现着与时俱进，求真务实的时代精神，作为党的军事指导理论的最新成果，为新世纪新阶段我军建设和发展提供了强大的思想武器。

（三）从民族复兴和时代发展需要出发，着眼发扬我军优良传统和政治优势，强化官兵精神支柱，对当代革命军人核心价值观做出科学概括

翻开人类历史的长卷，一个国家和民族的兴旺发达、繁荣昌盛，离不开强大的精神支撑；一支军队战无不胜、攻无不克，离不开崇高的价值追求。从我军建设发展的历史看，核心价值观始终是我军特有的传统和优势。新世纪新阶段，如何坚持我军在长期革命实践中形成的革命军人核心价值观，并赋予新的时代内涵，是摆在我们面前的一个重大课题。胡锦涛明确指出，当代革命军人核心价值观集中体现为“忠诚于党，热爱人民，报效国家，献身使命，崇尚荣誉。”要求全军作为思想政治建设的重要基础工程抓紧抓好，并对这五个方面做了系统阐述。

忠诚于党，就是要自觉坚持党对军队的绝对领导，高举中国特色社会主义伟大旗帜，坚定中国特色社会主义理想信念，任何时候任何情况下都坚决听党指挥。我们党是中国革命和建设的领导核心，我军是党缔造和领导的人民军队。忠诚于党，这是历史发展的必然，是由我军根本性质决定的，是实现中华民族伟大复兴的客观需要。胡锦涛关于忠诚于党的重要论述，从对党领导军队根本原则和制度的忠诚、对党的意志和主张的忠诚、对执行党的决策指示行动上的忠诚等方面，深刻揭示了当代革命军人忠诚于党的科学内涵和基本要求。

热爱人民，就是要忠实践行全心全意为人民服务的根本宗旨，视人民利益高于一切、重于一切，永葆人民子弟兵政治本色，与人民群众心连心、同呼吸、共命运，为人民无私奉献。我军是人民的军队，来自于人民、服务于人民。人民军队的历史就是一部为人民而奋斗、依靠人民打胜仗的历史。热爱人民，这是由我军根本宗旨决定的，是我军获得不竭力量的根本前提。胡锦涛关于热爱人民的重要论述，紧紧围绕忠实践行我军根本宗旨，从对待人民利益的根本态度，为人民的根本立场、与人民的深厚感情、服务人民的具体行动等方面，鲜明回答了革命军人如何爱人民、为人民的问题。

报效国家，就是要大力弘扬爱国主义精神，把个人的前途命运与国家的前途命运紧密联系在一起，坚决捍卫国家主权、安全、领土完整和人民民主专政的国家政

权，为建设富强民主文明和谐的社会主义现代化国家贡献力量。我军是人民民主专政的坚强柱石，是社会主义祖国的钢铁长城，是建设中国特色社会主义的重要力量。报效国家，这是由我军在社会主义国家中的地位和作用决定的，是革命军人应有的高尚情怀和坚定志向。胡锦涛关于报效国家的重要论述，从继承和发扬爱国主义优良传统、摆正个人前途命运与国家前途命运的关系、担负保卫国家和建设国家的重任等方面，科学阐明了当代革命军人报效国家的价值取向和行为要求。

献身使命，就是要履行革命军人神圣职责，爱军精武，爱岗敬业，不怕牺牲，英勇善战，坚决履行好党和人民赋予的新世纪新阶段军队历史使命。军队因使命而存在，军人为使命而献身。我军新的历史使命承载着党的重托、人民的福祉和国家的利益。献身使命，这是由我军根本职能决定的，是革命军人特有的精神境界和行为准则。胡锦涛关于献身使命的重要论述，在普遍与具体、一般与特殊的结合上，科学阐明了献身使命的内涵和要求，为当代革命军人履行职能、使命提供了基本遵循。

崇尚荣誉，就是要自觉珍惜和维护国家、军队、军人的荣誉，视荣誉重于生命，自觉践行社会主义荣辱观，弘扬革命英雄主义和集体主义精神，提高素质、全面发展，争创一流、建功立业，贞守革命气节，严守军队纪律。荣誉是军人牺牲奋斗的重要动力，为祖国和人民建立功勋，是革命军人的荣誉所在。崇尚荣誉，这是由革命军人特有的精神需求决定的，是革命军人精神境界的重要标志。胡锦涛关于崇尚荣誉的重要论述，从如何看待荣誉、崇尚荣誉应遵循哪些根本原则、怎样创造和维护荣誉等方面，为当代革命军人崇尚荣誉指明了方向。

忠诚于党，热爱人民，报效国家，献身使命，崇尚荣誉，这五个方面是相互联系的整体。忠诚于党，是对革命军人的根本政治要求，在当代革命军人核心价值观中，它是灵魂。热爱人民，是践行我军根本宗旨的思想和情感前提，在当代革命军人核心价值观中，它是本质。报效国家，是爱国主义传统在军人身上的集中体现，在当代革命军人核心价值观中，它是主题。忠诚于党、热爱人民、报效国家，充分反映了我军是党的军队、人民的军队、社会主义国家的军队的根本性质，三者相互贯通、内在统一。献身使命，是忠诚于党、热爱人民、报效国家的集中体现，是当代革命军人实现自身价值的根本途径。崇尚荣誉，是践行忠诚于党、热爱人民、报效国家、献身使命的道德基础，是当代革命军人实现自身价值的特殊精神需求。

二、胡锦涛关于国防与军队建设重要论述的地位作用

（一）胡锦涛关于国防与军队建设的重要论述是党的创新理论的重要组成部分

中国共产党党章中明确，科学发展观，是中国特色社会主义理论体系的重要内容，是对党的三代中央领导集体关于发展的重要思想的继承和发展，是马克思主义

关于发展的世界观和方法论的集中体现，是同马克思列宁主义、毛泽东思想、邓小平理论和“三个代表”重要思想既一脉相承又与时俱进的科学理论，是我国经济社会发展的重要指导方针，是发展中国特色社会主义必须坚持和贯彻的重大战略思想。胡锦涛关于国防与军队建设的重要论述作为科学发展观在国防与军事领域的展开和延伸，就像毛泽东军事思想、邓小平新时期军队建设思想和江泽民国防与军队建设思想分别是毛泽东思想、邓小平理论和“三个代表”思想的重要组成部分一样，必将成为党的创新理论最新成果的重要组成部分。

（二）胡锦涛关于国防与军队建设的重要论述是党的军事理论的继承、创新与发展

国防与军队建设是我们党为维护国家安全而进行的军事实践，我军是党绝对领导下的人民军队，党的理论的任何创新发展，都会为国防与军队建设的理论指导增添新的内容，注入新的活力。胡锦涛关于国防与军队建设的论述，是深刻总结国内外军队建设经验教训得出的符合中国国情、军情的科学结论，是对毛泽东军事思想、邓小平新时期军队建设思想、江泽民国防和军队建设思想的继承和发展，是对我国国防和我军职能、任务、目标认识的新飞跃，丰富和发展了马克思主义军事理论，对于指导我军建设、改革和发展具有全局性、根本性、长期性的指导意义。

（三）胡锦涛关于国防与军队建设的重要论述是新世纪新阶段加强国防与军队建设的指导方针

进入新世纪新阶段，我们党创造性地提出了科学发展观。这一重大理论创新，既是强国之策，又是兴军之道，同时也是胡锦涛建军治军思想的核心内容。胡锦涛关于国防与军队建设的重要论述深刻揭示了信息时代国防和军队建设的内在规律，为筹划指导国防和军队建设、把握国防和军队建设规律、推进部队建设又好又快发展提供了强大思想武器，为解决国防和军队建设面临的诸多问题提供了科学指南。

思　考　题

1. 古希腊军事思想的主要内容是什么？
2. 为什么说《兵法简述》是古罗马军事思想中的经典？
3. 克劳塞维茨的《战争论》创造性的见解主要有哪些？
4. 结合时事，谈谈“核武器制胜”理论？
5. 中国古代军事思想的形成与发展经历了哪几个阶段？
6.《武经七书》是哪几本书？
7. 为什么说《孙子兵法》是中国古代军事思想成熟的标志？

8.《孙子兵法》的主要军事思想有哪些？
9．毛泽东军事思想的科学含义是什么？
10．毛泽东军事思想有哪几个发展阶段？
11．毛泽东人民军队建设理论的主要内容是什么？
12．毛泽东人民战争思想的基本理论观点是什么？
13．邓小平新时期军队建设思想产生的时代背景是什么？
14．国防与军队建设思想实行战略性转变的基本内容和实质是什么？
15．邓小平新时期军队建设思想的地位作用是什么？
16．人民军队的军魂是什么？
17．江泽民国防与军队建设思想的主要内容是什么？
18．江泽民关于加强军队全面建设“五句话”总要求的内容是什么？
19．新世纪新阶段，军队历史使命的主要内容是什么？
20．加强国防与军队建设的“五个统筹”的主要内容是什么？
21．如何坚持以科学发展观为指导，统筹国防建设与经济建设协调发展？

第三章

居安思危：国际战略与周边安全

- 国际战略环境
- 周边安全环境

第一节　国际战略环境

国际战略环境，是指世界各主要国家和政治集团在一定时期内，通过战略上相互联系、相互作用、相互斗争所形成的世界全局性的大环境。它是国际政治、经济和军事形势的综合体现。

一、时代特征：和平与发展

时代主题问题是世界经济政治的首要问题。所谓时代主题，是指在一定历史时期内反映世界基本特征并对世界形势的发展具有全局性影响和战略性意义的问题。它是某一时代基本特征的集中反映，代表着这个时代的本质和发展趋势，规定着该时代各国人民相应的主要任务。科学观察和分析时代特征，正确估量和把握当今世界主题和国际形势的发展趋势，确立时代主题问题，是制定正确的对内对外政策的重要依据，是社会主义建设首先必须把握的基本战略问题。

当前，邓小平所概括的和平与发展的时代主题并没有发生根本性的改变。

（一）经济全球化是当今世界最主要的发展趋势

国际经济全球一体化，是当今世界经济发展的一个显著特点和必然趋势，是世界经济发展的主流。特别是20世纪90年代以来，以信息技术为中心的新技术革命，缩短了时空距离，刷新了经济联系方式，加快了经济全球化进程；发达国家为了摆脱经济衰退和危机的困扰，主张放松国家之间的经济管制，打破各种保护主义壁垒；发展中国家为了加快本国经济发展，纷纷开放市场、实行外向型发展战略。另外，跨国公司经济实力迅速扩张，其投资和贸易网络扩展进一步把全球经济编织成一个整体；国际货币体系出现多元化发展，国际间资本的流动性大大增强，为经济全球化助一臂之力。经济全球化的发展使得当今世界各国的相互依存度大大提高，这些客观上就不允许再恢复到与世界生产力发展水平不相适应的国家间敌对或大国对峙的国际关系格局，从而推动着和平与发展的潮流继续前进。

（二）主要大国之间尚没有形成敌对和对抗的关系

冷战后特别是近年来，尽管美国等西方国家在国际关系中推行霸权主义和使用武力的倾向在增长，但主要大国之间尚没有形成敌对、对抗关系。目前，美欧关系走出伊战阴影，重趋协调与合作；美俄关系复杂面凸现；欧俄关系热度下降，战略互信下降。同时，中美在合作中摩擦增多；中俄相互战略需求增强；中欧关系稳步发展，但也面临新问题。总体来看，大国关系基本保持稳定，更富弹性，主要大国

间直接对抗的可能性较小。大国关系的战略矛盾不会因为相互间有合作而消失，也不会因相互间的斗争改变彼此合作的基本态势，但合作中竞争的一面在加剧，借重中牵制的一面在发展。因此，相对稳定的大国关系，反映和平与发展作为当今世界的主流不可逆转。

（三）发展经济和科技仍是世界各国国家战略的核心

在综合国力的各种因素中，经济力和科技力已经成为决定性的因素，在当今和未来世界，经济是基础，科技是龙头。发展经济和科技已成为世界各国最关心的问题，各国之间的竞争也越来越多地转向经济和科技领域。一个国家能否在科技上取得优势，增强以经济和科技为基础的综合国力，最终将决定其在国际上的地位。因而，世界各国不管其社会制度和发展程度如何，都把发展经济和科技作为国家战略的核心，努力增强本国的综合国力，力图在未来的国际格局中占据有利位置。例如，美国和欧盟在经济方面将展开更加激烈的竞争，日本在努力重新恢复其经济发展势头，俄罗斯已确立了以发展经济为中心的国家政策，中国将继续保持高速增长等。21 世纪的国际格局仍取决于各国以经济和科技实力为中心的综合国力较量。

（四）南北矛盾更加突出，核心仍然是经济发展问题

第一次世界大战后，帝国主义宗主国与殖民地半殖民地的矛盾，随着第二次世界大战后20世纪五六十年代民族解放运动的兴起和大批民族国家的诞生，已在政治斗争的层面上得到了总体解决，由此演变而来的南北矛盾，主要是集中在经济发展问题上，尤其是发展中国家的经济发展问题，根本任务是摆脱贫困，摘掉落后的帽子。几十年过去了，发展中国家经过艰苦的努力已经取得了辉煌的成就，但是南北的发展差距、贫富差距不仅没有缩小，还在进一步扩大，占世界人口 2/3 的发展中国家，人民生活改善的进程仍很缓慢，有些地区至今仍未解决温饱问题。因此，发展问题刻不容缓地提到发展中国家的优先日程上来。人心思变，人心思发展，已成为发展中国家的主流。

以上说明，在当今时代条件下，国际形势尽管有风浪、有起伏，但和平与发展的时代主题没有改变。总体和平、局部战争，总体缓和、局部紧张，总体稳定、局部动荡，是当前和今后一个时期国际关系发展的基本态势。

二、框架结构：国际战略格局

（一）国际战略格局的内涵与类型

1．国际战略格局的内涵

所谓格局，是指态势、模式或构架，是几种力量交互作用后出现的一种暂时平

衡状态。国际战略格局，是指对国际事务具有重要影响力的战略力量，在一定历史时期内相互联系、相互作用而形成的较为稳定的力量结构。它是国际战略力量之间在全球政治层面上的实力对比关系。国际战略格局包括国际政治格局、国际经济格局和国际军事格局三个部分，有时也称为“国际格局”、“世界格局”、“大格局”等。

国际战略格局的内涵包括三层内容：第一，国际舞台上究竟有哪些战略力量，即常说的大国，或称为“极”的战略力量；第二，这些大国之间建立的是一种什么样的战略关系；第三，在已形成的国际战略格局下，建立了一种什么样的国际秩序。

国际战略格局的力量结构 国际战略力量或“极”，是指对国际事务具有重要影响力的战略力量，也就是在国际事务中扮演着主要角色，拥有强大军事实力和政治影响力的国家和地区。而战略力量结构是指国际战略力量的分类和分布，也叫世界的基本格局，它主要关注这样一些问题：在当今世界有哪些对世界全球性问题发生作用和影响的力量，它们的作用和影响究竟有多大，这些力量之间是怎样相互联系和相互制约的。

国际战略格局中的大国战略关系 国际战略格局的形成实际上是大国战略关系调整的结果，这种调整过程充满了竞争和斗争。从历史经验看，新的国际战略格局的形成，往往伴随着战争，在战争中，一些过去称为“极”的战略力量弱下去，而一些新的国家壮大起来，一些新成立新崛起的战略力量之间进行协商、妥协，彼此建立一种新的战略关系，形成新的战略格局。

国际战略格局在形成过程中大体遵循三条基本规律：第一，国家的强弱和实力的大小，决定着这个国家在新的格局中的地位和作用，并且按照力量大小进行利益分配。第二，在新格局的形成过程中，根据这个国家所做出的贡献大小决定回报。第三，在新格局中，主要角色间经过讨价还价达到一种和国家力量相适应的利益均衡。

国际战略格局中的国际秩序 国际战略格局反映的是国际基本力量间相互作用形成的模式和态势，而国际秩序更多地研究相对稳定的国际态势的基本运作机制与位次顺序。一定的国际秩序总是与一定的国际战略格局相联系，有什么样的国际战略格局就有什么样的国际秩序与之相适应。因此，国际战略格局决定国际秩序的性质及发展方向，国际战略格局的变化往往引起国际秩序的更迭。实际上，国际秩序就是各国在处理相互关系的时候，要遵循一定的规矩，有一定的行为准则和制度。但这些准则也好，制度也好，主要还是由在国际战略格局下充当重要角色的那些国家制定的，它是大国意志的反映。例如，战后“雅尔塔体系”形成后，出现两大阵营对峙的冷战格局，与此同时，美国凭借其超一流的实力，构架了以美元为中心的布雷顿森林体系，由世界银行、关贸总协定及国际货币基金组织构成，从而形成了战后国际经济秩序。同时，美国力图操纵联合国，以及其他国际政治组织与集体，构筑了以西方大国为中心的战后国际政治秩序。

现在的国际政治与经济秩序，都是以“雅尔塔体系”为基础，在冷战格局中确

立的。20 世纪 80 年代末，东欧剧变与苏联解体，尤其当美俄之间形成所谓“和平伙伴关系”时，冷战格局崩溃了，“雅尔塔体系”也自行消亡。在国际体系与国际格局发生历史性转折之际，创立新型的协调国际关系的机制，重新调整国际社会中的国家位次，建立冷战后的国际新秩序，便成为国际社会发展的客观需要。世界各国政治家，纷纷强调改变现存国际旧秩序，重建国际新秩序的必要性与迫切性。可以说，20 世纪 90 年代，国际格局的转型与演进，为世界大国与未来世界大国改变其国际地位，提供了难得的机会。

2. 国际战略格局的类型

国际战略格局的结构，是指它所表现出来的基本形态。它是包括国际政治、经济、军事关系在内的国际战略关系的表现形式，是国际战略力量对比的结构形态。区分国际战略格局的不同类型，主要应当依据格局的内部结构和外在形态。可把国际战略格局区分为以下四种基本类型。

单极格局 所谓单极格局，是指由某一个主要的大国（霸权国）或国家集团在国际政治中占据主导地位，在该国周围存在着一系列其他主权国家，但并不能成为与之抗衡的政治力量。霸权国，是指在经济、军事、政治等方面实力远远超过其他国家，能强行推行其意志，并在一定时期得以实现的大国。在单极格局中，通常只有一个实力最强的国家或国家集团在国际事务中起主导地位和支配作用，即一国独霸世界。在单极格局中，和平的主要特征是世界体系中只有一家世界性支配者，它具有超群的实力（以经济实力和军事实力为基础）和无与伦比的国际影响力，能够制定和维持符合其利益的国际规则，并能在一定历史阶段和一定范围内迫使其他国家服从自己的统治和支配。

专栏 3-1 单极格局

在世界历史上曾经出现过这种单极格局，比如在古代，有过“罗马帝国统治下的和平”。在近代，19 世纪初英国联合俄、奥等国，打败了拿破仑，成了世界上最强大和最显赫的国家。英国海军成为海洋霸主，英国被称为“世界工厂”，工业和商业在世界市场上没有敌手。“不列颠统治下的和平”保持了将近一个世纪。在现代，美国正在寻求“美国统治下的和平”。两极格局解体后，美国成为唯一的超级大国。大部分的美国学者认为，冷战后的世界是美国主导下的单极世界。美国著名学者布热津斯基曾经说：在我的超级大国定义中，这种国家应当在经济上具有决定性的影响，在技术上占优势，有文化扩张的作用，军事上能影响到全球。只有这四种因素聚于一身的国家才有权得到这种地位。现在世界上只有一个国家——美国符合这个标准。1997 年美国《时代》周刊声称两极世界已发展成为单极世界。然而，冷战结束后，尽管美国是世界上唯一真正的超级大国，在各个权力层次上都占据主导地位，但这并不意味着一个单极世界已经取代了冷战时期的两极世界，仍然有许多重要的安全、经济和政治目标仅仅靠美国自身实力是无法达到的。即使在美国实力表现最为突出的军事领域也是如此，它对伊拉克和南斯拉夫联盟的动武根本离不开其盟国的支持。事实上，世界多极化和全球化趋势使美国维持其世界领袖地位的能力变得越来越有限。

——叶自成. 对中国多极化战略的历史与理论反思. 国际政治研究，2004，(1)

两极格局 所谓两极格局，是指由两个世界大国或国家集团在国际政治中占据主导地位。在这种格局中，两个大国或国家集团之间形成一种势力均衡的状态，它们之间相互联系、相互制约，共同影响国际事务，主导国际进程。这种类型的格局在历史上曾多次出现过。第一次世界大战期间的同盟国和协约国，第二次世界大战期间的法西斯同盟国，战后初期的社会主义和资本主义两大阵营，以及随后的美苏两极对抗，都是历史上的两极格局。从中可以看出，“两极”主要是两大对立的国家集团，而不完全是两个国家之间或某个国家单独与另一个国家集团之间的对立。同时，在两极之外总有不从属于两大集团的其他国家存在。第一次世界大战前的两大集团之外有美国和日本，第二次世界大战期间也存在一些没有卷入战争的国家，战后初期则存在着广大的“中间地带”国家。

多极格局 所谓多极格局也叫均势格局，是指在某一国际体系中多个政治力量相互制约，在国际事务中各自对立，大体平等，相互间不存在结盟或不存在领导与被领导的关系。这种格局的形成是有条件的，它必须有一系列的力量上大体平衡的国家存在，它们的利益相互矛盾，形成了一种相互制约的关系。多极格局的国际关系的基本形态是网状型，每个国家是网上的一个点，所有国家的关系是非常密切的，但从整体上看，这种多极格局是处于无政府状态，体系内存在一种自发的维持这种国际格局的力量。

多元交叉格局 所谓多元交叉格局，是指一种由两极向多极，或由多极向两极过渡的格局。在这种格局状态下，存在着两大战略力量或多种战略力量之间的对立，这是格局的主导方面；同时也存在着独立于上述力量之外的其他战略力量。这些战略力量既在一定程度上受到现有格局中的支配力量的影响，又能在国际事务中发挥自身的独特作用，从而构成国际战略格局中潜在的一极。冷战结束后，在向多极格局的过渡时期，多元交叉格局表现得更为明显。欧美虽是盟友关系，但欧洲正在成为新的一极。美日同盟也有新的发展，然而日本的政治独立性也有很大的增强，很可能在多极格局中占有一席之地。中、俄既与其他战略力量保持着联系，同时又坚持自身的独立地位。这种多元交叉格局无疑构成了未来多极格局的基础。

专栏 3-2 国际格局演变

近代以来，国际格局的态势经历了以下几次重大变化：

维也纳格局（1815～1865 年） 严格意义上的“国际格局”形成于 19 世纪初。以拿破仑战争失败、维也纳会议召开为标志，第一个国际战略格局正式形成。席卷欧洲的拿破仑战争，既有保卫发展法国资产阶级革命成果，反对封建势力的性质，又有侵略与争霸欧洲的性质。1814 年滑

铁卢战役后，反法同盟在维也纳召开会议，重新划分欧洲领土，分割海外殖民地，最后形成英、俄、普、法、奥等列强在欧洲相对均势的格局。维也纳会议形成的均势格局在较长时期内确保了欧洲列强之间没有爆发新的战争。但是，由于维也纳会议没有解决列强之间的内在矛盾，因此，到了19世纪50年代，这个均势格局便开始走向崩溃。

欧美列强瓜分世界的殖民掠夺格局（19世纪末～1914年） 维也纳格局维持近50年，欧美诸国相继爆发资产阶级革命性质的内战或改革。美国的南北战争、意大利与德国的统一战争、俄国的农奴制改革、日本的“明治维新”，这些重大事件改变了维也纳格局形成的国际力量对比，尤其是美、日等北美、亚洲国家也上升为世界列强，于是欧美与日本等列强之间争夺殖民地的局面逐步形成。“一战”前的世界被割裂为少数帝国主义国家和广大殖民地、半殖民地国家两大部分，此外还有各种形式的附属国。资本主义在全世界殖民扩张，全世界被英、法、德、日、意等列强瓜分完毕，帝国主义宗主国与殖民地附属国之间的矛盾上升为世界主要矛盾，国际格局显现出欧、美、日列强多极共存的态势。

两大欧洲军事同盟瓜分世界的战争格局（1914～1917 年） 资本主义国家经济政治发展不平衡加剧，后起资本主义国家要求按资本与实力重新瓜分世界，由于世界领土早已分割完毕，于是老牌帝国主义国家与后起帝国主义国家便组成以英、法、俄为一方的协约国集团和以德、奥、意为另一方的同盟国集团相互抗争格局。两大欧洲军事同盟瓜分世界的战争对抗格局出现，人类历史上的第一次世界大战爆发。

世界反法西斯同盟与法西斯集团之间的战争格局（20世纪30年代后期～40年代中期）第一次世界大战结束后，为了瓜分战败的德国、奥匈帝国和土耳其帝国的遗产，帝国主义列强召开了巴黎和会及华盛顿会议，形成了“凡尔赛—华盛顿体系”，成立了以战胜国主导的国际联盟，形成了多极格局。同时，战争引起革命，第一个社会主义国家苏联诞生，并成为世界战略格局中的一支重要力量。世界大战使英国和法国逐渐衰落，德国暂时被削弱，美国开始崛起，加入了争夺世界的行列。由于对“凡尔赛—华盛顿体系”不满，战败国德国、后起帝国主义国家日本以及意大利为了推翻“凡尔赛—华盛顿体系”，结成法西斯阵营，发动空前规模的世界性侵略战争。1939年第二次世界大战爆发，在两个集团对抗的国际格局中，德、意、日作为法西斯集团主要角色，英、美、苏、中为反法西斯阵营主要代表。

社会制度不同的两大阵营对峙的冷战格局 第二次世界大战后，反法西斯联盟的主要国家美国、苏联和英国为了处理战败国问题，重新安排战后世界政治秩序，先后召开了德黑兰会议、雅尔塔会议、波茨坦会议，为战后世界秩序勾画出一幅蓝图。以雅尔塔会议为基础，形成了关于战后世界政治秩序的基本方案，故称雅尔塔体制。雅尔塔体制实质上是按美苏两大国实力对欧亚两洲进行势力范围划分的体制，这个体制最终导致了两极对立的世界战略格局。在欧洲，东欧属于苏联的势力范围，西欧则被美国所控制，德国由美、英、法、苏四国分区占领，后分裂为东、西两个德国；在远东，雅尔塔秘密协定大体划分了美、苏的势力范围，苏联承认美国对日本的控制及在中国的利益，美国则满足了苏联收回库页岛、占领千岛群岛等要求。雅尔塔体制为战后东西方两大集团的对峙确定了基本的政治框架。

第二次世界大战极大地改变了世界战略格局，战后殖民主义体系崩溃，欧、亚、拉美一些国家走上社会主义道路，形成以苏联为首的社会主义阵营；资本主义国家中发达资本主义国家，在马歇尔计划与“北约”两条链条的束缚下，形成以美国为首的资本主义阵营。在意识形态上，美国和苏联根本对立；在政治经济体制上，双方完全不同；在军事上，北约和华约两大军事集团相互对峙。美国推行杜鲁门主义，即在政治上对抗、经济上封锁与军事上遏制苏联与社会主义国家的冷战遏制战略。两大阵营形成的过程，也是战后两极格局形成的过程。它为美苏两个超级大国展开全球争夺划分了势力范围，确立了实力基础，并拉开了冷战的序幕。

三个国际格局 20世纪60年代世界进入大动荡、大分化、大改组时代。两大阵营内部发生重大分裂。欧共体的建立与发展，日本经济实力的迅速增强，使美国在经济上无力控制其盟国。美国与西欧、日本经贸摩擦爆发。法国独立发展核武器，不顾美国反对，与中国建交，与莫斯科缓和，在政治上与美国分庭抗礼；苏联与南斯拉夫、阿尔巴尼亚的决裂，尤其是中苏关系破裂，使社会主义阵营不复存在。美苏两个超级大国走上争霸道路，成为第一世界。亚非拉广大发展中国家，在反对美苏争霸的旗帜下，放弃政治制度的差异，走上不结盟运动的道路，形成第三世界。在第一世界与第三世界之间的发达国家，则与美苏两霸既有矛盾又有联系，成为第二世界。争霸与反霸的矛盾斗争，成了这一时期世界主要矛盾，并构成三个国际格局。

20世纪90年代至本世纪初 1989～1990年，东欧剧变、两德统一导致雅尔塔体制崩溃，两极格局基本解体。1991年底苏联解体，两极格局彻底终结。世界进入新旧格局转换时期。美国成了世界上唯一的超级大国，对其他国家具有压倒优势，同时存在着西欧、日本、俄罗斯、中国等几个对其有一定制约力，并对国际事务有重要影响作用的相对独立的战略力量，但又不具备与超级大国均等的实力和能力。

——王红波. 国际战略格局. 讲稿，2009

（二）国际战略格局的特征与趋势

1. 国际战略格局的特征

20世纪90年代，以两德统一、华约解散、苏联解体为标志，延续了45年之久的两极国际战略格局宣告结束。两极格局结束至今，已有十多年发展，新的国际战略格局仍没有形成，目前处在新旧国际战略格局的过渡转型时期，过渡时期的国际战略格局主要有以下基本特征。

长期性 “国际战略格局”这一概念的内在性质决定了“格局”的变迁不是短期内能够完成的。历史上国际战略格局的变迁一般都是战争的结果，从雅尔塔体制到两极体制确立，也就是20世纪50年代中期以前，以苏联为首的华沙条约集团成

立，用了10年时间。因而，从历史上反映战争结果的格局就花了比较长的时间才稳定下来。而此次国际战略格局的转换则不同于以往，这次战略格局的转型，基本是以和平方式进行，在此期间，各种力量需要慢慢的发生变化，由量变到质变，最后才能定型，因而需要的时间会更长。

复杂性　一方面，未来的多级格局仍将是一种多层次的复合力量架构，其中，美国仍具有“超强”实力，居于第一层次；“多强”的实力仍逊于美国，居于第二层次；其他一些地区性大国或地区集团的力量短期内难以与上述大国比肩，居于第三层次。另一方面，在和平与发展的时代潮流下，经济全球化和社会信息化、相互依存程度不断加深，各战略力量关系的性质和结构并不十分清晰，大国关系错综复杂；既有“一超”与“多强”之争，也有“强强”之争；既有东西方之争，也有西西之争；既有大国之争，也有大国与新兴力量之争。力量的差异性和关系的复杂性相互联系、交互作用，导致各大力量之间的关系，尤其是大国之间的关系始终处于波动、调整之中，在未来相当长时期内恐怕难以最终定位。

斗争性　某些超级大国都竭力阻止多极化的发展进程，而世界上绝大多数国家，均主张建立和推动世界政治的多极化。“一超”和“多强”、称霸与反霸、单极化与多极化之间的较量和斗争将是一个激烈而复杂的过程，并将构成未来一段时间世界政治中最高层次的斗争。但是，斗争并不排除合作，抗衡并不排除妥协，在今后一个较长时期内，协调、合作、摩擦、竞争将一同并存，“有斗有和、斗而不破”仍将是大国关系的基本特点。世界大战在可预见的将来打不起来，国际局势将会在较长时期内保持总体的和平与稳定。

曲折性　目前正在经历的战略格局的过渡，并不是一场世界大战胜负立判、新旧扬弃的结果，新格局的形成须通过各种力量之间的反复较量、斗争、妥协、对话、合作，通过综合国力竞赛和渐进演变的方式最终完成。这就决定了新格局形成的渐进性和曲折性。在今后一段时间内，尽管多极化的趋势不可逆转，但不会一帆风顺，多极化所必需的多种战略力量相对均衡、相互制约，各种力量在国际事务中相对独立，相互之间不存在隶属关系的多极化格局在短期内还难以真正形成。

2. 国际战略格局的趋势

当今世界正处在大变动的历史时期。两极格局已经终结，各种政治力量重新分化组合，呈现“一超”与“多强”并立的竞争态势。新的格局由于诸多不稳定因素尚未完全形成，但世界政治向着多极化方向发展的进程已经成为一个不可逆转的趋势。

（1）**世界力量的分化组合，国际战略格局多极化初见端倪**　目前国际战略格局的总框架是“一超多强”。从综合国力上看，美国独占鳌头，其他国家及其联盟实力也在增强。在国际政治领域中，以美、俄、日、欧、中五大力量及一些地区性大国或国家集团为基本框架的多极化格局已初见端倪。

第一，美国推行单边主义。为了实现建立单极世界的目标，美国现在已制定并实行了一整套战略措施。在政治上，极力推行以美国为模式的所谓“全球民主化”；在经济上，倚仗其强大的经济实力，以进行经济制裁为手段，迫使别国无限度地开放市场，利用高科技和不等价交换等手段剥削发展中国家；在军事上，保持庞大的“防务”开支，努力发展高、新、尖武器，在世界各地部署军事力量并建立军事联盟，插手干涉别国内部事务。在全球战略上，既联合又试图控制欧洲；既利用又要制约日本；以北约东扩为手段，进一步挤压、削弱俄罗斯；将中国视为主要竞争对手，向台湾出售武器升级；不顾欧洲国家的强烈反对，拒绝接受《京都议定书》，谋求建立美国主导下的单极世界的企图不断膨胀。

专栏 3-3　美国人看世界秩序

20 世纪 90 年代初，老布什总统提出了美国的“世界新秩序”战略构想。这一战略构想强调美国是世界的领袖，美国的价值观是新的世界秩序的基石，当美国战略利益受到威胁时，必须使用武力，消除威胁，维持秩序。克林顿政府上台后继续加强单极世界的构建，他曾明确向世界宣布：“要使世界免遭过去的灾难，必须有一个领导，而且只能有一个领导”，美国“最具有领导这个世界的能力。”1999 年美国发表的《美国新世纪国家安全战略》认为，冷战后美国获得了从未有过的和平环境和实力。除了战略核力量外，美国处于没有一个国家能够对其发动全球军事挑战；没有一个国家在常规军事技术及应用能力方面能与之较量；没有一个主要的联盟对其持敌对立场等。为此，美国大力鼓吹“国家导弹防御计划”；对中国继续推行接触遏制政策；遏制俄罗斯的复苏；通过北约和美日军事同盟加强对欧洲和日本的控制。小布什政府在国际问题上单边主义色彩更浓。在“国家导弹防御”问题上态度十分强硬，不顾国际舆论的普遍反对，废除《反弹道导弹条约》，部署国家导弹防御系统。

——门洪华．美国霸权与国际秩序，2007-10

但是，未来的世界不可能是美国一家独霸。“9 • 11”事件后，美国经济开始出现衰退迹象。美国的财政赤字不断增大，贸易逆差逐年攀升，美元不断贬值。特别是 2007 年开始的美国次贷危机引发了华尔街的金融风暴，导致股市大幅下跌、经济增长下滑，美国经济遭受重创。冷战后，美国图谋建立单极世界，到处插手，在当今世界上，约 1/5 的国家有美国的基地，1/4 的国家有美军在进行各种各样的军事行动，这也势必造成其力量的分散使用和过度消耗。

第二，欧盟势力影响日益扩大。美国和欧盟大国是传统盟国关系，但欧洲的联合对美国建立单极世界的图谋无疑形成强有力的制约。冷战结束后，欧盟不失时机地加速推进一体化进程，1995 年欧盟扩大为 15 国，欧盟整体实力大增。1999 年 1 月 1 日，欧元问世。2002 年 3 月，欧元取代了欧元区的 12 国货币成为该区域唯一合法货币，也成为世界上唯一能与美元抗衡的货币。欧元的流通推动了欧盟经济的发展，同时削弱了美元的国际地位。世界金融体系中出现了美元、欧元、日元三足鼎立之势。

目前欧盟拥有东、西欧 27 个国家，面积达到 434 万多平方公里，人口近 5 亿，GDP 约达 10 万亿美元，成为一个实力雄厚的区域经济集团。据欧元之父罗伯特·芒德尔预言，最终会有 50 多个国家成为欧元成员国，整体实力将超过美国、日本。

专栏 3-4　欧盟看世界秩序

欧盟明确主张世界多极化，对建立单极世界的主张持反对态度。法国前总统希拉克曾说过："只有一种主导力量的世界是危险的，这就是我为什么支持一个多极化世界，欧洲也必将在其中占有一席之地。"2003 年 2 月，法国、比利时和德国第一次在北约内部打破"默认程序"，对美国发动伊拉克战争形成强有力的牵制。2003 年 5 月 12 日，意大利总理贝卢斯科尼说，他的理想是实现一个"大欧洲"，以平等而不是从属的地位同美国谈话。2008 年 1 月 18 日法国总统萨科齐在驻法外国使节新年招待会上提出"相对大国论"，认为新兴大国的发展使世界政治与经济格局"重新洗牌"，世界将进入为时数十年的"相对大国"时代。萨科齐指出："在未来三四十年，我们将进入相对大国时代，中国、印度、巴西等国在政治、经济领域日益崛起，俄罗斯逐渐恢复元气，为形成一个新的大国合唱的多极世界创造了条件，欧盟只要有政治意愿就可以在多极世界中成为最活跃的极之一。"

——郑若麟. 欧盟受挫与多极世界. 文汇报，2006-05-15

第三，俄罗斯意欲重振大国地位。俄罗斯是仅次于美国的第二大军事强国，是目前唯一能够与美国相抗衡的核大国。苏联解体后，俄罗斯经济出现了严重衰退。自普京担任俄罗斯总统后，俄罗斯走上了复兴之路。当前俄罗斯政府倡导主权民主，政治上否定全盘"西化"，经济上对能源等战略行业加强控制，将国家资本主义视为俄罗斯现阶段的主要政治经济政策，主张利用国家权威构建俄罗斯生存与发展的必要法律条件和市场经济因素，并依靠能源优势和军事实力重振俄罗斯的大国威望。

专栏 3-5　俄罗斯人看世界秩序

政治上，俄罗斯主张世界多极化，并以政治大国的面貌出现在国际舞台上，积极参与重大国际问题的处理。俄罗斯认为"单极世界"与国际社会发展趋势背道而驰，美国建立"单极世界"的企图必将失败。2007 年 2 月的慕尼黑国际安全会议上，普京指责单极"意味着一个权力中心、一个实力中心、一个做决定中心……非法的单边行动不仅连一个问题也没有解决，还成为新的人类悲剧和紧张局势策源地的促成因素。"《俄联邦对外政策概论》也宣称，"单极世界的神话在伊拉克彻底破灭了。利用强大的军事政治资源和经济资源做后盾来谋求世界唯一领导地位的失败，也证明了这一点。"同时，俄罗斯确信多极化趋势逐渐明朗，正在成为新的国际关系体系基础。普京在慕尼黑讲话强调，按购买力平价计算 GDP，印度和中国加在一起高于美国；"金砖四国"加在一起超过欧盟，而且这一趋势还会扩大。"世界新发展中心的经济潜力将不可避免地转变为政治影响力，并将加强多极化。"

——左凤荣. 俄罗斯的强国外交与中俄关系. 中共中央党校学报，2008，(3)

俄罗斯经济自1999年出现恢复性增长后，连续八年以7%的速度增长。经济实力的增长使俄罗斯挺直腰板，俄罗斯外长拉夫罗夫强调，俄罗斯不会再扮演“随从”角色，俄罗斯对“欧洲及全球政治发表意见的时机逐渐成熟了。”军事上，俄罗斯是制衡美国的一支强大力量。俄罗斯强大的常规军事力量及庞大的核武库，是其制约单极世界的重要军事基础。俄罗斯在财力有限的情况下，利用高科技提升防务能力，保持了世界第二军事强国地位。随着经济的复苏，俄罗斯加快军队建设和武器装备更新换代的步伐，重振大国的意图更加明显。

第四，日本走向政治军事大国步伐加快。日本是仅次于美国的第二经济大国，它一直不满于“经济巨人，政治侏儒”的现状，力求成为世界政治大国，同时也在向军事大国迈进。

外交上，日本将不再满足于美国小伙计的角色，在美日关系上，日本“一边倒”的态势有所改变。安倍和福田两届内阁实际上已经调整了小泉时代的对美一边倒政策，加大了回归亚洲的战略取向，把亚洲外交和对美外交并列为日本外交的两大支柱。政治上，21世纪初日本力争成为联合国安理会常任理事国，实现其政治大国的梦想和亚洲领头雁的角色。日本是世界第二经济大国，为了实现政治大国地位，近年来，频繁提出想成为所谓的“正常国家”，加入安理会常任理事国，并以此作为相当长时期以来的主要目标。2005年，日本与德国、印度、巴西联合结成“四国联盟”受挫后，又企图单独行动，挤进安理会常任理事国行列，通过经济援助、外交攻势等方式拉拢有关国家支持日本“入常”。军事上，日本借助经济实力积极扩展实力，日本每年的军费开支约为500亿美元，是当前世界军费开支较多的国家之一。2003年，日本国会通过三个向海外派兵的法案，日本急不可待地想成为军事大国的野心暴露无遗。

第五，中国综合国力稳步上升。中国随着综合国力的不断增长，在国际事务中发挥着独特的作用。政治上，中国是最大的发展中国家，并且是发展中国家里唯一的联合国安理会常任理事国，是维护世界和平，促进共同发展的重要力量。从2005年至今，中国、印度、巴西、南非、墨西哥五国领导人在八国集团同主要发展中国家举行对话会议期间，已经举行了三次集体会晤。在2007年6月德国海利根达姆的第三次集体会晤上，胡锦涛主席强调，新形势下发展中国家应加强合作，携手应对经济全球化挑战，维护共同利益，重点推动建立良好的国际经济秩序和金融、贸易、能源环境，增加发展中国家在国际经济领域的发言权和代表性，敦促发达国家切实兑现承诺。

经济上，改革开放30年来，中国的综合国力已处于世界前列。中国对世界经济增长的拉动力，无论是按市场汇率还是按购买力平价计算，均首次超过美国；2007年，GDP增长率达到11.4%，GDP超过万亿元人民币，成为世界第四大经济体；对外贸易额达到万亿美元，成为世界第三大贸易国；外汇储备达到亿美元，连续两年位居世界第一大外汇储备国。中国还是目前世界上最大的投资市场和消费市场之一。

军事上，中国人民解放军正在成为一支现代化的军队，具备了在信息化条件下打赢局部战争的能力。外交上，随着国际交流和合作的不断扩大，中国的国际地位进一步得到提升。2006年相继召开的中非合作论坛、上海合作组织首脑会议、中国与东盟国家首脑会议三大峰会，极大地提升了中国的国际地位，扩大了中国的国际影响。2008年，我国成功举办了奥运会和残奥会，进一步提升了中国的国际影响力。特别是10月24日至25日，在北京召开亚欧首脑会议，来自45个国家的元首和政府首脑，就金融危机、气候、能源和粮食等全球性问题进行磋商，达成共识，中国负责任的大国形象获得了与会各国的广泛赞誉。

（2）**大国间关系的调整为多极化格局奠定了基础**　世纪之交的战略转换，使其他各国不断调整自身的发展战略，力争 22 世纪初在国际战略新格局中处于有利地位。各大国之间的关系正经历着重大而又深刻的调整。当前和今后时期内，以美、俄、欧、日、中为核心的大国关系调整将呈现出新的特征。也就是说，国际格局多极化的发展有了新的动向。

第一，缩小差距，趋于均衡。在世纪之交，各主要政治力量之间尽管不是势均力敌，其中，美国仍占有明显优势，但总体发展是趋于均衡，即除美国之外的其他政治力量的实力将呈日益上升态势，逐步缩小同美国的实力差距，以达到实力对比的相对均衡。

第二，立足地缘，网状交织。当前大国关系更多地以网状的多层多角关系出现，且侧重在地缘政治上展开。在亚太地区，中、美、日三角关系是最基本、最重要的三角关系；在欧洲地区，美、欧、俄三角关系决定欧洲的和平与稳定；中、美、俄三角关系具有全球性作用。

第三，加强对话，谋求合作。各大国寻求以对话代替对抗，用合作代替争端，加紧构筑面向21世纪的新型关系。在大国关系调整中，首脑外交十分活跃，高层直接对话和接触相当频繁。

第四，利益主导，依存共处。当前和未来的多极化，不是若干力量界限分明、彼此对立的多极化，而是以国家利益为主体的多元化。各大力量之间既相互竞争、相互矛盾，又相互借重、依存共处，将是冷战后大国关系调整的重要特征。

（3）**区域性、洲际性合作组织的产生推动了国际格局多极化进程**　世界各种区域性、洲际性的合作组织空前活跃，是加快国际格局多极化进程的重要推动力。国际组织是国际社会的独立主体，是由两个以上的国家政府或民间团体以一定协议形式建立起来的国际机构。它是世界经济政治发展到较高阶段的结果，反映了国际间经济政治相互联系和依存的加深。当前的国际组织空前活跃，其主要呈现四个特点。

第一，区域性经济合作组织竞相建立。新兴经济体为了在新的形势下有效地维护自己的独立和主权，提升自己的国际地位，强化了联合自强、走区域一体化道路的势头，积极参与和推动区域、次区域合作组织机制建设。据初步统计，目前仅以协定或条约形式组成的经济合作组织已达 26 个，包括世界 170 多个国家和地区。

第二，洲际性合作机制富有生机。亚太经济合作组织开创了亚洲、美洲和大洋洲跨洲合作的先例，亚欧首脑定期会晤机制的建立，则把洲际性合作推向一个新的阶段。

第三，安全磋商机构有所发展。联合国安理会、东盟地区论坛、上海合作组织等在加强地区安全协商、解决彼此矛盾方面发挥了积极作用，并将发挥越来越重要的作用。

第四，联合国的作用有所加强。作为当今世界范围最广、影响最大的国际政治组织，联合国不仅在解决地区冲突、维护地区稳定方面显示了作用，而且愈加关注发展问题和全球问题。

（4）发展中国家实力的增强促进了国际格局多极化发展 第三世界在战后政治舞台上的崛起，打破了美苏两个超级大国争霸世界的战略格局，开创了国际政治的新时代。冷战结束后，广大发展中国家经济政治实力不断增强，成为维护世界和平、促进世界经济发展的一支重要力量。

第一，广大发展中国家的经济持续发展，经济实力日益增强。进入 21 世纪以来，亚非拉的印度、巴西、南非等国正在崛起，经济持续强劲发展。与此同时，越南、印度尼西亚、南非、土耳其、阿根廷等中小新兴经济体也加快发展，成为世界经济中引人瞩目的亮点。新兴经济体的快速崛起不但加强了其在相关地区的龙头地位，而且将促进世界战略力量的调整和重组，成为推进国际格局多极化进程的重要新因素。

第二，发展中国家联合反对霸权主义和强权政治的意识进一步增强，国际地位日益提高。近年来，发展中国家加强合作，为维护自身利益敢与西方大国斗争的事例逐渐增多。在联合国人权会议上，许多发展中国家强烈反对西方大国的“人权外交”，形成了相互支持、伸张正义的声势；在联合国事务中，广大发展中国家彼此团结，坚持原则，维护了自身的基本权益；在东盟外长年会上，东盟各国顶住美国和欧盟的压力，执意接纳缅甸为新的成员国等。广大发展中国家总体实力的增强，有力地推动着国际政治经济新秩序的建立，促进了国际格局多极化趋势的健康发展。

三、动态表现：国际战略形势

国际战略形势反映一定历史时期的世界主题，预示着人类社会发展的基本趋向。国际战略形势是国际战略环境的动态表现，它与国际战略格局的区别在于，国际战略形势可以在短期内千变万化，而国际战略格局虽然也在不断变化，但具有相对的稳定性。当前国际战略形势发展演变主要有以下几个特点。

（一）经济全球化的影响深刻

首先，美国金融危机重创世界经济。美国举债消费无度以致债台高筑，金融创新与投机过度且监管严重缺失，加之对次贷危机处置不力，致使房价持续下跌、信用违约激增与信贷紧缩，最终引爆金融海啸，美国五大投行与全球最大保险公司等破产、易主或改行。美国金融危机迅即蔓延世界，全球资产大幅缩水，发达国家已全面步入衰退，2009年，世界经济增速已严重下滑。其次，各国紧密联手救市，国际货币金融体系改革之争激烈。美、欧、日已累计投入数万亿美元救市，主要经济体连续同步大幅降息，七国集团、20国集团、IMF、“金融稳定论坛”等成为各国协调应对危机的平台。危机凸显美国支配与美元主导的国际货币金融体系存在弊端，欧盟与“金砖四国”等力主变革、强化监管并减少对美元过度依赖，各方围绕国际金融新秩序激烈博弈。

（二）全球战略态势转换加快

首先，美国内外交困。伊拉克、阿富汗战事与“反恐战争”久拖不决，新兴大国群起，金融危机削弱美国软硬实力。其次，“多强”更加主动进取。英、法、德纷纷推出国家安全战略，强化对外战略谋划。欧盟在应对气候变化、金融危机、俄格冲突、伊朗核问题等热点上表现突出。俄罗斯“梅普组合”振兴经济与对外出击并举，在能源、军控、金融、地区热点等方面都举足轻重。日本坚持联美与重亚并举，力争大国地位。印度多管齐下，“身价”看涨。再次，传统与新兴大国复杂互动。美欧加强协调应对新兴大国崛起，同时围绕金融、气候等主导权激烈争夺。俄格冲突、北约东扩、东欧反导、俄罗斯高调重返拉美彰显美俄遏制与反遏制斗争深化。美印批准核协议、日印签署安保共同宣言，彼此相互利用、提升战略关系。西方对华强化防范与利用，着重以“大国责任”施压。“一超多强”格局量变显著加快，多极化提速。

（三）全球地缘战略竞争加剧

首先，大国地缘争夺加剧。美国控制伊拉克、增兵阿富汗、渗透巴基斯坦、力推北约东扩与东欧反导部署、强化亚太军事同盟与前沿部署、扩张海权，凸显其以大中东反恐为重点、兼顾东欧东亚两翼以遏制俄罗斯与中国、称霸欧亚大陆与海洋的地缘野心。俄罗斯凭借对格鲁吉亚反击，强力反制北约东扩与美国在东欧部署反导系统，呼吁订立新的“欧洲安全条约”，在独联体、北极与西太平洋更趋活跃。欧盟稳步东扩，打造“地中海联盟”、争夺对非洲与中东影响力。亚洲经济崛起引发大国加紧角逐亚洲，美国欲构筑美、日、印新三角，加大对南亚、东南亚的投入，日本拉拢印度、渗透东南亚、强化海权，印度坐大南亚与印度洋、多方出击。大国地缘争夺更向太空延伸，太空竞赛持续升温。其次，周边国家政局动荡不已，热点更趋复杂。转型困境、政争加剧、治理失效、经济恶化与外部干涉交织，致使阿富汗、缅甸、朝鲜等政局不稳，巴基斯坦、尼泊尔、泰国政权更迭。“三股势力”再度猖獗，南亚频发重大恐怖袭击。“伊朗核”僵持不下，印度与巴基斯坦围绕如何应对越境恐怖活动分歧严重、矛盾激化。

（四）全球强军浪潮方心未艾

首先，美国推出新版《国防报告》，强调采取“平衡”方式应对多样化威胁与挑战，在保持传统军事领域领先优势的同时，重点加强应对“非常规”威胁的能力。其次，俄罗斯采取一系列军事手段反制西方战略挤压，启动新一轮军事改革，通过组织大规模联合军演、发射新型导弹、保持战略轰炸机巡航、派舰艇赴远洋训练等手段，继续向西方显示强硬姿态。同时，日本发布新版《防卫白皮书》，谋求制定海外永久派兵法。再次，英、 法、 印和澳等国加紧调整军事战略，力争扩大地区和国际影响力。英国强调确保有效核威慑和强大常规作战能力，并通过与盟国合作实施“预防和早期介入”，确保国家安全；法国强调提升法军快速、灵活、先期反应的行动能力，并宣布重新加入北约军事体制；印度、澳大利亚、韩国等国随着其自身军事实力的增长，日益关注周边力量格局调整和安全形势变化，强调安全威胁与挑战的多元化。新一轮全球性强军浪潮凸显出主要国家更加强调军事安全在国家安全中的关键地位，新的地区军备竞赛初见端倪，以信息化为核心的国际军事竞争将在更深程度、更广领域、更高起点上展开。

（五）全球反恐形势仍然严峻

“9·11”事件之后的几年来，各类恐怖袭击事件此起彼伏、从未间断。全球各地仍然“闻恐色变”。这说明全球范围内恐怖主义活动依然猖獗，恐怖主义蔓延的势头尚未被完全遏阻，恐怖主义滋生的土壤还远未被清除。首先，国际社会在全球反恐合作的关键问题，如恐怖主义定义、产生根源及应对策略上，尚未达成全面共识，而某些国家在反恐问题上采取“双重标准”，并自制“标签”将一些国家定为“支持恐怖主义的国家”，则加深了在上述问题上的分歧。其次，到目前为止，全球反恐更多地表现为各国自身反恐，即各国更注重打击和防范本国境内的恐怖主义及涉及本国利益与安全的恐怖活动，而国际层面的反恐在广度和深度上受限。再次，美国对伊拉克问题、伊朗问题、巴以问题及朝鲜半岛核问题的态度和政策，也直接影响了全球反恐进程与效果，使全球反恐形势与格局更加复杂化。最后，霸权主义、强权政治、不合理的国际政治和经济秩序、南北贫富差距的不断扩大、力量对比的严重失衡，以及与之相对的极端主义和分离主义等，是国际恐怖主义滋生和发展的真正根源。这说明，在经济全球化与新的国际关系格局下，恐怖主义的多面孔和多样性，

使之已不再是一个传统安全而是突出的非传统安全问题,它不能仅靠军事实力和战争手段来彻底铲除，也无法用单边主义、先发制人的方法来完全消灭，而要靠世界各国协调与合作，运用综合手段来加以应对。

（六）全球热点问题持续升温

传统世界热点问题难以在短期内加以解决，新的热点问题可能会爆发。首先，是核不扩散问题。这是由无核国家和组织企图取得核能力而与以美国为首的核不扩散运动产生的冲突，如目前的朝鲜半岛核危机、伊朗核危机，甚至基地组织企图获得核武器而引发的危机等。这些危机有时会以尖锐的形式表现出来，形成世界热点。这样的问题在新世纪仍将存在和出现，考验着国际社会的耐心和能力。其次，是领土和宗教纠纷问题。这样的纠纷通常是由具体的领土利益和宗教利益引发的，不是纯粹的意识形态冲突和信仰冲突，如巴以冲突，其直接冲突的诱因是领土利益和对宗教圣地的争夺，不完全是宗教教义的矛盾。这样的热点问题在新世纪仍将存在。再次，是能源和环境问题。这是 21 世纪的新热点之一。随着能源危机的到来和环境保护的紧迫性越来越大，包括水资源和石油资源等可再生和不可再生资源的竞争将有可能引发新的热点，国家之间在能源领域的竞争会日益强化，在环保问题上的争论也会日益激烈。这些竞争和争论在 21 世纪会继续以热点问题的形式表现出来。

第二节 周边安全环境

周边安全环境是一个国家对其周边国家或集团在一定时期内对自己国家主权、领土完整是否构成威胁、有无军事入侵、渗透颠覆等情况的综合分析和评估。中国的周边安全环境主要是指中国周边的大国和地区的安全环境，涉及的大国有美国、日本、印度和俄罗斯。地区包括东北亚、东南亚、南亚和中亚。对于一个国家来说，无论是生存还是发展都离不开一个好的安全环境，特别是一个好的周边安全环境。

一、中国周边地理环境及其对我国安全的影响

影响一国安全环境的国际、国内因素是复杂多变的。但是，对一国的安全环境起决定作用的是地缘政治因素，一个国家的地理位置决定它周边安全的复杂程度，也决定它在国际战略格局中的地位，其影响具有长久性。如果把美国这个世界上最大的发达国家和中国这个最大的发展中国家做一个基本对比的话，我们会发现，美国周边环境得天独厚，美国的北面是加拿大，南面是默默无闻的墨西哥。浩瀚的太平洋和大西洋把美国和其他主要强国隔开，正所谓“东西有大洋，南北无强邻”。世界主要陆海大国都与美国远隔重洋，历次战火（包括两次世界大战）都没有烧到美国本土。所以，“炮声远处响，危险隔重洋”成了美国安全环境的一个基本事实。而

中国显然没有这么幸运，中国的安全环境远比美国复杂得多。

（一）中国周边面临众多的陆、海邻国，地缘情况复杂

中国既是一个陆地型大国，也是一个海洋型大国，陆地国土面积 960 万平方公里，海洋国土面积 300 余万平方公里，陆海相连，总面积达 1260 万平方公里。陆地边界线总长 2.2 万余公里，海岸线总长 1.8 万公里。辽阔的疆域赋予中华民族美丽富饶，但漫长的边界线和海岸线，众多的邻国也使中国的周边安全环境非常复杂。

中国是世界上陆海邻国最多的国家之一。陆地上中国与 14 个国家接壤，这些国家依次是：朝鲜、俄罗斯、蒙古、哈萨克斯坦、吉尔吉斯斯坦、塔吉克斯坦、阿富汗、巴基斯坦、印度、尼泊尔、不丹、缅甸、老挝、越南。中国还与日本、朝鲜、韩国、菲律宾、文莱、马来西亚、印度尼西亚、越南等国家的大陆架或 200 海里专属经济区相连接，并与美国等许多国家隔海（洋）相望。其中，朝鲜和越南既是海上邻国，又是陆地邻国。与此相比较，俄罗斯的陆海周边国家只有 11 个，德国为 10 个，印度为 7 个，美国只有 4 个，众多的陆海邻国使中国周边安全环境先天就比较复杂。

专栏 3-6　邻国

在国际竞争中，邻国越多，特别是接壤邻国越多越不利。

——英国著名地缘政治学家麦金德

中国周边地区不止限于这些与中国有共同陆上和海上边界的国家，还包括在地理上靠近中国并与中国有密切关系的国家，如与中国没有共同边界的东南亚和中亚的其他国家。美国虽然不是我国的周边国家，但美国在东亚有着巨大的战略利益，美国对华政策对中国的安全环境影响最大。因此，一般认为，从地缘政治的角度看，美国是中国的邻国，而且是最大的邻国。

（二）中国及其周边地区是世界上人口最密集，社会、经济、文化发展最不平衡的地区

中国周边地区是世界上人口最密集，社会、政治、经济发展极不平衡，文化类型多元化存在，民族宗教问题异常突出，历史遗留问题较多的地区。世界上人口过亿的 10 个国家中有 7 个在这一地区。[①]中国及周边国家和地区的人口总数已超过 30 亿，占全世界人口的 1/2 以上，是世界上人口最稠密的地区。在中国周边，既有经济发达程度较高的新兴工业化国家（如日本、韩国等），也有非常贫穷落后的国家（如老挝、孟加拉国、阿富汗等），经济发展的差距很大。

我国周边国家、地区在社会制度及意识形态、发展程度、宗教文化方面存在巨

① 分别是中国、印度、印度尼西亚、俄罗斯、日本、巴基斯坦、孟加拉国。

大的差异性、不平衡性和多样性。从社会制度上看，既有社会主义国家，也有民主共和制国家和君主立宪制国家，还有宗教神权国家；在意识形态上，有马克思主义占主导地位的国家，也有西方价值观、人权观占主导地位的国家；从文化上看，有东方文化，也有欧洲文化；佛教文明、儒家文明、伊斯兰教文明和基督教文明等世界上几大文明体系都能在这个地区找到支持者和信奉人群。

（三）中国周边地区是世界上大国、强国最集中的地区

中国周边地区是世界上大国最集中的地区，而且多是大国强国。全世界公开宣称拥有核武器、拥有核技术及核生产能力的国家大多在中国周边。军事力量排在世界前 25 位的国家中有 8 个在中国周边，世界上军队人数在百万人以上的国家，美国、俄罗斯、印度、朝鲜等几乎都是我们的周边国家，或对我国周边安全环境有重要影响。大国、强国集中，我国国家安全面对的困难和压力也大大增强。

专栏 3-7　兵力

美国一位专家说：美国与自己近邻加拿大和墨西哥两国军队在兵力上为 6:1，它们之间的军事冲突是根本不可设想的。而中国则不一样，尽管它的军队是世界上最大的一支，但即使抛开较远的美国不算，7 个主要邻邦和地区的兵力加在一起，就比中国兵力多一倍。

——罗伯特·罗斯. 长城与空城——中国安全的寻求. 新华出版社，1997

（四）中国周边国家和地区的历史遗留问题较多，是世界热点、或潜在热点冲突地区

我国东临太平洋，西接中亚石油能源中心，南濒马六甲海峡，北与大国俄罗斯接壤，使我国极易陷入各种争端和利益冲突之中，中国周边地区热点、爆发点较多且突发性较强。世界三大火药桶之一的南亚次大陆、构成当前世界热点问题的中东地区和东北亚地区都在中国周边，台湾海峡、朝鲜半岛等世界潜在热点冲突地区都在这一地区。

专栏 3-8　难以安静的中国周边

我国周边存在领土和领海划界、民族宗教、国内战争等诸多问题。根据国内专家学者的研究报告，中国的周边环境存在一条“V”字形热点线，以南中国海海域为交汇点，向西是从柬埔寨到中越边境、中印边境到印巴克什米尔冲突、阿富汗反恐战争，再经塔吉克斯坦到中亚地区的陆地线；向东为台湾海峡，中日钓鱼岛之争，朝鲜半岛对峙，中日韩大陆架分歧，日韩竹岛之争到日俄北方领土之争的海洋线。这两条线都邻近中国，有些还直接涉及中

国的主权与安全，一旦这些热点爆发事端，中国被卷入的可能性极大。另外，美国在日本、韩国和太平洋地区驻军达10万余人，插手亚太事务，在亚太地区构筑军事同盟，使中国周边环境的不确定因素和不稳定因素增多。

无法回避的周边热点有朝鲜半岛问题、印巴克什米尔争端、日俄北方四岛争端和日韩竹岛之争。

——根据国防知识材料整理而成

中国周边地缘环境的复杂性还表现在与邻国“剪不断，理还乱”的领土争端上。我国的边境线很长，2.2 万多公里，边境长了领土争端问题也就随之而来，和周边国家有些领土纠纷也是在所难免。然而，和我国有领土争端的国家都是获得利益者，有的国家可以互谅互让，有的国家互谅可以，互让不行，中国要解开这堆乱麻尚需花费很大的精力。

二、当前中国周边安全环境的基本态势

中国周边安全环境是长期历史演变的结果。历史不是静止的过去，某种程度上它还活着，影响我们的现在和将来。中国与众多周边国家历史上的恩恩怨怨，现在和将来仍将对我国的周边安全环境产生不同程度的影响。判断中国周边安全环境，首先要看到有利的一面，要看主流，应该看到我国周边安全环境总体是好的，缓和的。具体表现在以下四个方面。

（一）中国面临大规模外敌入侵的军事威胁已经消除或减弱

年轻的中华人民共和国是在非常复杂的周边安全环境中成长起来的。新中国成立后相当长的一段时间内，我国长期处在一种风雨飘摇的状态，建国后我们为了粉碎美国的压力，进行了抗美援朝，先后出动3批，共25个野战军207万志愿军入朝参战。我国投入大量的人力、物力、财力来支持这场战争，经济发展和建设一定程度上受到影响。

此期间，我国处在一种随时都可能有战争爆发的状态，在相当长的时期内，当时我们讲帝国主义和反动派形成了一个“月牙形”的包围圈。20世纪60年代到70年代，我国的北部有苏联的百万大军压境，虎视眈眈，气势汹汹。哪个国家面临这么大压力，能安心搞建设。大敌当前，想集中精力搞建设也搞不下去。从边界冲突看，20世纪60年代初到70年代末，发生边境事件达7700余次，发生中小规模战争5起。

20世纪80年代末、90年代以后，世界形势发生巨大改变，中国的经济实力、军事实力不断强大，大敌当前的情况基本得到缓解。我国顺利实现与美国正常建交，

随着曾经对中国构成很大威胁的苏联的解体，我国很快与俄罗斯建立了“战略伙伴关系”。1992 年年底，俄罗斯总统叶利钦对中国进行正式访问，宣布两国互视为友好国家，从而为两国关系的发展奠定了基础。日本、印度虽然也和我国有利益冲突，但在人权、加入世贸组织等问题上与西方国家的立场也不完全一致。

（二）中国与世界主要大国和周边国家建立了友好合作关系

中国和世界主要大国求同存异，合作关系不断发展。中俄两国不仅实现了由中苏关系到中俄关系的平稳过渡，而且还取得了长足发展，连续上了三个台阶：1992 年两国建立了“睦邻友好合作关系”；1994 年进一步把这种关系发展到“新型的建设性伙伴关系”；1996 年进一步把两国关系深化为“面向 21 世纪的战略协作伙伴关系”。

中美双方关系基本保持平稳，小布什刚上台时，把中美关系定位为竞争对手，对中国采取一系列的强硬政策，此后转为与中国发展“坦率的、建设性的合作关系”，回归到正常的国家利益原则上；奥巴马上台后，因为在金融危机、朝核等一系列问题上需要中国的支持，所以从目前来看与我国完全交恶的可能性仍不大。

专栏 3-9 如何与中国相处：美国人的看法

《美国新闻与世界报道》发表了美国前国务院政策研究室主任理查德·哈斯的《如何与中国相处》的文章。他说：“各国的国际地位主要是由其人口、文化、自然资源、教育体系、经济政策、政治稳定性和外交政策等综合因素决定的。美国即使试图阻止中国的崛起，实现这一目标的前景目前也不明朗。美国试图围堵中国崛起的努力，肯定会引起中国的仇视，并导致中国在全球范围内与美国争夺利益。美国不应该尝试去阻止一个强大中国的崛起。美国需要其他国家变得足够强大，以便作为其盟友来共同应对全球化带来的许多挑战：核武器扩散、恐怖主义、传染病、毒品和全球气候变暖。中国是否会变得强大不应该成为美国外交政策的议题，中国如何使用日益增长的实力，才应该成为美国关注的焦点。”

——理查德·哈斯. 如何与中国相处. 美国新闻与世界报道，2005-06-20

面对周边环境的变化，中国坚持“与邻为善、以邻为伴”的方针和“睦邻、安邻、富邻”政策，大力开展和平外交，逐步营造出一个睦邻友好的周边安全环境。苏联从阿富汗撤军，使我国有机会缓和了同印度的关系；苏联的解体使我国有机会同中亚三国疏通关系；苏联从越南撤退使我国有机会疏通和东南亚各国的关系，特别是我国和越南的关系，和东盟的关系；应该说是发展和继续发展了同周边国家方方面面的关系。

我国与越南的关系历经风风雨雨，随着柬埔寨问题的解决，1991 年 11 月，中越双方通过发表联合公报的形式，宣告中越关系全面正常化。1986 年底，越共“六大”在确立以经济建设为中心的国家发展战略的同时，也提出了“广交友、少树敌、创造有利的国际环境，为国内经济建设服务”的对外战略方针。改善、发展与中国的关系。1999 年 2 月，越共中央总书记黎可漂访华获得圆满成功，1999 年 12 月，双方签署解决边界争端的协议。2008 年 12 月，中越完成陆地边界勘界和设立界址的工作。

1990 年 8 月，中国与印度尼西亚宣布复交，我国恢复了同印度尼西亚的外交关系。1974 年和 1975 年，中国与马来西亚、菲律宾和泰国先后正式建交。1990 年，中国与新加坡宣布正式建交。1991 年 9 月，中国和文莱宣布建交。至此，中国最终实现了同当时的东盟 6 国全面建交的目标。20 世纪 90 年代初，中国与东盟国家全部恢复建立外交关系，中国与东盟国家的睦邻友好关系进入一个全新的阶段。1992 年 8 月，中国与韩国正式建交，消除了两国贸易及投资中的障碍，两国间掀起经贸合作的热潮。

（三）中国积极参与和注重建立多边区域和次区域合作机制

经济全球化、一体化是一个趋势，这个趋势总的原则是将资源在世界范围内进行优化配置，这样的结果就是资源更多流向发达国家，而贫穷落后国家将越来越穷。面对这样一种情况，世界许多地区形成了地域性的多边合作机制，成立某种组织，建立某种关系。这些年，中国积极参与和注重建立多边区域和次区域合作机制，为中国和平发展创造了良好的外部条件。

上海合作组织就是一个比较成功的合作组织。该组织以相互信任，裁军与合作为主要内容的新型安全观；以结伴但不结盟为核心的新型国家关系；以大小国共同倡导，安全先行为特征的新型区域合作模式等“三新”为特征，倡导互信、互利、平等的上海精神，在国际上的影响日益增大。

“东盟地区论坛”为亚太地区主要大国和西方大国提供了一个重要的对话场所。论坛提出开展预防性外交和建立信任措施，就其原则性本身而言，对于避免区域内某些热点升级为武力冲突，创造一个稳定的地区环境具有积极意义。中国视东盟为中国崛起的一个战略支点。在 2004 年年底的印度洋海啸灾难中，中国政府和人民感同身受，第一时间伸出援助之手，向灾区提供了 12 亿元左右的援助，并及时派遣医疗队赶赴灾区，给予人道主义救助，帮助一些国家建立海啸预警系统，免除一些国家的外债，共同对付地区灾难，中国以自己的行动向世界展示了负责任的大国形象。2004 年 11 月，在第八次中国与东盟领导人会议上，中国和东盟双方签署了《中国-东盟全面经济合作框架协议货物贸易协议》及《中国-东盟争端解决机制协议》，还发表了《落实中国-东盟面向和平与繁荣的战略伙伴关系联合宣言的行动计划》，双方签署中国与东盟交通合作谅解备忘录。此外，中国与大湄公河次流域五国签署了《关于共同推进建设大湄公河次流域信息高速公路的谅解备忘录》。2005 年 7 月，

中国-东盟自由贸易区《货物贸易协议》开始实施。中国参与的多边区域和次区域合作机制取得很好的进展。

（四）中国与周边大部分国家解决了边界问题

2008 年的最后一天，中国与越南完成了陆地边界的勘界立碑工作。2009 年的第一天，已有游客登上黑瞎子岛，迎接中国领土上最早的日出。这些事实像界碑一样清晰地告诉人们，陆地边界不再是中国永远的痛。作为世界上陆地边界最长、陆上邻国最多、边界问题最复杂的国家之一，中国用 60 年的时间，改变了几千年来“有边无界”的状况，结束了几百年来的边界纷争。

1949 年新中国成立后，没有一条边界是确定的，有的只是不平等条约划定的边界，多年形成的传统习惯线和实际控制线。在新中国成立初期，“团结一切亚非拉民族独立国家”和向社会主义阵营“一边倒”是中国外交的基石，边界问题被搁置。然而，从 20 世纪 50 年代中后期开始，随着国际局势的变化，边界争端变得异常激烈和突出。中国与印度、苏联、越南等国发生的战争基本上都是边界战争。战争过后，两国在废墟上谈边界划分，其难度可想而知。

专栏 3-10　纷乱的边界

从历史角度看，中国与周边国家始终“有边无界”。即使是对边疆进行过有效治理的几个朝代，皇帝也不知道自己的帝国边界在哪儿。对此，武汉大学中国边界研究院院长胡德坤教授说，在中华朝贡体系时代，中国不存在现代意义上的边界问题。当时的中国中央王朝与所谓的“外藩”之间并没有明确的边界线，只存在一定的习惯线。现代资本主义国家诞生之后，产生所谓的国家主权概念，国家政权治理所及的疆域范围随之而来，从而需要明确国家的主权边界。资本主义的入侵，使清王朝的治理受到严重冲击，不仅让中央王朝“外藩尽失”，而且造成了一次次边界危机，使中国的边界问题更加复杂。

——石华，程刚，陶短房. 中国历经 60 年与 12 个邻国确定陆地边界. 环球时报，2009-01-06

曾给中国带来最大战争威胁的是中苏之间的珍宝岛事件。1969 年，苏联军队几次对黑龙江省乌苏里江主航道中心线中国一侧的珍宝岛实施武装入侵，并向中国岸上纵深地区炮击。中国边防部队被迫进行自卫反击，中苏矛盾恶化。最严重的时候，苏联在中蒙和中苏边界陈兵百万，并考虑对中国使用核武器。此后，中苏关系起起伏伏。苏联解体后，中国迎来了边界划分的第二个高潮，与北方新独立的多个国家划定边界。1997 年，“上海五国”元首在莫斯科会晤，签署在边境地区裁军的协定。根据协定，俄罗斯在几年内，在中俄边界俄方一侧 100 公里范围内，将军事力量减少为 9 个陆军作战师，8 个航空兵团，14 个边防总队。2008 年 10 月，中俄举行了黑瞎子岛的界桩揭幕仪式，至此，中俄从 1689 年的《中俄尼布楚条约》算起，历时 300 多年，终于解决了边界纷争。

专栏 3-11　40 年恩怨化干戈为玉帛　黑瞎子岛的漫漫回归路

屈辱年代：被强行占领　真正造成黑瞎子岛领土争端始于 1929 年。当时，中国东北军将领张学良因不满苏联持续控制在清朝末年由沙俄修筑的中国东清铁路（简称中东铁路），将苏联职员遣送回国，引起武装冲突。中华国民政府对苏宣战，但中国战败。

1929 年 12 月 20 日，在美国的调停下，张学良与苏联签署停战《伯力协定》，同意恢复其在中东铁路的权益，换取苏军撤出中国东北。但苏军却一直强占黑瞎子岛，不肯撤走。抗战胜利后，中华民国政府和苏联政府签署《中苏友好同盟条约》，条约规定："中苏两国一致同意江面主权中苏各二分之一。"

40 年恩怨：三次谈判未果　两国就黑瞎子岛的归属问题，从 1964 年就开始了第一次谈判，但苏联不肯归还侵占的中国领土，谈判失败。

中苏第二次边界谈判于 1969 年 10 月在北京举行，但随后中苏因争夺乌苏里江上的珍宝岛爆发战争，谈判终止。

1987 年 2 月，中苏双方开始第三次边界谈判。

1994 年，中俄两国签署了《中俄国界西段协定》。

政治决断：化干戈为玉帛　有关黑瞎子岛归属问题的谈判，几十年间一直相持不下。第四次边界问题谈判开始于 2001 年 7 月的《中俄睦邻友好合作条约》，当时的中俄两国元首作出政治决断，一定要解决黑瞎子岛问题。经过多轮谈判，双方最终达成共识，原则上决定平分黑瞎子岛。

2004 年 10 月，俄罗斯总统普京访华，中国外交部长李肇星和俄罗斯外交部长拉夫罗夫代表中俄双方签署了《中华人民共和国和俄罗斯联邦关于中俄国界东段的补充协定》。协议规定，满洲里东部额尔古纳河上的阿巴亥图洲渚归俄罗斯所有；塔拉巴罗夫岛（银龙岛）归中国所有；对大乌苏里岛（黑瞎子岛），两国政府商定将该岛一分为二，靠近哈巴罗夫斯克市的一半归俄罗斯所有，靠近中国一侧的一半岛屿归中国所有。

2005 年 6 月 2 日，中俄在符拉迪沃斯托克互换《中华人民共和国和俄罗斯联邦关于中俄国界东段的补充协定》批准书。当年 6 月，中俄勘界工作启动。2007 年 4 月，俄军开始拆除在黑瞎子岛的设施。该年 9 月，中俄黑瞎子岛陆地勘界基本完成。同年 11 月，中国黑瞎子岛界碑竖立。至此，黑瞎子岛乃至中俄边界问题的最终解决画上了一个句号。

——据《国际先驱导报》报道

边界对峙的代价是惊人的。2008 年年底，中越完成陆地边界勘界立碑工作后，不少外国媒体都关注了此事。美国有线电视新闻网（CNN）报道称，中越边境争端不但导致了 1 个月的战争，更导致此后 20 年内，两国在边界陈兵数十万，带来巨大消耗。《印度时报》也认为，中越边界问题的解决不仅具有重大历史意义，而且对彼此都有利，尤其是毗邻的双方边境省区，可借此机会扩大彼此间的经济交往与合作。中国和东南亚各邻国陆上边界问题的全部解决，将促进东南亚区域经济的一体化，给这一地区带来更多的经济利益。

专栏 3-12　中越完成陆地边界全线勘界立碑工作

中越政府边界谈判代表团团长会晤 2008 年 28 日至 31 日在河内举行。双方就解决中越陆地边界勘界立碑全部剩余问题交换了意见，达成一致，并发表共同声明。

声明说，中越双方根据 1999 年签署的《中华人民共和国和越南社会主义共和国陆地边界条约》，从两国人民的根本利益和发展中越传统友好关系出发，本着友好坦率协商、合理照顾对方关切、尽量减少对两国边民的生产生活造成不利影响、寻求双方都能接受的解决办法的精神，按照两国领导人的共识，如期完成了中越陆地边界全线勘界立碑工作。上述重要成果是在两国领导人直接关心和指导下取得的，也是两国政府代表团、专家、有关部门和相邻省份代表共同努力的结果。

中越完成陆地边界全线勘界立碑工作，是中越关系中具有重大历史意义的事件。两国首次以现代化的界碑系统，确定一条清晰的陆地边界线，将为两国各自发展带来新的机遇，特别是为双方边境省份扩大合作、发展经济、加强友好交流创造条件，为把中越边界建成长期和平、友好、稳定的边界奠定坚实基础。中越陆地边界勘界立碑工作圆满结束，是在按照十六字方针和“四好”精神发展的中越全面战略合作伙伴关系的生动体现，也是对本地区和平、稳定与发展的积极贡献。

双方商定早日签署勘界议定书和新的边界管理制度协定及其他相关文件，以便把中越陆地边界条约落到实处，为推动中越两国传统友谊不断发展做出贡献。在完成勘界立碑工作的同时，双方同意继续密切配合和合作，维护边境地区的和平、稳定与共同发展。双方同意适时举行仪式，庆祝陆地边界勘界立碑工作圆满结束。

背景资料　中国和越南的陆地边界线约长 1350 公里，在历时 8 年的勘界立碑工作中，中越两国共设立超过 1100 个界碑。

——黄海敏，韩乔. 中越完成陆地边界全线勘界立碑工作. 河内：新华网，2008-12-31

目前，除印度和不丹（未与中国建立外交关系）外，中国已与 12 个邻国确定了陆地边界。中国的边界曾被西方称为“动荡之源”，如今，它们不得不承认，中国边界的稳定已成为亚洲安全与发展之本。

三、中国周边安全环境面临的挑战

然而，在看到中国周边安全环境时，也不能只看到好的一面，四面凯歌。中国的周边环境总体来说是比较好的，但也存在着局部地区矛盾有所激化的不利因素和可能出现不稳定局面的隐患。

（一）美国因素：军事、政治威胁存在，面临战略压力

美国是中国大周边最大的邻国，也是中国与邻国关系战略利益最大的国家。作为世界上唯一的超级大国，美国的对华战略极大地影响着中国的周边安全，这种重要性

还在于它不仅是影响中国周边安全的一个单一变量，而且还是影响其他变量的全局性变量。近年来，我国坚持从战略高度看待和处理中美关系，推动中美建设性合作关系保持稳定发展的势头，双方合作领域进一步拓宽，利益交汇点增多。但我们必须看到，我国同美国在社会制度、意识形态和价值观念等方面存在根本差异，对于中国的快速崛起，美国是不情愿看到的。近两年美国的《国防报告》称，中国在2015年后将成为美国最大的敌人，竭力遏制中国变成强国。这种压力表现在以下几方面。

1．美国对中国的遏制战略

美国自认为是世界秩序的“领导者”，中国所倡导并推进世界多极化，建立公平合理的国家新秩序的主张及中国的快速崛起，美国认为都会对其在亚太乃至世界秩序方面的主导地位和以美国为首的西方文明构成冲击，所以美国一直站在限制、打压中国的前列，这种情况恐怕在可预见的相当长一段时间内还难以消除。

专栏3-13　美国的利益

当今美国是唯一有资格塑造国际体系，促进未来几十年乃至几代人的国际和平与繁荣的国家。

——美国国家利益委员会，2000-07

2．美国战略压力下的中国国家安全环境

为了遏制中国，美国在中国周边地区形成了针对中国的战略合围圈。在中国东部，凭借美韩共同防卫条约、美日共同防卫条约及其在韩日和太平洋地区的军事实力对中国进行遏制。在中国东南，为了控制太平洋和印度洋的连接通道，美国已在西北太平洋地区构成了三道岛链防线：第一道防线是韩国、中国台湾、越南；第二道防线是日本、冲绳、菲律宾、马来西亚、泰国；第三道防线是小笠原群岛、澳大利亚、新西兰。在中国西南，美国实施联印制华政策，在政治上，两国建立“面向21世纪的建设性战略伙伴关系”；在经济上，两国加强经贸往来；在军事和安全领域，两国签署了《防务合作协定》，定期举行联合军事演习。在中国西部，美国借反恐之机将军事实力渗透到阿富汗，从而为插手中亚事务，也为从西边遏制中国创造了条件。

3．美国在我国周边的军事部署

为了实现遏制中国的战略目标，美国将其全球战略重心随之转移到亚洲和太平洋地区。冷战时期，美国在亚洲部署的日美、韩美、菲美等双边军事同盟构成的“安全链”，在新世纪得到不断加强。从克林顿时代就已宣布的战区导弹防御系统（TMD）和国家导弹防御系统（NMD）计划及美日签订的《日美新防卫合作指针》，到奥巴马上台后坚持对我国台湾出售武器，都表明美国军事战略上对中国的威胁已远远大于冷战时期。尤其是日美力图将我国台湾拉入TMD范围，更使我国面临强大的军事压力。近年来，美国借推进“反恐战争”之机调整军事部署，加紧在我国周边投棋布子。特别是美国在西太平洋地区的军事部署调整到位后，关岛将成为美军太平

洋战略中枢和情报、监视、侦察、打击中心，与其东北亚基地群相呼应，成战略掎角之势，这将大大提高美国对朝鲜半岛、东海、台湾海峡、南海等地区的战略控制能力和危机干预能力。

（二）东部周边：形势严峻、隐患增多、复杂多变

在我国东部周边，美、中、日、俄和东盟五大战略力量既有合作又有分歧乃至冲突，这个地区存在着众多热点和敏感点，对我国周边安全构成了现实的威胁。

1．紧张的东北亚格局对我国国家安全具有直接和重大影响

东北亚地区历来是世界战略重地。在这个地区，汇聚了世界五大力量中心的四个，除欧盟外，美国、日本、俄罗斯与中国均在此有着重大的国家利益，存在着复杂的利害关系。

朝鲜半岛对中国的国家安全利益具有举足轻重的战略意义。朝鲜半岛处于东亚的地理中心，从陆地和海洋方向面对着中国的东北、华北、华东等多个战略地区，是中国东北部地区的战略屏障。2006 年 10 月，朝鲜核试验后，这一地区的紧张局势大大增强。目前，六方会谈困难重重，各大国围绕朝鲜核问题的角逐和博弈将继续下去，这不仅关乎半岛局势，而且牵动东北亚战略格局，直接影响我国周边安全。

专栏 3-14　朝鲜半岛紧张局势影响我国周边安全环境

朝鲜半岛所出现的紧张局势，已经对中国的周边安全环境造成了严重影响。特别是美、韩、日等国针对朝鲜进行的整军备战活动，从短期看，是为加强对朝威慑之举；但从长期看，这些举动将严重危害中国的安全利益。

首先，朝鲜半岛局势的动荡将影响中国多年建设的“和平发展”的良好周边环境。“城门失火，殃及池鱼”，半岛紧张局势的进一步升级有可能令外国投资者对中国东部地区望而却步。

其次，进一步加大美国对中国的围堵能力。半岛局势若久拖不解决，美军在西太地区部署态势呈固化状态，将进一步牵引美军战略重心东移。无疑，届时美国对中国所能运用的军事威慑手段也将更加多样化。像美军拟在韩国境内部署“全球鹰”高空无人侦察机，此种无人侦察机若长时间在黄海上空盘旋，将对中国军舰和军机在黄海海域的动向一览无余。此外，美国的导弹防御系统建设和部署也可能随之再获动力，这也将危害中国的核威慑能力。

再次，令日本在东海问题更加有恃无恐。朝鲜半岛紧张局势一步步滑向危机，无疑增强了美国对日本等盟国的倚重程度，令日本获得 F-22 战斗机的几率加大。很明显，若日本获得 F-22 战斗机，将大大提升其航空自卫队实力，增强其与中国在东海问题上对抗的资本。此前，日本积极谋求 F-22 战斗机就是以中国为借口的。日本方面一直宣称，中国先进战斗机和巡航导弹的威胁正在不断增长，而日本和中国之间围绕东海问题的外交争吵很有可能导致冲突。但日本在西南部缺乏有效的机场来完全满足作战需求。尽管日本拥有先进的 KC-767

加油机和 E-767 预警机，但缺乏速度高、隐身好、具备精确打击能力、能够在日中之间海域快速反应的先进战机。

此外，日本欲借半岛紧张局势摆脱《和平宪法》藩篱。韩国国内出现的所谓“核主权”主张，更是一种危险信号。日、韩两国的做法若不能被及时制止，则会令现有东北亚安全格局出现被颠覆的可能，对中国周边安全环境的影响将更加难以预料。

——杨洪江. 朝核危机令中国安全环境恶化. 环球军事，2009,（13）

日本右翼政治和战略走向是中国周边值得警惕的不安全因素。日本是我国一衣带水的邻邦，但近代的日本让中国人民饱受战争之苦。近年来，我们始终着眼中日关系大局和我国战略利益，对日进行了有理、有利、有节的斗争。但我们对中日关系的复杂性要有充分估计。首先，是日本在历史问题上拒绝对战争罪责进行深刻反思，否认南京大屠杀、慰安妇等问题。日本政府一而再、再而三地参拜靖国神社，极大伤害了亚洲和中国人民的感情。其次，是在领土、领海问题上不断制造麻烦，公开宣称，钓鱼岛是“日本固有的领土”，与我争夺东海大陆架与专属经济区权益，从而加剧了中日之间结构性矛盾与冲突，使中日关系成为人们关注的焦点。第三，是日本国内的政治走向进一步右倾化，安全战略和军事战略的外向性、进攻性明显增强。近年来，日本处心积虑谋求政治、军事大国的地位，“9·11”事件后，它冲破和平宪法的束缚，趁机出兵阿富汗和伊拉克，2007 年 1 月又正式将防卫厅升格为防卫省，朝着军事大国方向迈出了关键的一步。与此同时，日本是亚洲地区散布“中国威胁论”的主要鼓噪者，它不仅积极发展海空军事力量，而且还与美国重订日美安保条约，将所谓“周边地区”纳入其防卫范围，力求在中日领海、岛屿之争中取得军事上的优势。近年来，美日军事同盟有强化趋势。2005 年 2 月至 2006 年 5 月，美日连续三次召开由双方外交和国防部长参加的安全磋商会议，推动美日军事同盟朝着全球干预和主动进攻型转化。双方已在海上巡逻、反潜作战上基本实现情报实时传输和指挥协同，对我军潜艇出入第一岛链的监控能力大大增强。2006 年 11 月，美日出动 100 多艘大中型舰艇在日本海举行大规模联合军事演习，参演舰艇数量之多为历年来所罕见，对朝鲜半岛和台湾海峡的战略指向明显，必须引起我们的高度警觉。

2．东南亚是我国安全利益的重要掣肘因素

东南亚是中国维护国家安全的南线屏障。20 世纪 90 年代，双方建立了面向 21 世纪的睦邻互信伙伴关系，并着手构建中国与东盟自由贸易区。但随着中国的崛起，受来自西方“中国威胁论”影响，一些国家对中国始终怀有戒心和疑虑。同时，中国与部分东南亚国家在南中国海问题上还存在着领土争端。南海诸岛自古以来就是我国的领土，但自 20 世纪 60 年代末南沙海底油气资源发现后，有关国家围绕着南海诸岛屿展开石油资源的争夺。

一些东南亚国家为了加重在南海权益争夺上的砝码，一方面大肆增加军费开支，另一方面与美国达成协议，使美国军舰有权进入这些国家港口和基地，借此美国完成了在东南亚军事基地的作战和后勤保障体系建设。从战略上看，南海地区在国际海运航道上的地缘战略优势和丰富资源，是中国未来海军建设和潜在能源供应的重要基地，攸关中国的崛起。围绕南海水域、岛屿的主权争夺越演越烈，并日益形成复杂化和国际化的态势，这已经成为维护我国安全利益的重要掣肘因素。

（三）西部周边：地位重要、局势危机动荡、乱局呈长期化趋势

我国西南和西部边境安全在 21 世纪具有重要的战略地位。我国西部复杂的民族、宗教等社会因素，中亚极端民族宗教势力的影响，边界问题的存在，以及美国的欧亚战略，使我国西部边界安全形势严峻。维护西部安全的意义已不仅是领土主权的安全，而是具有地缘政治和经济意义的安全。

1. 动荡的中亚地区对我国西北少数民族地区的影响不容忽视

中亚地区位于亚欧大陆板块的腹地，处于亚洲通往欧洲的要道上，古时的“丝绸之路”和今日的“欧亚大陆桥”都在此处，而且因为有着丰富的能源资源，历来是各种政治力量竞相角逐的战略要地。苏联解体后，中国与中亚 5 国建立了外交关系，顺利地解决了与中亚各国之间的边界问题，建立了上海合作组织，并签订了一系列多边友好条约，通过双边和多边机制奠定了我国与中亚各国经济和政治、国防安全等方面的合作基础，逐渐确定了有利的地缘优势。但中亚地区的安全与稳定形势仍然复杂多变，对新疆地区乃至整个中国都产生着较大影响。美国正不断加强对里海、中亚石油及其战略通道的控制，俄罗斯在这一地区的传统影响依然深远。就中亚自身来讲，一方面政局不稳，内部冲突不断，“颜色革命”此起彼伏，对我国西部边境安全构成威胁；另一方面，民族分裂主义、宗教极端势力和恐怖主义的泛滥，以及对我国边疆少数民族地区的渗透都是国家的安全隐患。特别是“大中东”地缘政治位置的不断提升，伊斯兰原教旨主义势力在中亚国家的扩张趋向，“东突独”组织的猖獗活动等，对我国西北边疆少数民族聚居地区的经济、政治安全具有极大的影响。但应当看到的是，中亚国家也深受“三股势力”的危害。我国新疆“7·5”事件后，包括哈萨克斯坦、乌兹别克斯坦、吉尔吉斯斯坦、塔吉克斯坦等中亚国家在内的上海合作组织一致表示，将加强在打击恐怖主义、分裂主义、极端主义和有组织犯罪方面的合作，共同维护本地区的安全与稳定。

2. 南亚次大陆在地缘上与我国安全有密切关系

对我国西部安全影响最大的因素是印度。作为世界上最具发展潜力的国家之一，印度在冷战后乘美国对南亚采取“等距离外交政策”的时机，积极向美靠拢，以实现其地区大国乃至世界大国的梦想，把中国作为其实现大国梦的最大威胁。近年来，中印关系虽然已有相当程度的改善，但仍然存在很大障碍。主要是三个方面。

首先，边界争端是影响中印两国关系的首要问题。我国与南亚大部分国家的边界问题已经解决，但与印度的边界争端却至今悬而未决。在2000多公里的边界线上，有12.5万多平方公里的领土存在争议，并在1962年发生过极不愉快的边界战争。边界问题事关国家的根本利益，又直接涉及国民的民族感情，从根本上制约了两国关系的发展。中印两国政府也深知边界问题的敏感性和复杂性，并正在积极努力解决这一问题。2009年8月7至8日，中印边界问题特别代表第13次会晤举行，双方在坦诚友好的气氛中就解决中印边界问题深入提出了意见。双方表示，将根据双方达成的解决边界问题的政治指导，提出合理和双方都能接受的边界问题解决方案。在边界问题解决之前双方要共同努力保持边境地区的和平与安宁。

其次，“中国威胁论”是中印关系进一步发展的主要障碍。印度是鼓吹“中国威胁论”的主要国家之一。不少印度人认为，中国是一大潜在对手，中国的强大是对印度的威胁。印度的决策层认为，中国的强大和崛起可能影响印度的国家利益，中国军队的现代化建设严重威胁了印度的战略安全。尽管一个时期以来这种论调有所缓和，但其内心深处把中国视为“最大潜在威胁”的阴影一直挥之不去。因此，其在国防和军事发展战略上，要求具备在必要时打进西藏的能力，把能够控制喜马拉雅山分水岭作为印度对华军事战略的核心。近年来，印度不仅自行研制和生产各类新型武器，还直接从国外采购大量的先进军事装备，尤其是将建立核打击能力作为实现全球政治和军事大国目标的重要手段，使得中国的西部面临着潜在的安全隐患。

再次，西藏问题是影响中印关系的重要因素。流亡在印度的西藏人超过12万，达赖集团的流亡政府即设在印度的达兰萨拉。印度虽然表示承认西藏是中国的一个自治区，是中国领土的一部分，不允许西藏人在印度领土上从事分裂中国的政治活动，但却在暗中支持达赖集团分裂活动，企图以此增加向中国施压的筹码。

（四）北部周边：相对缓和、平稳中存在一定变数

当前，相对于我国东部和西部周边局势来说，北部周边保持着相对平稳缓和的局面。中国与北邻俄罗斯共同致力于建立新型伙伴关系，与蒙古也建立了友好关系，为营造共同安全，维护地区稳定奠定了基础，但局势仍存在变数。

冷战结束后，中俄邦交迅速实现了正常化，但中俄间仍存在一些干扰两国关系稳定发展的问题。随着中俄两国力量对比的变化，俄罗斯对中国的担心和疑惧反而增加了。随着俄罗斯务实外交的进一步加强和美国对俄关系的调整，可能影响到中俄战略协作伙伴关系的战略定位。中俄间的合作关系目前多存在于政治及安全领域，在经济贸易方面却收效甚微，形成了中央热、地方冷，官方热、民间冷，政治热、经济冷的不均衡状态。这种关系值得我们关注。

蒙古政经形势总体稳定。蒙古人民革命党继续保持在国家大呼拉尔（议会）中的稳固地位，该党政府基本实现了保持宏观经济稳定、扩大投资、整顿金融财政秩

序和提高人民生活水平的目标。中蒙两国长期友好，近年来双方互信进一步增强，各个领域的合作不断发展，特别是两国在资源开发、基础设施建设、风沙治理和疫情防治等方面的合作将进一步加强。目前，中国与蒙古之间虽然建立了长期稳定、健康互信的睦邻友好合作关系，但“9・11”事件后，美国通过经济援助、政治和军事合作，对蒙古进行积极渗透，对中国北部安全构成新的威胁。

（五）海洋国土：海域被分割、岛礁被占领、资源被掠夺

1982 年 4 月，第三次联合国海洋会议通过了《联合国海洋法公约》。该公约首次以国际法的形式，对领海、毗连区、大陆架、专属经济区等作了具体规定。其中“专属经济区”的规定唤醒了沿海国家开发和维护海洋资源的意识，进而引发了争夺海洋岛屿、海洋国土、海洋资源和海洋通道的新一轮较量，使世界的主要热点集中到海洋上。

专栏 3-15　专属经济区，广袤的蓝色国土

所谓专属经济区，是指领海以外并邻接领海的区域，其宽度从领海基线量起不应超过 200 海里，沿海国对此海域中的生物和非生物资源享有主权。1996 年 5 月，中国批准《联合国海洋法公约》，承担该条约的权利与义务。

——冯春萍，邓立丽．专属经济区，广袤的蓝色国土．环球时报．2008-06-12

中国是世界上海岛最多的国家之一。按照《联合国海洋法公约》，沿海国家最大可管辖以下 6 大海洋区域：港口、内海、领海、毗连区、专属经济区、大陆架。据此规定，中国拥有 300 多万平方公里的海洋国土。在这个海区范围内，不仅渔业资源相当丰富，石油等矿产资源也是极为丰富的。1973 年“石油危机”前后，在南沙群岛及其附近海域掀起了一股瓜分岛屿、开发石油的狂澜。涉及的国家和地区包括越南、菲律宾、马来西亚、印度尼西亚、文莱和中国台湾地区。其中，印度尼西亚提出海域分割要求，越南提出对南海拥有全部主权。而目前，我国只控制南沙群岛中的 9 个岛屿（包括台湾控制的太平岛），越南、菲律宾、马来西亚、印度尼西亚、文莱等国家则抢占南沙群岛 50 多个。南海周边国家纷纷引入外部资金，与美、日、俄、法等诸国联合对属于中国领海范围 12 海里的南海油气资源进行疯狂的掠夺性开发。到 20 世纪 90 年代末，已经钻井 1000 多口，发现含油气构造 200 多个和油气田 180 个。

专栏 3-16　中国海洋国土近一半存在争议

近一段时期以来，中国及周边海域可谓风不平浪不静。

“由于历史和现实的复杂原因，在属于我国 300 万平方公里的海洋权益中，近一半存在争议，海域被分割，岛礁被占领，资源被掠夺的情况较普遍。我国版图上划的海上传统疆

界‘九段线’已名存实亡。我国的8个海洋邻国，对我海洋国土和权益均提出不同程度的无理要求，总面积达100多万平方公里海域。”国防大学战略研究所孟祥青教授在接受《瞭望》新闻周刊采访时介绍说。

近来，我国南海周边一些国家的举动也同这一特殊背景有关。他们采用实际控制、国内立法、国际联盟等多种手段，试图将侵占我南海主权的行为事实化、合法化和国际化。某些国家极力拉盟国美国下水，以期美国能干预南海问题。事实上，美国也确实正在奉行“介入但不陷入”的模糊政策，以便获取最大的好处。此外，日本、印度、澳大利亚等国也或明或暗染指南海问题，试图从中浑水摸鱼。

孟祥青认为，不仅是南海周边国家，世界各主要国家在有争议的岛礁、大陆架、专属经济区、两极地区的种种行为，与其说是真实意图表达，不如说是钻国际法律的漏洞及其未来调整期的空隙，试图通过“不占而宣”或“不宣而占”等手段为自己的“圈地运动”抢得先机。日韩“独岛（日称竹岛）之争”、日本变“冲之鸟礁”为“冲之鸟岛”、英法等对南极提出领土要求、美俄对北极提出领海要求等，都是典型的例证。

——黄海霞. 今年是世界海疆重新划定和出现重大纷争的起点. 瞭望，2009-04-15

由于中国与海上邻国之间没有400海里以上的海洋空间，因此各自宣布的专属经济区不可避免地出现重叠。中国的领土完整、海洋权益要维护，邻国的合理权益也要尊重，如何妥善处理海洋争端，将是21世纪中国安全与发展面临的一个非常棘手的问题。

思 考 题

1. 为什么说和平与发展仍是当今时代的主题？
2. 什么是国际战略格局，如何理解其内涵？其基本结构有哪些类型？
3. 国际战略格局的基本特征和发展趋势是什么？
4. 当前国际战略形势有哪些基本特征？
5. 中国周边地理环境对我国周边安全造成什么影响？
6. 如何正确认识我国周边安全环境？
7. “联合国海洋法公约”对我国海洋国土有什么影响？
8. 我国相对稳定的周边安全环境中，目前还存在哪些不安全因素？

第四章

普通高等学校国防教育系列教材

军事理论教程

技术探秘：现代军事高技术

第一节 军事高技术概述

科学技术特别是军事高技术的迅猛发展，正在军事领域引发一场深刻的变革。研究现代战争、国防和军队建设的特点规律，必须认真了解军事高技术及其在军事领域的应用。

一、军事高技术的概念和特点

（一）军事高技术的概念

军事高技术是指建立在现代科学技术成就的基础上，处于当代科学技术前沿，以信息技术为核心，在军事领域发展和应用的，对国防科技和武器装备发展起巨大推动作用的高技术总称。

（二）军事高技术的特点

创新性 高技术是知识密集型技术，其发展和运用都必须依靠创造性的智力劳动。例如，半导体集成电路，从成本上讲，原料及能源仅占其总成本的 2%，而其余 98%都是创新型的智力含量。

风险性 军事高技术一般都是超前研究，时效性强，因而存在着很多的不确定因素。其开发的风险性远远高于传统技术领域。例如，航天技术，1986 年 1 月 28 日，美国第二架航天飞机“挑战者”号在进行第 10 次飞行时，从发射架上升空 70 多秒后发生爆炸，价值 12 亿美元的航天飞机化作碎片，坠入大西洋，7 名机组人员全部遇难，造成了世界航天史上最大的惨剧，给美国的航天工程带来了很大的损失。

渗透性 在军事高技术中没有孤立的研究领域，舰艇、飞机、导弹、鱼雷等，无一不是多种知识融合、多种学科交叉所得到的成果。

增效性 军事高技术一旦转入民用领域和企业生产相结合，会显著提高劳动生产率和资源利用率，带来巨大的经济效益。运载火箭系列总设计师、中国工程院院士龙乐豪向《财经时报》介绍，“中国从‘神一’到‘神六’都在研究民用技术，带动了诸如化工、材料、特种工艺、气象、生物、农业等领域技术的发展。”“中国已经有 3000 多家民用企业参与到载人航天的生产、研制中，推动了第三产业的发展，从长远看，前景无可限量。”

二、军事高技术的研究领域

由于应用范围十分广泛，因此军事高技术研究分支很多，如侦察预警、精确制导、隐身伪装、信息战及综合电子信息系统等。这些分支中的任何一个都涉及多种

高技术研究领域。现代高科技主要有六大领域：信息技术、航天技术、海洋技术、现代生物技术、新材料技术及新能源技术。从高科技六大领域自然延伸，军事高技术可以分为军用信息技术、军用新材料技术、军事航天技术、军用新能源技术、军用生物技术和军事海洋开发技术六大领域。

（一）军用信息技术

军用信息技术是军事高技术的主要支撑与主导性技术，主要包括以下几个方面。

军用微电子技术　微电子技术，是使电子元器件及由它组成的电子设备微型化的技术，其核心是集成电路技术。目前，集成电路运行速度和集成度的不断提高，会带来翻天覆地的变化。概括起来，有“三化”，即设备小型化、机器智能化、用途广泛化。比如，曾经像投影幻灯一样大的收音机如今可以做得像纽扣那么小，体积缩小了，但功能却没有减。一架普通相机，加上一块小小的芯片，就变成了人人会使的“傻瓜”相机。由于微电子技术的广泛运用，致使现代武器装备的性能也得到巨大提高，例如，现代导弹既可打面目标，又能打点目标；现代坦克既可白天作战，也可夜晚作战。

军用光电子技术　光电子技术的基础是各种光电子器件。军用光电子器件主要有红外探测器、激光器、光纤等。光电子技术具有探测精度高、信息容量大、抗干扰和保密能力强等优点，在军事上可被用来独立地发展一些装备，用于侦察、预警、遥感、导航、通信等。

军用计算机技术　计算机技术已在军事领域广泛应用于军事训练、新型武器研制、军事科研与评估等各个方面，如武器训练模拟器、驾驶模拟器、维修模拟器和作战模拟系统等。

专栏 4-1　NMD 计划

NMD 计划是在 20 世纪 80 年代美国前总统里根提出的“星球大战”计划的基础上形成的国家导弹防御计划。NMD 集天地于一体，天上现有 9 颗 DSP 导弹预警卫星，当敌对国家对美国发起导弹攻击时，其红外探测器能探测出导弹尾焰的高温信号，由此发现来袭导弹并进行太空导弹预警。地上有 X-波段雷达，它对来袭导弹进行目标获取、跟踪、识别并评估其可能造成的破坏。卫星和雷达获取的信号送给作战管理系统，指挥官根据掌握的情况向部队下达作战命令。当导弹接近美国时，作战部队便会发射一枚或多枚拦截器来进行拦截，将来袭导弹摧毁。

——赵炜渝．美国 NMD 计划及其影响．中国航天，2000，(8)

（二）军用新材料技术

目前，世界各国主攻的军用新型材料主要集中在高温材料、功能材料和复合材料等。

高温材料　高温材料主要是坦克、军舰、飞机、导弹的发动机，以及航天飞机、宇宙飞船等表面需要的材料。一般来说，材料耐高温性能越好，用它做出来的发动机水平就越高。试验发现，发动机的工作温度每提高 100°，它的推力就可提高 15%左右。

功能材料　功能材料是指具有各种各样特殊功能的材料，如电光材料、电声材料、隐身材料、“记忆”材料等。使用对红外线敏感的材料做成的“光电眼”，能够从离地数万公里的太空，发现地球表面的导弹发射；使用对气味敏感的材料做成的“电子鼻”，能够代替人发现某些特殊的气味；除了敏感材料外，还有一种叫做“形状记忆合金”的功能材料，这种材料的特点是，一旦赋予它所要求的形状后，你可以改变环境条件，随心所欲地把它变成别的样子，什么时候想恢复原状，只要把环境条件再变回去就行了。

复合材料　复合材料是指把两种或两种以上不同性质的材料经过加工，复合形成一种材料，从而克服单一材料所存在的某些弱点，发挥各个组成材料各自优点，提高材料的综合性能。像军用飞机和卫星，要又轻又结实；军用舰船，要又耐高压又耐腐蚀。高性能纤维所制成的高级复合材料，强度大，相对密度小，不仅可以大大降低装备自身的信号特征，而且还具备良好的气动性能，是制造飞机、火箭、航天飞行器的理想材料。

（三）军事航天技术

航天技术是一项与军事斗争密切相关的现代工程技术，其难度之高，影响之大，都是前所未有的。据不完全统计，世界发射的众多航天器，大约 70%是为军事目的服务的。军事航天技术的应用成果大致可分为三类：军事卫星系统、天基武器系统和军用载人航天器。

专栏 4-2　TMD 计划

1994 年 5 月，美日共同制定了“西太平洋导弹防御计划”，即所谓的 TMD（战区导弹防御计划）。导弹防御对象包括中国、朝鲜和俄罗斯。迄今为止，日本、韩国先后加入美国的战区导弹防御计划，中国台湾一直在积极争取加入该计划。日本部署了海基“宙斯盾”导弹防御系统，韩国和中国台湾部署了美国陆基“爱国者”反导系统。目前，美国在韩国保持了 41 个军事基地和 3.663 万驻军，在日本保持 3.91 万驻军。

——高恒．TMD 在亚太地区呼唤战争．华声报，2001-04

（四）军用能源技术

面对日益明显的能源危机，世界各国都在积极开发利用新能源，如太阳能、风能、核能、氢能等。

太阳能的开发与利用　太阳能可为车辆、卫星等提供所需的能源。太阳能飞机可以在军事侦察，通信和环境监测等领域发挥特殊的功能，如在进行气候变化研究时，可以在不污染环境的情况下进行高空观测。

核能的开发和利用　核能的军事应用首先是制造核武器，如原子弹、氢弹。其实，核能还可作为大型舰艇、卫星上的驱动能源，是理想的战时能源。

氢能的开发和利用　在航天方面，减轻燃料自重，对航天飞机来说极为重要。氢能的密度很高，是普通汽油的 3 倍，也就是说，只要用 1/3 重量的氢燃料，就可以代替汽油燃料。在航空方面，以氢作为动力燃料已经在飞机上进行了试用，相信未来会有更大的发展。

（五）军事生物技术

生物技术包括基因工程、细胞工程、酶工程和发酵工程，是高技术的代表领域之一，有人称之为“21 世纪技术革命的主角”。例如，运用遗传工程技术制造基因武器，利用人类的基因特征选择某一种群体作为杀伤对象。经研究发现，鸟的导航系统只有几毫克重，但精确度极高。目前，已有一些国家在利用生物技术手段模拟动物的导航系统来简化军事导航系统，使其精度提高、体积缩小、成本降低。

（六）军事海洋技术

军事海洋开发技术是一项综合性研究领域，包括利用遥感、声呐和深潜器等，提供了对作战海域进行测定、监控、利用和改造的可能性。利用军事海洋技术改变作战行动特别是海军行动的手段和方式，是未来国际上围绕海洋，展开海上作战的竞争焦点。

三、军事高技术的发展趋势

海湾战争、伊拉克战争等都是高技术条件下的局部战争，从这些局部战争中可以发现，军事高技术的发展趋势主要包括以下几个方面。

（一）发展目标：强调质量优势

美国认为：“美国必须保持武器质量上的优势并乘机会利用技术进步。”也就是说通过军事高技术的研究、开发和应用，以达到在武器系统的质量上保持优势的目标。日本建军计划曾提出：适当控制主要武器装备的采购数量，着重进行装备更新，提高武器质量，增强军队的综合作战能力。

（二）发展内容：重视系统综合性

军事高技术的许多研究领域，如超导技术、激光技术、生物技术等，领域的交叉综合化成为发展的重要内容。例如，伪装与隐身技术开始只针对雷达波进行研究，现在除电磁波外，还涉及声、光、红外、磁、水压等区域，形成了庞大的技术群并与其他领域紧密交织、互相促进。

伪装与隐身技术主要是通过降低武器装备等目标的信号特征，使其难以被发现、识别、跟踪和攻击，以欺骗和迷惑敌方，达到隐真示假的目的。其中，伪装技术主要包括迷彩伪装、植物伪装、人工遮障伪装、烟雾伪装、假目标伪装等。对于武器装备处于相对劣势的一方而言，搞好防护和伪装隐蔽，对于保存实力是十分重要的。

（三）发展水平：逼近领域“极限”

军事高技术许多研究领域，都在向包括超高压、超高温、超低温、超高速、超细微、超大规模等在内的自然界的各种“极限”逼近。

（四）发展模式：扩散转移成果

军事高技术成果向民用领域的转移将对经济发展和综合国力的增强起重要作用，美国于 20 世纪 80 年代末就在战略防御计划局内专门设立了技术应用处，负责向国防部各部门和工业界转移该计划的技术成果。美国白宫科技政策办公室曾在国防部和商务部的关键技术计划基础上，制定了“国家关键技术计划”，选择了 30 项对军用和民用都至关重要的技术作为发展重点。

美国的“全球定位系统”（GPS），是美国国防部在 1973～1994 年的 21 年间，耗资 120 亿美元发射 24 颗卫星而建立起来的一个高精度、全天候和全球性的无线电导航、定位和定时的多功能系统。曾是一项绝密的军事技术，是美国三大航天工程之一。GPS 导航卫星由载有高精度时钟的 21 颗卫星和 3 颗备用卫星组成。它们分布在 6 个等间距的轨道上，每颗卫星对地球可见面积为地表面积的 37.92%，且发射信号达到地表较平均。这种配置使全球任意位置在任何时刻都至少可以同时收到 4 颗（最多可达 11 颗）卫星的导航信息，而接收终端只需要收到其中三颗卫星的导航信息，就可实现三维高精度定位。随着信息技术的高速发展，GPS 已经走进日常生活，如家庭轿车使用的车载导航仪。

四、军事高技术在军事领域产生的影响

随着军事高技术的发展及其在军事领域的广泛应用，军事高技术已经在武器装备发展、军事理论创新、军事行动的关键环节等诸多方面产生了巨大的影响。具体来说，主要表现在以下三个方面。

（一）促进了信息化武器装备的发展

过去打仗，谁拥有数量多的武器装备，谁获胜的把握就大，今后，则要看谁

的武器装备信息化程度高，看谁能够夺取信息优势，因此信息化的武器装备成为武器发展中的重点。高技术对信息化武器装备的促进作用，主要体现在以下三个方面。

提高了武器的杀伤效能　高技术的应用，将使各类武器向重量轻、射程远、速度快、精度高的方向发展，从而极大地提高了武器的杀伤破坏效能。例如，轰炸相同的目标，第二次世界大战时，B-17 轰炸机需要 9000 枚炸弹；越南战争时，F-105D 战斗轰炸机需要近 200 枚炸弹；海湾战争期间，F-117 隐身飞机只需投掷 1～2 枚激光制导炸弹。

提高了武器的信息作战能力　信息化战争离不开信息化的武器装备，各类信息技术的广泛应用，显著提高了武器装备的信息作战能力。例如，近几年出现的无人机，其信息作战能力就很强。

促使了新型武器的诞生　兵家强调的是“出奇制胜”，高技术的应用，直接促进了诸如激光武器、微波武器、人工智能武器、基因武器等新型武器的诞生，一旦投入作战使用，将大幅度提高作战效能与效费比，取得出奇制胜的作战效果。

（二）有力地推动了军事理论的发展

军事高技术在军事领域的广泛运用，为军事理论的发展提供了物质基础，从而有力地推动了军事理论的发展。

推动了战争形态理论的发展　战争形态是标志战争在历史演变不同发展阶段上的整体面貌的军事范畴。20 世纪 60 年代以来，以信息技术为核心的一系列高技术群，在军事领域的广泛应用，使武器装备产生了质的飞跃，特别 1991 年爆发的海湾战争标志着人类战争形态开始由机械化战争向信息化战争转变，而 2003 年爆发的伊拉克战争，其武器装备的信息化程度都高于以前的任何战争，再次推动了人类战争形态的发展。

推动了战场控制权理论的发展　正如舰艇平台技术推动了“制海权”，飞机平台技术出现推动了“制空论”，核武器技术推动了“核威慑论”一样，随着信息技术的飞跃发展，当前，越来越多的军事理论家，已经把夺取制信息权，看成是赢得作战胜利的第一要素。

推动了作战样式理论的发展　恩格斯曾经指出：“一旦技术上的进步可以用于军事目的并且已经用于军事目的，它们便立刻几乎强制地，而且往往是违反指挥官的意志而引起作战方式上的改变甚至变革。”高技术在军事上的应用，催生了一系列作战样式理论的发展，其中，以精确打击这一作战样式为典型代表。

（三）深刻影响了军事行动的各个环节

在作战行动周期中，有个很有名的 OODA 循环理论，其相应的中文意思为“侦察—判断—决策—行动”，由美国空军上校博伊德于20世纪70年代提出。通过分析，不难发现，军事高技术其实早已经渗透到了作战行动周期的这四个关键环节中。

情报侦察实时化 在战争中，情报是获胜的前提。美国参联会原副主席欧文斯曾对美伊两军的侦察监视能力做过一番比较，得出的结论是：如果交战的一方“可以一天24小时，仅以30秒的延迟、在各种气象条件下、透过云层、在10cm的误差以内非常精确地看到另一方，而他的对手则不能，他一定会赢”。因为，侦察监视能力强的军队能够迅速获得准确的情报信息，从而能够做出正确的决策和采取正确的行动。

侦察监视的基本过程其实就是一个获取情报的过程。其中，雷达侦察在现代军事侦察与探测中应用的最为广泛，是主要的情报来源之一。它是利用物体对无线电波的反射特性（回波）来发现目标并测定目标位置（距离、高度及方位角）。雷达侦察的种类很多，按任务或用途可分为警戒雷达、引导雷达和武器控制雷达等。例如，警戒雷达，又包括对空警戒雷达、对海警戒雷达、机载预警雷达等。

指挥控制高效化 指挥机构是军队的大脑，战争的胜负在很大程度上要取决于作战双方的指挥控制能力。所以，指挥机构总是充分利用先进的军事高技术成果改进指挥手段，提高指挥效能。指挥控制高效化的基础是指挥控制系统的综合集成，目前最先进的是美军的C^4ISR系统，它通过以计算机为核心的网络把所有的通信系统、探测装置和武器系统联成一体，从而使得指挥控制水平得到飞跃。在伊拉克战争中，美军从国防部、中央总部前指再到各军种组成司令部，都有C^4ISR系统通联，实现了信息共享和数据链接，显示出高效、快捷的指挥效能。特别是C^4ISR系统集成了火力打击系统后，进一步发展成为C^4KISR系统,这个K指的是kill，这样就使原有的C^4ISR指挥控制系统具备了杀伤的功能。

作战行动快速化 “兵贵神速”历来是兵家所追求的情形，但传统武器装备因受技术条件限制，常常“欲速不达”。第二次世界大战时，美国巴顿将军闻名于世的一个显著特点是推进速度快，但其日推进速度只有13km。海湾危机发生后，短短数天内十万美军就赶到了海湾地区。其中，战争开始还不到两天，美第18空降军的所用部队就推进至伊纵深200km的幼发拉底河地区，切断了伊军退路。正是高技术武器装备的应用，才使“兵贵神速”成真，实现了机动快、反应快、打击快，转移快。因此，西方军事家已经把“兵贵神速”赋予了新的含义，即“时间就是一切，时间就是胜利”、“时间是未来战争的第四维战场”，越来越强调时间因素。

军事高技术的发展给现代战争带来的新变化，还远远不止这些。例如，配有激光的智能飞机，激光的能量高度集中，它比太阳亮200亿倍，可以打击数千公里以外的敌方目标，摧毁任何坚固的目标。俄罗斯在车臣战争中用激光高能武器击毙一名武装匪徒，解救出被劫持的绑有手榴弹的女记者。可以预见，随着人类科学技术的不断进步，未来战争还将出现更多新的变化。

第二节 侦察监视技术

战争中，及时准确地获取情报是取得胜利的前提。随着侦察监视技术的发展，侦察监视的手段、方式和设备的技术水平较以往大大提高，拥有高技术的一方能适时、准确、全时域、全方位地获取各种战场信息，这就为实时采取相应对策提供了可靠的情报保障，为克敌制胜创造了有利条件。

一、侦察监视技术概述

（一）侦察监视技术的概念

侦察监视技术，是指用于发现、区分、识别、定位、监视和跟踪目标所采用的各种技术。

侦察监视是军队为获取敌情、地形及其他有关战场信息而进行的活动。侦察监视的过程可分为 6 个阶段：发现、区分、识别、定位、监视和跟踪。发现，即发现目标，就是通过把目标与其背景作比较，将目标从背景中提取出来，以确定目标位置。区分，即确定目标的种类，主要是根据目标的外形和运动特征加以区分。识别，是指在探测目标过程中，对目标进行详细的辨认，即确认目标的真假、敌友及确切的种类型号。定位，即按照一定的精度，探测出目标的位置，通常包括目标的方位、高度和距离。监视，是指对目标进行严密的注视和观察。跟踪，是指对运动目标进行不间断的监视。

（二）侦察监视技术的分类

侦察监视技术的分类方法多种多样。根据运载侦察监视技术设备平台的活动区域不同，可分为地（水）面、水下、航空和航天侦察监视。按侦察任务、范围和作用的不同，可分为战略、战役和战术侦察监视。根据实施侦察监视技术原理的不同，可分为光学、电子和声学侦察监视。

二、侦察监视技术的现状

（一）地面侦察监视技术

地面侦察监视，是指在陆地上进行的侦察监视的行动。其手段除常用的光学侦察外，还有无线电技术侦察、雷达侦察和地面传感器侦察等。

1．无线电技术侦察

无线电技术侦察，是指使用无线电技术器材搜集和截收对方无线电信号的侦察。它可以截收和破译敌方无线电通信信号，查明敌方无线电通信设备的配置、使用情况及战术技术性能，以此判明敌人的编成、部署、指挥关系和行动企图。无线电技术侦察具有隐蔽性好、获取情报及时、侦察距离大、不受气象条件限制和不间断地对敌进行侦察等优点，但也受到敌无线电通信距离、器材性能和采取的各种隐蔽措施所制约。

无线电技术侦察的方式主要包括无线电侦收、无线电侦听和无线电测向等。无线电侦收，是使用无线电收信器材接收敌方无线电通信信号，从中获取情报的方法。无线电侦听，是使用无线电收信器材收听敌方无线电通话，从中获取情报的方法。无线电测向，是利用无线电测向设备确定正在工作的无线电台的方位。

2. 雷达侦察

雷达侦察，是利用物体对无线电波的反射特性测定目标距离、速度、方位和运动速度的一种侦察方法。具有探测距离远、测量精度高、能全天候使用等特点，是目前应用非常广泛的一种侦察方法。

雷达的种类很多，按任务或用途可分为警戒、引导雷达和武器控制雷达等。例如，对空情报雷达，主要包括对空警戒雷达、引导雷达和目标指示雷达，是用于搜索、监视和识别空中目标的雷达；对海警戒雷达，安装在各种水面舰艇或海岸、岛屿上，是用于对海面目标进行探测的雷达；机载预警雷达，是预警飞机的专用雷达，它可以探测、识别各种高度的空中目标和地（水）面目标，引导己方飞机作战等；弹道导弹预警雷达，主要用来发现战略弹道导弹的发射，并测定其瞬时位置、速度、发射点、弹着点等弹道参数，为预警、防御和反导提供必要的信息。

3. 地面传感器侦察

地面传感器侦察，是指对地面目标运动所引起的电磁、声音、地面振动和红外辐射等变化量进行探测，并把它们转换成人能识别与分析的图像及电信号的设备。地面传感器通常由探测器、信号处理器、发射机和电源 4 个部分组成。其设置方法主要有人工埋设、火炮发射和飞机空投等方式，具有受地形限制小、结构简单、便于使用、易于伪装及容易受干扰等特点。目前，使用比较广泛的有震动传感器、声响传感器、磁性传感器、应变电缆传感器、红外传感器等。

震动传感器，是利用地面扰动波来探测目标的一种传感器。其主要优点是探测灵敏度高、距离较远，通常可有效探测到 30m 以内运动的人员和 300m 范围内运动的车辆，具有一定区分目标的能力。能有效地区分人为扰动还是自然扰动，是人员还是车辆，但不能识别是徒手人员还是全副武装人员，是轮式车辆还是履带式车辆等。

声响传感器，是一种使用比较广泛的传感器。其工作原理与麦克风相似。由于它能放大目标运动时所发出的声响特征，所以其特点是识别目标能力强。例如，运动目标是人员，则能直接听到他的声响和讲话内容，易于判明人员的国籍和身份；运动目标是车辆，则可以根据声响判定车辆的具体类别。声响传感器的探测范围大。通常对人与人之间的正常音量对话，探测范围可达 40m，对运动车辆的探测可达数百米。

磁性传感器，是利用磁场的变化来探测目标的一种传感器。其特点是具有较强的目标识别能力，能区别徒手人员、武装人员和各种车辆，对目标探测速度快。通常可达 2.5s。但由于受能源限制，其探测范围小，对武装人员的探测范围为 3～4m，对运动车辆的探测范围为 20～25m。

应变电缆传感器，是利用应变钢丝的变形引起阻值变化来探测目标的一种传感器。其探测范围与电缆布设长度相等，通常在 30m左右。应变电缆只能由人工埋设，野战使用受限，但在边海防和特殊设施预警上使用方便，速度快，通常为 2.5s，且可靠性高，能较好地识别人员和车辆。

红外传感器，是利用钽酸锂受热释电的原理来探测目标的一种传感器。它具有体积小，隐蔽性能好，同时探测速度快。但只能进行人工设置，限于探测器正面的扇形区域，也不具备识别目标性质的能力。

（二）水下侦察监视技术

水下侦察监视，是利用水下侦察监视设备来探测水下的各种目标。它是现代侦察监视系统的重要组成部分。水下侦察监视装备大体可分为两类，即水声探测设备和非水声探测设备。水声探测装备主要有声呐、水下噪声测量仪、声线轨迹仪、声速仪等；非水声探测装备主要有磁探测仪、红外线探测仪、废气探测仪等。目前，水下侦察监视网络是以水声探测为主构成的，非水声探测设备作为补充发展较快。

在水下侦察监视设备中，声呐是最主要的一种手段。声呐，俗称水下“千里眼”、“顺风耳”，是利用声波对水中目标进行探测、定位和识别的一种水声探测装备。

1．声呐的分类

声呐按其工作方式分为主动式和被动式声呐两种。

主动式声呐主要由发射机、换能器、接收机、显示器、定时器和控制器等组成。发射机产生电信号，经换能器，把电信号变成声信号向水中发射，声信号在水中传递过程中，如遇到目标，则被反射，返回的声信号被换能器接收后，又变成电信号，经接收机放大处理，就会在显示器的荧光屏上显示出来。由此可见，主动式声呐需要主动地向海中发射声信号，测定目标方位和距离。它能够探测静止无声的目标，但同时也很容易被敌方侦听，使自己暴露。另外，侦察距离也比较近。

被动式声呐主要由换能器、接收机、显示控制台等组成。当目标在水中、水上航行时，所产生的噪音被换能器接收变成电信号，传给接收机，经放大处理再传送到显示控制台进行显示。由此可见，被动式声呐不主动发射声信号，只接收海中目标发出的噪声信号，从而发现目标，测出目标方向和判别目标性质。因此，它的隐蔽性、保密性好、识别目标能力强、侦察距离较远，但不能探测静止无声的目标，也不能测定目标距离。

2. 声呐的应用

根据声呐应用的对象不同，声呐可分为水面舰艇声呐、潜艇声呐、航空声呐和海岸声呐等。

水面舰艇声呐 水面舰艇难以隐蔽，为了探测水中障碍，与己方潜艇进行水声通信，特别是为了避免遭受潜艇攻击和反潜作战的需要，水面舰艇往往装有几种不同类型的声呐，包括搜索、射击指挥、探雷、测深、侦察识别、通信等。

潜艇声呐 潜艇隐蔽于水下，对声呐的依赖程度高于水面舰艇。潜艇为了搜索、发现、区分、识别、监视和跟踪水面舰艇、潜艇等目标，探测水雷等水中障碍及进行水下通信和导航，通常装有多种类型的声呐，如噪声测向仪、回声定位仪、侦察仪、探雷器、水下敌我识别器、水下通信仪、声速测量仪、声线轨迹仪、测深仪和测冰仪等。

航空声呐 主要用于直升机对潜艇实施搜索、发现、区分、识别、监视和跟踪。航空声呐包括吊放式声呐、拖曳式声呐和声呐浮标系统三种。其中，吊放式声呐便于对大面积海区实施搜索，能较迅速地查明有无潜艇活动。航空拖曳式线列阵声呐收放十分方便，阻力小，搜索效率高。有些水面舰艇也装备了反潜预警用的拖曳线列阵声呐系统，将数百个换能器组装在拖缆上，组成长达数百米的线阵，放到 1km 水深层，具有远距离侦察能力。声呐浮标适用于对大面积海域的搜索，使用比较便捷。反潜直升机先将若干声呐浮标按一定的要求投布于搜索海区，而后飞机在上空盘旋，接收和监听由浮标系统发现并发射的目标信息，由此分析判断，确定潜艇等目标的准确位置。

海岸声呐 在港口附近的海区、重要海峡和航道，设置的固定换能器基阵，以此来实施对潜警戒，并引导岸基或海上的反潜兵力实施对潜攻击。海岸声呐的工作方式通常以被动式为主。其隐蔽性能好、探测距离较远，但体积庞大、安装维修困难，特别是易受气象条件和海底地质情况的影响。

（三）航空侦察监视技术

航空侦察监视，是指使用航空器对空中、地面、水面或水下情况进行的侦察。由于航空侦察具有灵活、机动、准确和针对性强等特点，它既是获取战术情报的基本手段，也可用于获取战略情报。即使是有了侦察卫星，航空侦察也仍是不可缺少和不可代替的侦察手段。

1. 航空侦察监视设备

航空侦察监视设备，主要有可见光照相机、多光谱照相机、激光扫描相机、红外扫描装置、电视摄像机、合成孔径雷达和机载预警雷达等。

可见光照相机，是利用普通黑白和彩色胶片作为感光组件的照相机，根据结构可分为画幅式、航线式和全景式三种。

红外照相机，与可见光照相机的原理相同，所不同的是要采用只能透过红外辐射的锗制镜头，而且采用对红外辐射敏感的专门的红外胶卷。情报人员根据所拍摄的红外黑白照片的色调变化或红外彩色照片的色彩变化，识别和发现隐蔽的目标。它具有在夜间或浓雾等不良条件下拍摄远距离影像的能力。

多光谱照相机，是把电磁波划分成几个窄的谱段，用几台照相机（可以是一架多镜头照相机或多架单镜头相机或光束分离型多光谱相机）同时对同一地区拍照，得到同一地区的几个谱段的成套照片，经适当处理比较，就可将目标进行分类和区别。它的最大优点在于能够剥去绿色植物伪装，发现军事目标。

激光扫描相机，利用激光良好的相干性实现非透镜成像，主要用于低空和夜间摄影。由激光器、发射机、接收机、视频信号存储和显示设备组成。它的优点是照片生动逼真、立体感强、分辨率高、容易判读。

红外扫描装置，是利用光学扫描技术和对中、远红外辐射敏感的半导体材料，将地物辐射的红外能量转变成电信号，进行放大处理后再转变成可见光图像。根据提供图像的方式不同，红外扫描装置又可分为红外扫描相机、前视红外系统和热像仪等。

电视摄像机，是把光学图像转换成便于传输的视频信号。常用的主要是反束光导管型多通道电视摄像机。电视摄像机具有体积小、重量轻、没有机械传动部件、易获得地面遥感数据，而且对光照度要求低，分辨率比较高。

合成孔径雷达，是利用雷达与目标的相对运动，以数据处理的方法，把尺寸较小的真实天线孔径合成一个较大的等效天线孔径雷达。它具有分辨率高，能全天候工作，能有效地穿透某些掩盖物识别伪装，但图形几何畸变较大，判读困难。

机载预警雷达，是预警飞机的主要电子设备，主要包括脉冲多普勒雷达和相控阵雷达。脉冲多普勒雷达，是利用多普勒效应探测运动目标的雷达，具有盲区小，对低空、超低空目标的探测距离远、机动性强等特点。目前，正在研制的新一代相控阵雷达，是电扫描相控阵天线利用计算机控制相位的方法实现波束扫描的雷达，具有扫描灵活、可靠性高、抗干扰能力强、对载机气动影响小和有利于隐身等优点。

2. 航空侦察监视平台

航空侦察监视平台，主要包括有人驾驶侦察机、侦察直升机、无人驾驶侦察机和预警机。

有人驾驶侦察机　从设计上分为两类：一是专门设计的侦察机，其特点是生存能力强，侦察容量大，精度高；二是由各型飞机改装的侦察机。例如，由运输机和轰炸机改装的侦察机主要用于完成战略、战役侦察任务；由歼击机、歼击轰炸机改装的侦察机主要用于完成战术侦察任务。

专栏 4-3　U-2 高空战略侦察机

U-2 绰号“黑寡妇”，是专门针对苏联而研制的一种全天候单座单发长航时高空战略侦察机，是名副其实的冷战老兵。它的使命是为美国指挥决策机构拟定作战方案提供战略、战役情报。由于是在大多数防空导弹无法飞抵的 21000 m 高空执行任务，因此 U-2 主要是直接侵入别国领空实施侦察，也可以在国境线之外执行任务。U-2S 侦察机上装有高分辨率摄影组合系统，可以拍摄清晰度很高的地面照片；机载合成孔径雷达可以穿透浅遮障层侦察地下设施；还有全景摄影机、多光谱分析仪，能接收雷达信号、通信信号的电子侦察设备等设备。改进的 U-2S 还装有“精密定位攻击系统”，用于测定地面雷达、防空武器、重要设施的准确位置，引导轰炸机和导弹攻击目标。

第一架 U-2 侦察机于 1955 年 7 月 29 日首飞，1956 年装备美国空军，当年 6 月 19 日首次进行了侦察飞行。在 1960 年之前，U-2 侦察机一直凭借高空优势在苏联和中国上空横行。但好景不长，1960 年 6 月 1 日，苏联防空军使用“萨姆－2”地空导弹首次击落 1 架 U-2 侦察机。紧接着，中国防空导弹部队二营于 1962 年 9 月 9 日在江西省南昌市郊区一举击落 1 架 U-2 高空侦察机。之后一发不可收拾，到 1967 年 9 月，中国先后击落 5 架 U-2 侦察机，使 U-2 从此不敢轻易再犯中国领空。

——杜朝平．朝鲜上空的美军侦察机．军事世界画刊，2006，(4)

侦察直升机　可依靠视觉和各种光学观察设备进行直接观察，还普遍装备了航空照相机、电视摄像机、红外扫描装置等侦察监视设备。其优点是有利于对地面进行更细致、更准确的观察，能够在空中旋停，可以在己方空域直接监视敌方战术纵深内的活动目标。

无人驾驶侦察机　能够携带可见光照相机、电视摄像机、前视红外遥感器及侧视雷达等侦察设备，具有成本低、可靠性高、体积小和机动灵活特点。但在地面需要维护保养和测试，操作比较复杂，地面对飞机的控制信号及飞机向地面传送侦察的数据易受到电子干扰。无人与有人驾驶侦察机只能互为补充，而不能相互取代。

专栏 4-4　美国部署 6 只“全球鹰”监视全亚洲

据美国《每日防务》报道，美军计划在关岛部署“全球鹰”无人侦察机，并在十年内建成“全球鹰”无人侦察机中队，该中队于 2008 年开始部署。届时，关岛将成为美空军未来情报、侦察与监视特遣部队的基地。

美国的“全球鹰”无人机是目前世界上最大、技术最先进的高空长航时无人机，主要用于高空、远程和连续大范围的监视、侦察，获取有价值的战略或战术情报。“全球鹰”无人机翼展长达 35m，航程 26000km，续航时间达 42h，日常活动半径为 5500km。“全球鹰”无人侦察机一旦部署关岛，由于关岛距离中国沿海及朝鲜半岛均不到 3000km，这表明“全球鹰”的辐射范围将包括从中国、朝鲜到泰国的亚洲广大地区。同时，该机从关岛起飞，在

能够顺利返航的前提下，它能飞至日本海或中国东海并停留 16h，或飞至马六甲海峡并停留 12h，在侦察时间和空间上也会有很大的回旋余地。

"全球鹰"入驻关岛不仅可使美军的侦察区域成倍扩伸，而且在侦察精度上也会有实质性提升。该机装置了非常先进的电子侦察系统，包括由热成像仪和数字光学摄影机组成的传感侦测系统，还有合成孔径雷达。这种雷达如用广域搜索模式工作，可在 24h 内对 $13.7km^2$ 的区域进行扫描式侦察，精度可达 1m，如果 6 架飞机从关岛一齐出动的话，每天可对亚太地区超过 $700000km^2$ 的区域进行侦察；如用点状搜索模式工作，可在目标上空对 $2km^2$ 目标进行连续 24h 侦察，精度高达 0.3m。同时该雷达发射的无线电波能够穿透云雨的障碍，即使在夜间或阴雨天气也能照常执行任务。

——刘起来，冯海生．美国部署 6 只"全球鹰"监视全亚洲．新闻世界，2006，(2)

预警机　预警机是航空侦察监视系统的重要组成部分，起到了活动雷达站和空中指挥中心的作用，由载机和电子系统组成。电子系统包括监视雷达、数据处理、数据显示与控制、敌我识别、通信、导航和无源探测等。预警机能够引导各种飞机进行作战、为战区指挥员提供各种作战情报。它具有监视范围大、生存能力强、指挥控制能力强等特点。

（四）航天侦察监视技术

航天侦察监视，是指使用有侦察设备的航天器在外层空间进行的侦察。随着航天技术的发展，航天侦察监视已经不仅能满足战略情报的需要，而且也能满足战役、战术情报的需要，具有轨道高、速度快、范围广和限制少等优点。还可根据需要长期、定期、反复、连续地监视全球或某一地区，能在较短的时间内实时地提供侦察情报。

航天侦察监视的分类，如按是否载人，可分为卫星侦察和载人航天侦察，其中，卫星侦察是主要方式；按任务和侦察设备可分为照相侦察卫星、电子侦察卫星、导弹预警卫星和海洋监视卫星等。

1．照相侦察卫星

照相侦察卫星，是侦察卫星中发展最早、发射最多的卫星，同时是航天侦察监视任务的主要承担者。它同时使用可见光相机、红外相机、多光谱相机及电视摄像机等不同种类侦察设备，可以优势互补。有的照片直观，易于判读；有的能识别伪装；有的便于识别更多的目标；有的可进行近乎实时的传送。

专栏 4-5　中国的照相侦察卫星

1966 年，中国开始研制主要用于扫描照相侦察的返回式卫星。第一颗照相侦察卫星 FSW－0 于 1974 年 11 月 5 日从酒泉双城子卫星发射中心用"长征－2A"运载火箭进行了发射，但未成功。1975 年 11 月 26 日，第二颗 FSW－0 卫星被送入近地轨道。10 天后，该星完成任务返回地面。虽然其回收舱由于材料质量欠佳而受损，但舱内照相设备和胶卷完好无损，因此这次飞行是成功的。1976～1987 年，中国从酒泉使用“长征－2C”运载火箭共发射了 9 颗 FSW－0 系列卫星，这些卫星携带了包括地面遥感仪器、侦察相机在内的各类设备，其中 1987 年 8 月 5 日发射的 9 号卫星用于重力和生物研究。

第二代返回式卫星是 FSW－1 光学与光电照相侦察卫星，它比 FSW－0 更大更重，光学照相分辨率为 10～15m，光电照相分辨率为 50m。后者可近实时地向地面接收站传递图像。此外，它能确定不适于照相的区域（如云层覆盖区），从而避免胶卷的无谓消耗。根据公开资料获悉，FSW－1 系列卫星轨道远地点的平均高度降至 310km，在对地球表面进行扫描时，其在赤道上空的航线间隔比 FSW－0 卫星更小（FSW－1 为 2.9～3.5°，FSW－0 为 4～5°），这样，可对同一地区进行多次扫描，从而提高了其对地球表面的照相能力。

1987～1993 年，中国使用“长征－2C”运载火箭从酒泉卫星发射中心共发射了 5 颗 FSW－1 系列卫星，除 1989 年外，每年发射一次，发射月份通常为 8～10 月。其中，4 号卫星于 1992 年 10 月 6 日与瑞典“弗瑞亚”研究卫星共同发射入轨。

FSW－2 属于第三代返回式卫星，其在轨工作时间增加到 16 天，并能进行有限的变轨机动，估计其照相分辨率为 1m。所有 FSW－2 卫星均使用“长征－2D”运载火箭从酒泉卫星发射中心发射入轨，首颗于 1992 年 8 月 9 日发射，第二颗于 1994 年 7 月 3 日发射，第三颗于 1996 年 10 月 20 日发射。

——靳涛．俄报点评中国太空卫星．海事大观，2007，（5）

2．电子侦察卫星

电子侦察卫星是航天侦察的主要平台之一。为保证电子侦察卫星的寿命，其高度不能太低；为保证侦察效果，又不能太高。一般高度在 300～1000km 之间。电子侦察卫星上装有侦察接收机和磁带记录器，当卫星飞经敌方上空时，将接收的各种频率的无线电信号记录在磁带上，当卫星飞经本国地球站上空时，再回放磁带，以快速通信方式将信息传回。电子侦察卫星具有天线覆盖面积大、侦察范围广、持续时间长、手段优越和安全等特点。

3．导弹预警卫星

导弹预警卫星，用于监视、发现和跟踪敌方战略弹道导弹的发射及其主动段的飞行，并提供早期预警信息。此外，还兼顾有探测核爆炸的任务。导弹预警卫星利用红外探测器，探测导弹在主动飞行期间发动机尾焰的红外辐射，还使用电视摄像机加以配合，准确地判明导弹发射。导弹预警卫星属地球同步卫星，通常由 3 颗导弹预警卫星组成导弹预警网，每颗导弹预警卫星负责地球表面的 1/3 区域。一旦有导弹发射，导弹预警卫星上的红外望远镜在导弹发射后大约 90s 时间就能探测到尾

焰产生的红外辐射信号，并传送到地面站，然后又传至指挥中心。此过程仅需要 3～4min，能为己方争取 15～30min 的预警时间。

4．海洋监视卫星

海洋监视卫星，主要用于探测、监视海面状况和舰船、潜艇活动，侦收舰载雷达信号和窃听舰船无线电通信。它能在全天候条件下鉴别舰船的编队、航向和航速，并能探测水下核潜艇的尾流辐射等，还可为舰船的安全航行提供海面状况和海洋特性等重要数据。它具有覆盖海域广阔、探测运动目标、轨道高，以及由多颗卫星组网等特点。

三、侦察监视技术的发展趋势

随着微电子、光电子、通信、雷达和航天等技术的发展及广泛应用，现代侦察监视技术已经进入了一个崭新的发展阶段，从侦察方式、手段和设备到战术技术运用，都将出现新的变化。

（一）空间上的多维化

为适应信息化战争的需要，侦察卫星、侦察飞机、陆地上的雷达、地面传感器、无线电设备和水下的声呐等侦察监视设备，必将有机地形成一个整体，组成一个涵盖陆、海、空、天、电磁的综合的侦察监视网络。在侦察监视的区域、时间、周期以及对情报的处理和利用上，不同的侦察监视设备之间互相取长补短和相互印证，充分发挥侦察监视设备的效能。

（二）速度上的实时化

未来战争，作战节奏快，战场态势瞬息万变，要求各种侦察监视手段提供的信息也要快，否则就满足不了作战的需要。为此，必须要提高信息处理和传输能力。随着遥感技术和计算机技术的迅速发展，借助大容量和运算速度快的计算机对遥感图像进行自动分类和识别，可大大地提高信息处理速度，这将使侦察监视设备获得的信息能实时地传递给指挥决策机构。

（三）手段上的综合化

侦察技术的发展，反过来又促进了反侦察技术和伪装干扰技术的发展。为了有效地发现、区分、识别、定位、监视和跟踪目标，特别是有效剥除其伪装，不仅要加强目标特征研究，还要加速研制新的遥感器，使用多种遥感器，同时观测同一地区，既能获得较多的信息，也能使各种信息之间相互对照、比较和印证，从而提高信息的可信度。

（四）侦察－打击一体化

以往战争中，作战效果不理想往往不是武器系统“够不着”，而是侦察监视系统“看不到”。只有侦察监视系统与武器系统有机地结合起来，才能充分发挥侦察监视的效果。未来战争中，侦察监视系统不仅能以自身携带的武器攻击，而且还可以引导空中、地（水）面的武器攻击所发现的目标。

（五）自身生存能力得到提高

精确制导武器的迅速发展，对侦察监视系统的生存构成了严重的威胁。侦察监视系统的生存能力，将直接关系到作战结局。未来战争中，航空侦察监视系统将向高空、高速和隐形等方向发展，以便让对方的防空火力“够不着”、“追不上”、“看不见”。反卫星武器的出现，航天侦察监视系统也不再“高枕无忧”，而必须在如何躲避攻击、抗电子干扰、耐核辐射等方面采取措施。地（水）面和水下实施侦察监视更要随时做好反侦察监视的准备。

第三节　伪装与隐身技术

侦察探测技术的迅猛发展，必然使与之相对抗的反侦察技术的不断发展。伪装技术已成为对付侦察探测和精确打击最有效的技术之一。而隐身技术作为伪装技术领域的拓展和延伸，更是现代进攻性武器装备增加突防能力的重要手段。

一、伪装技术

（一）伪装技术的基本原理与分类

伪装，是隐蔽自己和欺骗、迷惑敌方所采取的各种措施，即“隐真示假”。伪装技术，是为减少目标和背景在可见光、红外、无线电波等方面的反射或辐射能量差异而采取的各种技术措施。

伪装的基本原理，就是调整或处理目标与背景之间的关系。减小目标与背景在光学、热红外、微波波段等电磁波波段的散射或辐射特性的差别，以隐蔽目标或降低目标的可探测性；模拟或扩大目标与背景的这些差别，以构成假目标欺骗敌方。军事伪装就是通过利用电子、电磁、光学、热学和声学的技术手段，改变目标本身特征信息，实现目标对周围背景的模拟复制，降低或消除目标的可探测特征，以实现目标的“隐真”，或是模拟目标的可探测特征，仿制假目标以“示假”。

军事伪装有各种不同的分类。按其在战争中的运用范围，可分为战略、战役和战术伪装；按其所对付的侦察器材，可分为雷达波段伪装、可见光及红外波段伪装、防声测伪装等。另外，按所采用的技术，可分为传统伪装和高技术伪装。

（二）伪装技术措施

1．天然伪装

天然伪装技术就是充分利用地形、地物、夜暗和能见度不良天候（风、雪、雨、雾）等天然条件，隐蔽或降低目标暴露征候的一种手段。

天然伪装技术主要用于对付光学（紫外、可见光和近红外）侦察，在一定条件下也能对付红外侦察、雷达侦察、声测和遥感侦察。

2．迷彩伪装

迷彩伪装就是利用迷彩技术生产的涂料、染料和其他材料，改变目标表面，达到消除或减小目标与背景之间反射或发射可见光、热红外和雷达波，以及改变目标外形，达到伪装目的。按照目标类型、背景特点和涂料技术，主要可分为保护色迷彩、变形迷彩、仿造色迷彩、光变色迷彩和多功能迷彩等。

专栏 4-6　数码迷彩作训服

数码迷彩又称数位迷彩，采用数码设计手段产生的图案称为数码迷彩。具体说来，它是通过各种数字化输入手段如绘图软件、扫描仪、数码相机或因特网传输的数字图像，把所需图案输入计算机，经过专用的计算机设计软件和专家辅助评价系统处理后，再由专用软件驱动芯片控制喷印系统将专用染液（如活性或分散等染料）直接喷印到各种织物或其他介质上，从而获得一种所需的迷彩伪装样品。

数码迷彩可以解决传统迷彩颜色块之间衔接不自然、与背景弥合度不高等问题，加上内在的防侦视伪装性能，大大提高了军服在短距离内的伪装效果。

数码迷彩的主要优势有两点：第一，图案数字化，不会走样变形。以前用图纸传输图案，传输到布上时可能会发生变形，再传输到生产厂家时又有可能发生变形，很难保证图案质量。但是数码迷彩就不会出现这种现象。第二，测评比较方便。一种图案设计完成时，通过技术手段、软件工具进行实验室测评，全新的数字化模式减少了时间和金钱的无谓花费。

——郑双雁．魅力数码　迷彩再现．轻兵器，2007，(18)

3．植物伪装

植物伪装技术是利用种植植物、采集植物和改变植物颜色等方法对目标实施伪装的技术。由于其简易有效，在现代战争中仍经常使用。例如，在目标上种植植物进行覆盖；利用垂直植物遮蔽道路上的运动目标；利用树木在目标地区构成植物林；利用种植物改变目标外形和阴影；利用新鲜树枝和杂草对人员、火炮、汽车和工事实施临时性伪装等。

4．人工遮障伪装

人工遮障伪装是利用各种制式伪装器材设置对目标进行遮蔽的一种手段。它由遮障面和支撑构件组成。遮障面采用制式的伪装网或就便材料编扎，制式遮障面有叶簇式薄膜伪装网、雪地伪装网、伪装伞、反雷达伪装网、反红外侦察伪装遮障和多频谱伪装遮障等。支撑遮障按其用途和外形，可分为水平、垂直、掩盖、变形和反雷达遮障5种。

5. 烟雾伪装

烟雾伪装是利用烟雾遮蔽目标，迷茫、迷惑敌人或使来袭制导武器失效所实施的伪装。通过散射、吸收的方式衰减光波能量，干扰敌方光学侦察。由于发烟材料的发展，现代烟幕对雷达和红外波段同样具有干扰和遮蔽作用。同时，还可以对付激光制导炸弹等。

6. 假目标伪装

假目标伪装，是指为欺骗、迷惑敌人而模拟目标暴露征候所实施的伪装。主要包括形体假目标和功能假目标两类。形体假目标主要是指仿造的兵器、人员、工事、桥梁等假目标。功能假目标是指各种角反射器、尤伯透镜反射器、热目标模拟器、红外诱饵弹、综合红外箔条等具有反射雷达波或产生热辐射等特定功能的假目标。

专栏 4-7　假目标大用途

高技术条件下目标的隐真越来越困难，这就为示假欺骗提供了契机。局部战争的经验表明，一个真阵地周围若设置2～3个假阵地，诱敌信以为真的概率为60%～80%，目标遭空袭的损失可以降低50%～60%。因此，示假欺骗作为被动式防空的有效手段备受各国的青睐。

海湾战争中，伊拉克设置了大量假“飞毛腿”导弹，并为这些假目标配置了小型发动机，以模拟真目标的热红外辐射特征，从而欺骗了多国部队，延长了空袭的时间。据外刊报道，被多国部队击中的目标80%是假目标。科索沃战争中，南军在机场、重要交通线等要地目标附近广泛设置假飞机、假导弹、假阵地，欺骗了北约的侦察与制导武器，有效地保存了军事实力。伊战中，伊军充分借鉴海湾战争的经验，在许多地区设置了假飞机、假导弹、假导弹支援车、假防空高炮、假雷达控制站等10多种假目标，从战后美军拍摄的伊军战场照片来看，这些假目标不少都遭到了空袭。

随着现代高技术侦察系统的发展，示假技术也取得了长足的进展。目前，美、俄、意、英、法、德等国军队也都研制并装备有充气式、膨胀式或装配式假目标，不仅外形逼真，而且还能模拟目标的红外、雷达特征，可以有效地欺骗红外、雷达、激光等侦察系统，从而大大降低了精确制导武器打击的可能性。例如，美军装备的霍克防空导弹排假目标，由9个模型组成。其中，包括排指挥所、连续波搜索雷达、大功率探照灯、3台60kW的发电机和3个导弹发射装置等。

——卢新才，谢胜武. 高科技战场下的被动式防空，反空袭作战大显身手. 解放军报，2007-12-18

7. 灯火与音响伪装

灯火与音响伪装技术是通过消除、降低和模拟目标的灯火与音响暴露征候，以

隐蔽目标或迷惑敌人所实施的伪装。灯火伪装分为室内灯火伪装和室外灯火伪装。音响伪装可通过消除音响使目标音响在到达侦听点时比环境噪声小 15dB。如不能达到消除音响的要求，也应尽量降低音响，声级每降低 6dB，可使侦听距离缩小 1/2。

（三）伪装技术的发展趋势

1. 伪装技术与武器装备一体化

现有的伪装技术大都是将伪装器材与伪装目标分开，单独设计和使用。战争的发展要求伪装技术与各种具有高价值的军事目标融为一体，即在研制、生产过程中，综合考虑其外形、结构、材料和声、光、电、热等特性及表面涂层的使用，将伪装技术有选择地纳入其结构之中，使武器装备隐身化。

2. 伪装技术将有较大突破

随着红外成像技术、激光制导技术、合成孔径雷达技术、毫米波探测技术以其全天候、全天时、近实时和高分辨率的工作特点和探测地表下目标功能的迅速发展和应用，促使各种防红外、防激光、防雷达和防毫米波等新型伪装技术的飞速发展。

超级植物毯，利用生物技术，获得生长迅速、耐旱、适应性强、外形各异、依周围天然环境变化而变化的超级植物。超级植物毯由供植物生长的营养剂经特殊加工而成。植物的种子就编在毯中，使用时只要用水喷灌，就能在短时间内快速生长，长成后则在较长时间内保持不变，形成一种天然植物伪装。

高技术迷彩，是一种智能迷彩系统。它以小斑点迷彩为基础，采用计算机辅助图形设计、配色（空间混色）和喷涂技术制造。这种小斑点多色迷彩，斑点直径一般为 10cm。各色小斑点相互渗透，疏密不一，分布形成不均匀的组合，利用空间混色原理，在不同距离上形成大小不一的图案，近看是小斑点迷彩，远看则为大斑点迷彩，被伪装的目标，在外观上始终被这些对比鲜明的斑点所分割而变形。

高技术涂料，主要有两种：光变色生物涂料和多频谱伪装涂料（纳米涂料）。光变色生物涂料，是根据“变色龙”的色素细胞变色的原理，利用生物技术将变色基因移植到前述的超级植物中去，使这些植物具有变色功能，自动适应周围背景的变化。多频谱伪装涂料，是指颗粒大小为纳米（十亿分之一米）级的超微细固体材料。这种材料在较宽的频带范围内，显示对电磁波的均匀吸收性能，例如，在目标表面喷涂几十纳米厚的纳米材料，其吸收电磁波的效果与比它厚 1000 倍的现有吸波材料相同。

新型多功能伪装遮障，目前，正在研制一种将变形迷彩与伪装网特点相结合的多功能变形遮障装置，适用于对静止和运动目标进行伪装遮障。这种遮障采用具有光学、红外、雷达三种防护功能的伪装网制作，由几米或更小尺寸的小块组成。

新型气溶胶发生剂，它形成的烟幕在可见光波段有较强的散射作用，对红外线有较强的吸收作用，同时还能强烈地反射雷达波等。

智能蒙皮，蒙皮表面由众多微电子系统元件组成，可以传感外来红外、近红外和雷达等辐射，并通过平板取向、染料抽运和粒子取向使表面发生改变，实现与背景的良好匹配，达到伪装的目的。

3．研制和装备新型伪装器材

随着伪装技术的发展，未来将有一系列标准的新型伪装器材研制和装备部队。主要包括：标准组件式轻型和重型伪装网系统，多功能伪装服及多用途单兵伪装器材，自动烟幕和假目标或诱饵施放系统，新型多功能、高效率的伪装作业机械。

二、隐身技术

（一）隐身技术概述

隐身技术，又称隐形技术、低可探测技术或目标特征控制技术，是通过降低武器装备等目标的信号特征，使其难以被发现、识别、跟踪和攻击的综合性技术。隐身技术是传统伪装技术走向高技术化的发展和延伸。作为一门交叉性学科，隐身技术综合了流体力学、材料学、电子学、光学和声学等众多技术。

隐身技术通常分为雷达隐身技术、红外隐身技术、电子隐身技术、可见光隐身技术和声波隐身技术等。隐身技术在战场上的广泛运用将对未来作战产生深刻影响。一方面，隐身技术将大大提高武器装备的生存能力、空防能力和作战效能，打破已形成的攻防平衡态势；另一方面，在隐身技术发展的推动下，各种探测系统也将发生重大变革，促进反隐身技术的发展。

（二）隐身技术的现状

1．雷达隐身

雷达是最重要的侦察探测装置之一，雷达隐身技术自然成为一种最重要的隐身技术。其原理是根据雷达在无干扰时自由空间的测距方程，具有一定性能参数的雷达的探测距离与目标（如飞行器）的雷达散射面积的 4 次方根成正比。因此，要想缩短雷达的探测距离，就要减小目标的雷达散射截面积。目前，雷达隐身的技术措施主要有：

隐身外形技术　合理设计目标外形，是减小其雷达散射截面积的重要措施。例如，美国下一代 CVN-21 级航空母舰就采用了最新的隐身技术：上层建筑采取集成化设计，使传统拥挤的舰桥体积明显缩小，重量大为减轻，并靠后推移。干舷显著降低，舰面设施非常简化，使飞行甲板与航空作业区连成一片，从而最大限度地减小其雷达反射截面。

隐身材料技术　目前研制的隐身材料主要有雷达吸波材料和雷达透波材料，按其使用方法可分为涂料型和结构型。吸波涂料敷在目标表面，所使用的是高性能的

磁性—耗能吸波材料、“铁球”涂料和“超黑色”涂料等。涂料型薄，但容易脱落，而且覆盖的频率范围有限，所以又发展了结构型隐身材料。它们用来制造机身、机翼、导弹壳体等。

自适应阻抗加载技术 在金属体目标（如飞行器）表面附加上集中参数或分布参数的阻容元件，使其产生与雷达回波的频率、极化、幅值相等但相位相反的附加辐射波，它与雷达回波相抵消，从而达到减小目标雷达散射截面积的目的。

微波传播指示技术 利用计算机预测雷达波束在不同大气条件下传播发生畸变所产生的“空隙”和“波道”，使飞行器在雷达波覆盖区的“空隙”、“盲区”内或“波道”外飞行，以避开敌方雷达的探测。

等离子体隐身技术 用等离子气体层包围飞机、舰船、卫星等目标的表面，利用其对雷达波具有的特殊吸收和折射特性，减小雷达回波的能量。

2．红外隐身

许多军事目标，如飞机、导弹等，其之所以被探测到都是因为在飞行途中发生强大的红外辐射所致。红外隐身技术除采用红外干扰外，主要就是通过抑制目标的红外辐射，使敌方红外探测系统难以发现。目前，红外隐身技术措施主要有以下几种。

改变红外辐射波段。使飞机等目标的红外辐射波段处于红外探测器的响应波段范围之外，或使目标的红外辐射避开大气窗口而在大气层中被吸收和散射掉，从而达到隐身的目的。

降低红外辐射强度。这是红外隐身的主要技术手段。主要措施有：改进发动机结构；使用能降低排气的红外辐射的新燃料；目标表层采用吸热、隔热材料和涂料；利用气溶胶屏蔽发动机尾焰的红外辐射；采用闭合环路冷却环境控制系统，降低设备的工作温度。

调节红外辐射的传输过程。直升机动力排气系统的红外抑制器就有这种功能，因而能有效抑制受红外探测器威胁方向的红外辐射特征。

3．电子隐身

电子隐身技术主要是抑制武器装备等目标自身的电磁辐射。目前，采用的主要技术措施有以下几种。

减少无线电设备。例如，用红外设备代替多普勒雷达；用激光高度表代替雷达高度表；用全球定位系统或天文惯导系统代替无线电导航系统等。

采用低截获概率技术改进电子设备。例如，采用发射功率自动管理技术；在时间、空间和频谱方面控制无线电设备的电磁波发射；采用频率捷变技术；武器装备采用被动雷达电子探测系统等。

减小电缆的电磁辐射。例如，尽量缩短各种电子设备的距离；用光缆取代电缆等。

避免电子设备天线的被动反射。例如，将天线做成嵌入目标体内的结构，不使用时回收体内等。

对电子设备进行屏蔽。例如，改进装备结构，采用特殊材料和涂料等。

4．可见光隐身

可见光探测系统的探测效果，取决于目标与背景之间的亮度、色度和运动等视觉信号参数的对比特征。采用可见光隐身技术的目的就是要减少这些对比特征。目前，可见光隐身技术措施主要有以下几种。

改进目标外形的光反射特征。例如，飞机采用平板或近似平板外形的座舱罩，以减少太阳光反射的角度范围和光学探测器瞄准、跟踪的时间等。

控制目标的亮度和色度。例如，涂敷迷彩涂料或挂伪装网；涂敷能随环境亮度变化而变化自身亮度与色度的涂料；用有源光照亮目标低亮度部位等，以使目标与背景的亮度和色度匹配。

控制目标发动机喷口的火焰和烟迹信号。例如，采用不对称喷口、转向喷口或喷口遮挡；使燃料充分燃烧或在燃油中加入添加剂以减少烟迹等。

控制目标照明和信标灯光以及控制目标运动构件的闪光信号等。

5．声波隐身

声波隐身技术，是控制目标的声波辐射特征，以降低敌方声波探测系统对目标的探测概率。目前，声波隐身技术措施主要有：发动机和辅助机采用超低噪声设计；采用吸声和阻尼声材料、减振和隔声装置；减小旋桨对介质的扰动噪声；合理进行目标整体设计，以避免发生共振现象等。

（三）隐身技术的运用

隐身技术运用的直接形式，是发展隐身武器装备。隐身技术为有效地解决武器装备的战场生存问题提供了新的途径，改变了传统的那种靠增加钢甲厚度而牺牲机动性能来提高生存能力的方法，实现了隐身、机动和防护的完美结合。因此，隐身武器装备格外受世界各国军队的青睐。

1．隐身飞机

隐身飞机是隐身武器研制和发展最快、取得成果最多的领域。隐身飞机之所以能有效地对付雷达、红外、电子、可见光和声波的探测，就是由于它综合运用了各种隐身技术，降低飞机的雷达截面积、红外辐射特征；控制飞机的可见光目视信息特征及降低飞机的噪声等。美国的 F-117A 是世界上第一种按低可探测性技术设计原则研制并投入实战的隐身战斗机。B-2 是美国第二代隐身轰炸机，具有更好的隐身效果。F-22“猛禽”战斗机，是当今世界唯一的实用型第四代先进战斗机。F-22 隐身技术包括进行外形优化、电磁及热信号屏蔽、关键部位覆盖隐身涂料、加装电子欺骗、干扰等手段。“暗星”无人机，是美国正在研制中的具有当今先进水平的高空长航时无人机，也是世界上第一种全隐身无人侦察机。X-45A 无人驾驶战斗机，是美国波音公司研究的无人机，其机体完全采用特殊材料制成并加敷了涂层，具有

极好的隐身能力。

专栏 4-8 是它使战争扑朔迷离

1991 年 1 月 17 日，战火和硝烟充斥着整个海湾地区，踌躇满志的美国出动了 30 架 F-117A 战斗机，欲对伊拉克防空力量最强的 80 个目标进行袭击。F-117A 果然不负众望，它们投下的激光制导炸弹，准确无误地落在了伊拉克总统府的屋顶上，为整个战争的胜利做出了巨大贡献。据统计，在海湾战争的首次空袭中，出动的 F－117A 战斗机只占多国部队出动飞机总数的 2%，但它们却完成了空袭总任务的 40%，且未在战场上受到任何损失。有报道说，如果配备两架空中加油机，无需战斗机护航，8 架 F－117A 战斗机就能完成以前需要 75 架作战飞机和支援飞机才能完成的任务。

——张泽宇. 是它使战争扑朔迷离. 中国青年报，2007-12-18

2. 隐身导弹

隐身导弹是伴随隐身飞机发展起来的，目的是减小被拦截概率，增强突防和攻击能力。导弹隐身主要是通过采用雷达吸波材料及特殊的头部外形设计以减小雷达散射面积、改进发动机及尾气排放装置以降低导弹的红外特征来实现的，如 AGM–86B 型、AGM–109C 型和 AGM–129 型隐身战略巡航导弹、AGM–137 型和 MGM–137 型等近年来美国成功研制的隐身战术导弹。法国生产的巡航导弹，采用翼身融合体，使用吸波材料来减少雷达截面积。隐身导弹已成为一种发展趋势，不仅发展隐身巡航导弹、地对空导弹、反舰导弹，有些国家还正在探索研制隐身洲际弹道导弹。

3. 隐身舰船

隐身飞机的迅速发展和出色表现，极大地促进了隐身战舰的发展。1983 年，美国开始秘密设计建造“海影”号隐身军舰。10 年后，“海影”号脱颖而出，并进行了一系列海上试验，曾掀起轩然大波。目前，美海军装备的 SSN-688“洛杉矶”级、“海狼”级潜艇都可谓是隐身潜艇。“海狼”（SSN-21）攻击型核潜艇是世界上最安静的潜艇，其优越性超过俄罗斯“奥斯卡”级核潜艇。“美洲狮”级隐身护卫舰，由美国与法国联合研制，现已进入海上试验阶段。俄罗斯充分利用其在舰艇隐身技术处于世界领先水平的优势，精心打造超级隐身军舰。俄罗斯海军新型多功能型隐身护卫舰“立方体”早已在北方造船厂动工。俄海军计划订购 10 艘该型护卫舰，2005 年已全部交货。目前俄海军已装备了“基洛夫”级隐身驱逐舰，隐身潜艇有 636 及 877“基洛”级潜艇、“阿库拉”（又名“鲨鱼”）级潜艇、SSN-P-IX 级潜艇，其中“鲨鱼”潜艇在隐身性能上当属世界一流。

专栏 4-9　中国新型防空驱逐舰

《汉和防务评论》认为，从外形看，“中华神盾舰”是一型外形非常漂亮的驱逐舰，高干舷、大外飘、宽大的船体继承了前苏联海军舰船建造的优点，具有非常好的适航性。为减少舰体反射雷达波，达到良好的隐形效果，“中华神盾舰”上层建筑采用由多个平面组成的多面体设计，而且表面非常光滑。此外，舰体外表面可能涂有隐身特殊涂料，以吸收雷达波。由此显示国产大型战舰的造舰技术，已摆脱只具备 20 世纪 60 年代旅大级驱逐舰的水平，实为中国国产军舰的一大突破。

2006 年，《汉和防务评论》又声称“中华神盾舰”上安装了 517M 型米波雷达。《汉和》援引中国的雷达专家的说法称，之所以在该舰上部署 517M 型米波雷达的主要原因是希望该舰成为海上反隐形作战的第一前哨。中国非常注意针对 F-22、F-35 多用途战斗机和 B2 轰炸机的隐形攻击能力。517M 型米波雷达的搜索距离达到 350 公里。此外，安装米波雷达也是为了和“海狮”型相控阵雷达实现互补，提高抗击电子干扰、抗反辐射导弹的能力，“中华神盾舰”装备的四面相控阵雷达体积庞大，发射功率强大，因此辐射信号较强。

——望展. 外媒评中国新型防空驱逐舰. 海事大观，2007，(9)

4. 隐身坦克

随着现代高技术反坦克武器的发展，坦克一旦被发现就很容易被摧毁。引入隐身技术使其难以被发现是增强坦克生存能力十分有效的途径。目前，隐身坦克、装甲车辆的研制步伐加快，并出现了一批隐身战斗车辆。美、英已计划联合发展未来的隐身侦察 / 步兵战车，美国在“未来作战系统”上采用的隐身技术，其绝大部分都将用于这种未来的隐身侦察 / 步兵战车。俄罗斯已经问世的 T-95 主战坦克、BM-2T 步兵战车等都具有很强的隐身性能。

（四）隐身技术的发展趋势

进入 21 世纪，世界各国特别是美、俄、英、法等军事强国都加大了隐身技术的研究力度，拓展了研究范围，并在传统隐身技术研究的基础上，不断探索仿生学隐身技术、等离子隐身技术、微波传播技术、有源隐身技术等新的隐身机理，研制高分子隐身材料、纳米隐身材料、结构吸波材料、智能隐身材料等新型隐身材料。可以预见，隐身技术发展前景非常广阔。

1. 扩展雷达隐身的频段

目前，隐身技术主要针对厘米波探测雷达，为了达到反隐身目的，探测雷达的工作波段正在向长波和毫米波、亚毫米波乃至红外、激光波段扩展。因此，隐身技术所能适应的波段也必须相应的扩展。例如，研制新型宽频带吸波涂料和结构型材料，研制宽频带干扰机等，否则难以达到隐身的目的。此外，还在寻找更多更新的技术途径。例如，将仿生学的研究用于隐身技术。研究发现：海鸥与燕八哥的体积

相近，但雷达的散射面积却比燕八哥大 200 倍；蜜蜂的体积小于麻雀，但它的雷达散射面积反而比麻雀大 16 倍。

2．发展隐身材料的功能

隐身技术的发展使隐身材料进入一个新的阶段。一是隐身材料向反雷达探测和反红外探测相兼容的方向发展。未来的隐身材料必须具有宽频带特性，既能对付雷达系统，又能对付红外探测器。二是雷达吸波材料向超细粉末、纳米材料方向发展。人们发现超细粉末、纳米材料可能是良好的雷达吸波材料。目前，一些国家正在对其吸波材料机理进行深入研究。这类材料的优点是重量轻、透气性能好，但制造技术要求高，价格昂贵。

3．注重各种隐身技术的综合运用

现代侦察探测系统采用了多种探测技术，决定了隐身技术是一项多学科的综合性技术。要想使目标达到理想的隐身效果，必须综合应用各种隐身技术。实验证明，采用隐身外形设计可降低 5～8dB，利用吸波材料可降低 7～10dB，其他措施（如阻抗加载、天线隐身等）可降低 4～6dB，综合起来，可获得降低约 20dB 的隐身效果。

4．武器装备将更广泛应用隐身技术

目前，隐身技术的发展与应用现已由隐身飞行器开始扩展到研制地面坦克和火炮、水面舰艇、水下潜艇等各种武器装备。一些国家还在研究具有隐身性能的机场、机库、士兵、侦察系统、通信系统和雷达等。预计未来将会出现更多的隐身和具有部分隐身性能的武器装备和设施。

第四节　电子对抗技术

未来信息化条件下的局部战争，电子对抗内涵和外延不断扩展，逐渐由传统意义的以控制有限电磁频谱和利用电磁能攻击对手的对抗，发展到在信息领域为获取战场信息使用权和控制权的全面对抗。

一、电子对抗技术概述

电子对抗技术，是直接应用于信息对抗的各种技术的总称。它是军用信息技术的一个分支。

（一）电子对抗技术的产生与发展

电子对抗技术是伴随着电子技术在军事上的应用而诞生的。1906 年，德国福雷斯特研制成了世界上第一只可以对无线电信号起放大作用的真空三极管。第一次世界大战中，出现了对无线电通信的侦察、测向和干扰。第二次世界大战期间，新发明的雷达应用于防空作战。由于雷达与作战行动和武器系统紧密相连，给对方造成直接的威胁，这就促使对雷达的侦察、干扰技术迅速兴起。

第二次世界大战后，电子对抗技术进入了一个缓慢发展时期。直至1947年末，美国贝尔电话试验室的三名物理学家肖克莱、巴丁和布拉坦研制成功第一只点接触型锗晶体三极管后，电子技术才有了新的突破性进展，为电子对抗设备向着功耗低、体积小、重量轻的方向发展提供了有利条件。朝鲜战争中，美军将第二次世界大战中使用过的老式干扰机安装在B–29飞机上实施无线电干扰。

20世纪50～70年代，导弹、航空和航天技术迅速发展，精确制导武器及与其相配套的各种雷达和通信设备的出现，形成对飞机、舰船和重要目标的新威胁，促进了电子对抗技术的全面发展。在此期间，发展了对炮瞄雷达和导弹制导雷达的各种欺骗（包括速度、距离、角度）式干扰技术；研制了专用的电子侦察船、电子侦察飞机、电子侦察卫星和电子干扰飞机；为提高作战飞机的电子对抗能力，研制了飞机外挂的电子对抗吊舱；发展了具有压制和欺骗两种干扰样式的双模干扰机；随着红外和激光技术在军事上的应用，产生了光电对抗技术，研制出红外告警器、激光告警器、红外干扰机和红外诱饵弹等光电对抗设备。随着与武器系统配套的跟踪雷达和制导雷达的威胁增大，突破了原来电子干扰的手段，发展了辐射源定位技术、被动跟踪辐射源技术与武器导引技术相结合的反辐射摧毁技术，研制出反辐射导弹。随着一些新技术的应用，电子对抗设备的工作频率范围已扩展到2MHz～18GHz，以及红外、可见光波段。与此同时，频率捷变、单脉冲、相控阵、脉冲多普勒和动目标显示等雷达技术和扩频通信、猝发通信等反干扰能力强的技术体制也得到迅速发展和应用。到20世纪70年代末，微电子技术、计算机技术和数字技术已在电子对抗装备中得到应用，提高了设备的信号处理能力和快速反应能力。除设备系统化之外，侦察设备采用了快速扫频、自动调谐、瞬时测频、全景接收显示和具有初步识别、威胁判断能力的新型脉冲分析装置等技术；干扰设备采用了自动频率和方位引导、自动确定威胁目标和干扰样式等技术。无源干扰技术和器材性能进一步提高，投放装置与侦察告警设备系统化，既具有程序控制能力，又可投放箔条、红外诱饵弹等多种干扰物。

20世纪80年代以来，军事指挥、控制、通信和高技术武器装备的运用更加依赖于电子技术。随着微电子技术、计算机技术和数字技术的广泛应用，电子对抗逐步发展为信息对抗。电子对抗技术在适应密集复杂多变的电磁信号环境，拓宽频谱，增强信号分选识别能力，增多干扰样式，提高干扰功率，缩短系统反应时间以及综合一体化、人工智能、自适应、对多目标和新体制电子设备的干扰能力等方面，发展到一个崭新的阶段。

（二）电子对抗技术的分类与组成

电子对抗技术是由综合的、交叉的、多层面的多种学科技术所构成的技术体系。目前，按工作机理不同，电子对抗技术主要包括两大部分：一般电子对抗技术和网络对抗技术。其中，一般电子对抗技术按作战内容及电子设备的类型，可分为通信对抗、雷达对抗、光电对抗和水声对抗等；网络对抗技术按作用性质区分，通常分为网络进攻技术和网络防护技术。

此外，电子对抗技术还有其他分类方法。例如，从作战表现形式上，可分为侦察与反侦察、干扰与反干扰、隐身与反隐身、摧毁与反摧毁技术；从战场行动主体的层面，可分为陆军、海军、空军、第二炮兵等的电子对抗技术；从作战空间上，可分为地面、海上、空中和外层空间的电子对抗技术；从作战手段上，可分为信息支援、信息进攻和信息防护技术。

二、电子对抗技术现状及发展趋势

（一）通信对抗技术

1．通信干扰

通信干扰是为了使敌方的通信系统不能正常工作，需要根据具体情况采取欺骗、扰乱直至压制和破坏的手段。通信干扰技术主要包括：一是快速引导干扰频率技术。要实现跟踪式干扰就必须超过调频台的速度。因此，采用快速引导干扰频率技术，使干扰机的测频和干扰发出时间缩小到最短。目前调频频率的速度越来越快，已达 1000 跳 / 秒以上。二是灵活干扰技术。对高速跳频的干扰，可采取破译对方的跳频码，提高己方测频、测向和定位的速度，使用宽带阻塞式干扰，使用投掷式干扰机等；对直接扩频系统的干扰，可采取大功率窄带干扰，智能化的窄带干扰，即实时地估计出干扰的频率，在解扩前将其干扰滤除；对自适应阵的干扰，可采取多方向干扰、相参多方向干扰、同向干扰以及时变干扰等方式。三是复合干扰技术。例如，对组网通信系统的干扰，首先要分析组网电台的工作规律，调频网的分选，网络管理模式，从中分析出弱点；然后，采取多平台、多点的方式，在统一的协调控制下进行截获、测向、释放干扰及判断，并及时修改干扰策略。

2．通信抗干扰

通信抗干扰技术，是解决如何应对敌方有意干扰的技术。目前，通信抗干扰技术主要包括：一是扩展频谱技术，主要分为跳频和直接扩频两种。跳频就是工作频率随机地在很宽的频带内跳变，其效果是造成敌方难于确定工作频率，迫使对方采用宽带阻塞式干扰，从而分散了干扰功率。跳频多用于短波和超短波通信系统中，一般慢跳在 200 跳/秒以下，新型跳频电台在 VHF 频段内可达到 500 跳/秒，美国的联合战术信息分发系统（JTIDS）达到 3.8 万跳/秒。直接扩频是将待传输的电话、电报、图像或数据信息通过发信端设备，转换成信码。直接扩频使伪随机码难以破译，有较强的保密性。二是采用自适应天线阵干扰对消技术。自适应天线阵能使干扰信号进入不了接收机。三是采用猝发通信技术。以尽可能高的速率，在短时间内完成通信任务。四是采用新的通信波段，如采用毫米波通信。毫米波频段高，天线体积小，方向性可以做得很好，即主波瓣很窄而副波瓣（旁瓣）很低，抗干扰效果大大提高。五是使用保密通信技术。信息技术的发展，使得现代的密码越来越复杂，密码攻击很难取得成功。

3. 通信对抗技术的发展趋势

通信对抗技术的发展趋势主要包括：一是研究对付扩频通信的技术手段。快速调频、直接序列扩频、跳频等扩频技术的发展和使用，使信号的截获十分困难，如果企图破译伪随机码，则是世界性难题，而目前性能更高的扩频通信技术还在不断地研究之中。二是发展相参干扰、分布式干扰等技术。自适应阵处理技术有抑制强干扰和空间滤波的特点，使传统的单站大功率干扰方式受到极大威胁，只有发展相参干扰、分布式干扰等新的技术，才能有效地对付自适应阵处理技术所具有的特点。三是研究空天一体的通信干扰新技术。当前，不仅地面的通信系统功能强大，空间与空中通信系统与地面的一体化通信系统的建立，使通信对抗的领域大大扩展。例如，美国在不断地改进现有通信卫星系统的同时，还加快发展全球广播通信系统（GBS），该系统可将全球范围内各战区的信息汇总传输到空间，在统一处理后，进行全天不断的信息广播服务，广播信息进行了加密处理，可传输语音、数据、图像、图形等多种作战需要的信息。另外，美国等国还提出了微小卫星星座计划，对于星座和空间组网的通信系统，如何进行有效地侦察和干扰，都在进行认真和广泛地研究。

（二）雷达对抗技术

1. 雷达干扰

对雷达实施干扰的目的是使雷达无法发现目标或使其得到虚假的目标数据。雷达干扰分为压制干扰和欺骗干扰。每种干扰又可分为有源和无源两类。压制干扰主要采取噪声的形式，杂波噪声进入雷达接收机后，干扰雷达对目标的搜索，适合于对付搜索雷达。欺骗干扰主要破坏雷达跟踪系统的正常工作，使雷达出现错误的目标数据。有源干扰需要干扰机发射电磁能量，进入雷达接收机而产生作用。无源干扰是利用一些器材对雷达信号发射或吸收而影响雷达信号接收。

2. 雷达电子防御

雷达电子防御技术主要包括：一是雷达反侦察技术。雷达反侦察技术的实质就是采取技术措施，减少雷达被发现的可能性。采用雷达反侦察技术的雷达被称为低

截获概率雷达，也称为寂静雷达。一般采取的主要技术措施有超低的天线旁瓣，低峰值功率的发射波形，以及波形参数随即变化等。雷达通过采用复杂的宽脉冲波形，在发射总功率不变的情况下，做到低的峰值发射功率，这样常规的侦察系统很难及时发现。采用频率捷变、脉冲重复周期抖动等技术，可随即改变波形参数，扰乱敌侦察系统的信号分离和雷达识别。另外，多基地雷达技术、雷达电磁发射控制、技术参数改变等措施都可以达到欺骗的目的。二是雷达抗干扰技术。雷达抗干扰技术在雷达的各个部分都有体现，没有单独的抗干扰设备，主要有频率捷变技术、旁瓣对消技术等。

3. 雷达对抗技术的发展趋势

雷达对抗技术的发展趋势主要包括：一是智能化，以适应更加复杂和多变的电磁环境；二是强化电子进攻能力，加强实施硬摧毁和定向打击能力；三是扩展频谱范围，并将无线电、微波和光学等多种频谱的利用综合为一体；四是增强与其他电子设备的综合一体化，提高武器装备的战斗力，降低费效比。

专栏 4-10　信息化战场：电子对抗发展引人注目

随着计算机及其自动化、智能化技术向武器装备中高度渗透和电子对抗武器装备的发展，必将催生和建立起全新的可控性先进电子对抗系统，并将极大地提高电子对抗武器装备的作战效能。据有关数据统计分析，装有智能系统的反辐射制导武器，在战场条件不变的情况下，其命中精度将提高 3 倍；具有自动化、智能化和独立战斗能力的无人电子作战系统，可以代替人去进攻和防御；先进的侦察直升机，可以在 1μs 内把 15 部雷达信号参数同时显示在屏幕上，并指出哪个威胁最大。与精确制导武器相比，自动化和智能化制导反辐射武器将是一种“会思考”的武器系统，可以“有意识”地自主搜索、发现、识别和攻击高价值目标，甚至还具有辨别自然语言信息的能力。这些“高智商”的系统，能够区分不同电子信息目标及其型号，筛选、判断和有选择地攻击敌目标的薄弱环节和易损部位，实现命中点信息选择，达到命中即杀伤的效果。据悉，目前美军正在研究论证先进的雷达寻的和警戒系统后继型号，以便为实施反辐射“硬摧毁”提供更具“杀伤力”的目标方位。

——潘学俊．信息化战场：电子对抗发展引人注目．解放军报，2006-01-26

（三）光电对抗技术

光电对抗，是指敌对双方从紫外、可见光到红外的宽广波段上，利用各种设备和措施进行光电侦察与反侦察、干扰与反干扰的综合光电子斗争。光电对抗技术可分为光电侦察告警技术、光电干扰技术和光电防御技术。

1. 光电侦察告警

光电侦察告警是实施有效干扰的前提。它是指利用光电技术手段对敌方光电武器和侦测器材辐射或散射的光信号进行探测、截获和识别，并及时提供情报和发出告警。光电侦察告警根据工作波段，可划分为激光侦察告警、红外侦察告警、紫外侦察告警等几种类型。激光侦察告警适用于多种武器平台和地面重点目标，用以警戒目标所处环境中的光电火控或激光制导武器的威胁。红外侦察告警通过红外探头探测飞机、导弹、炸弹或炮弹等目标的红外辐射或该目标反射其他红外源的辐射，并根据目标辐射特性和预定的判定标准，发现和识别来袭目标的性质，确定其方位、距离等并及时告警。紫外侦察告警可用于导弹探测，它是通过探测导弹火焰的紫外辐射，确定导弹来袭方向并发出警告。

2．光电干扰

光电干扰是采取某些技术措施破坏或削弱敌方光电设备的正常工作，以达到保护己方目标的干扰手段。在光电精确制导武器广泛使用的现代战争中，光电干扰的地位更加重要。光电干扰技术的发展，集中在红外诱饵、红外烟幕、光电干扰机和光电摧毁4个领域。

3．光电防御

光电防御是指在有光电对抗的条件下，为提高光电武器装备的作战能力而采取的一切措施。包括光电反侦察告警和光电反干扰。光电反侦察告警是为防止和破坏敌方光电侦察告警设备实施有效侦察告警而采取的一切措施。光电反干扰是指为排除或破坏敌方光电干扰效果而采取的一切措施，是提高武器装备突防能力、命中精度的重要手段。

4．光电对抗技术的发展趋势

当前，光电武器系统得到了极大发展，在现代局部战争中发挥了巨大作用。光电对抗技术向着综合化、多功能化和全程对抗的发展趋势越来越突出。“光电侦察—干扰—评估综合”光电对抗系统是光电对抗技术的最终目标，它可以实现从光电侦察告警到自动采取适当的干扰和摧毁并对干扰效果进行实时评估。光电技术和信息技术的发展为光电对抗一体化发展奠定了基础，先进的光学技术、高性能探测器件、数据融合技术，使得侦察告警信息获取、数据处理和指挥控制融为一体，通过采用智能化技术、专家系统等，使光电对抗系统成为有机的整体。光电综合一体化要有一个从低级到高级，从局部到全局的发展过程。首先实现光电侦察告警综合化，接着实现光电侦察告警与雷达、雷达告警及光学观瞄系统等的综合，最后将多个平台获取的信息进行综合，指挥引导不同平台的对抗，从而实现更大范围和更高层次上的系统综合。

（四）网络进攻技术

1．对计算机系统的软攻击

对计算机系统的软攻击，主要是指利用计算机病毒、“黑客”等手段对计算机系统进行攻击，造成系统瘫痪或获取有用的信息。一是计算机病毒。由于计算机病

毒武器具有隐蔽性、传染性等特点，因此计算机病毒武器将在未来战争中广泛使用。二是网络“蠕虫”。它通过计算机网络的通信设施“蠕动”、“扭动”和“爬行”，在此过程中传播病毒，影响信息和信息系统。三是“特洛伊木马”程序。这种程序是一种埋藏了计算机指令的病毒程序，也是隐藏和传播计算机病毒及网络“蠕虫”的常用手段。四是逻辑炸弹。逻辑炸弹是软件程序开发者或系统研制者事先埋置在计算机系统内部的一段特定程序或程序代码，这种“炸弹”在一定条件（如特定指令、特定日期和时间）的触发下，释放病毒、“蠕虫”或采取其他攻击形式，修改、冲掉信息数据，抑制系统功能的发挥，造成系统混乱。五是计算机“陷阱”。计算机“陷阱”又叫“陷阱门”或“后门”，是程序软件开发者或系统研制者有意设计的隐藏在计算机程序中的几段特定程序。

专栏 4-11 海湾战争中的网络攻击

1991 年海湾战争时，美国中央情报局派特工将伊拉克从法国购买的供防空系统使用的打印机的芯片换上了有毒芯片。在战略空袭发起前，美军用遥控手段激活了病毒，致使伊防空指挥中心主计算机系统程序错乱，防空系统 C^3I 系统，为美军顺利实施空袭创造了条件。这是网络攻击手段首次在实战中的运用。

——雷志华. 美国借口境外黑客威胁打造强大网络部队. 环球时报，2009-07-03

2. 对计算机网络硬件电路的硬摧毁

对计算机系统的硬摧毁主要是指对计算机网络硬件电路的进攻技术。包括使用特殊设计的芯片、研制纳米机器人和芯片细菌、定向能摧毁、电磁脉冲弹摧毁等。

3. 网络进攻技术的发展趋势

网络进攻技术的发展趋势主要包括：一是利用战术定向能武器。当电磁脉冲武器的尺寸、重量和外形因素可以在常规封装中投送使用，或高功率微波武器可以装载在战术飞机等平台中时，才能发挥定向能武器的战术技术性能。为达到这一目的，战术定向能武器正在进行小型化研究，使得存储、产生、变换电磁能量的技术部件在几百公斤的封装重量内需要产生出大概 1000 千焦耳数量级的能量。

二是开发纳米机器人和芯片细菌。纳米机器人和芯片细菌都可以攻击计算机的硬件系统，用纳米制造的微小机器人可以秘密部署到敌人信息系统或武器系统附近，有的利用携带的微型传感器获取敌方信息，有的可以通过插口钻入计算机，破坏电子线路。芯片细菌是经过培育的，能毁坏硬件设施的一种微生物，可以通过某些途径进入计算机，嗜食集成电路，对计算机系统进行破坏。

三是采用半自动、自动化网络攻击和反应技术。以计划和决策支持工具建立网络攻击和效能模型，实现有组织的动态寻的和攻击启动；人员在环路中评价战斗损失和实施半主动反应。进一步发展半主动攻击与监视、模拟和直接访问方法相结合，实现自动化；智能工具将在信息作战的所有领域内自动地实施集成的并行攻击。

四是研制机械有机体和数字有机体。数字控制的自主式机械有机体向具有搜索和破坏电子系统能力的显微设备提供实体感知、刺激和移动，这种机械可以像化学试剂一样扩散，而且可以像智能机械——化学武器那样实施作战行动。具有人工智能的全自主式数字有机体将完成目的驱动活动，包括搜寻（网络浏览）、自适应、自防御、进攻和复制。

五是开发新的破译技术。量子计算机有可能迅速地完成对大素数的高度并行分解和离散对数计算，这就为密码分析方法提供了强大的工具，是对当今应用的所谓“坚固”编码方法的挑战，使得较快地破译传输信息中的密码成为可能。

（五）网络防御技术

1．安全防护技术

军用信息系统通常采用无病毒的计算机硬件及软件产品，选用专门的病毒检测软件，对购进的计算机硬件和软件产品进行彻底检查，并清除可能携带的病毒。对计算机硬件设备都应装有适当的安全防护装置，建立可靠的工作环境，并具有一定的抗干扰能力和抗摧毁能力。计算机和计算机网络应加入屏蔽设施，限制电磁辐射量，确保计算机和网络物理安全。

2．“防火墙”技术

为防止外部非授权者通过外部计算机网络向用户内部网络的非法入侵，在外部网络或计算机之间设置具有封锁、过滤、检测等功能的装置，即“防火墙”。它可以有效防止外部非授权用户进入内部网络，同时保证授权用户互通。

3．建立信息安全机制

信息安全机制主要包括机制鉴别、保密、完整性、不可抵赖和访问控制等。机制鉴别就是对数据源和对等实体进行鉴别，以验证所收到的数据来源与所申请来源是否一致，以及某一联系中对等实体与所申请的一致性。保密是将被存储或传输的数据信息经过加密伪装，这样即使数据被非法的第三者窃取或窃听都无法破译其中的内容。加密的主要方法是采用密码技术。完整性是防止未授权者对数据的修改、插入和复制。不可抵赖就是防止在传送结束后，否认发送和接收数据。访问控制是限制非授权者访问信息和利用资源。

4．网络防御技术的发展趋势

网络防御技术的发展趋势主要包括：一是实施网络入侵综合探测。入侵探测器将综合全网络中分布式传感器的数据，在个体作战行动和多层次性能综合的基础上完成入侵探测。网络防护响应将是自适应和半主动式的，所需的干预很少。二是采用海量密码术。数据隐藏密码方法可以做到既有效又安全，在网络上为“公众通路”提供海量数据的坚固编码。三是进行多类型电子认证。对信息系统进行访问的电子认证控制将综合利用多种类型的有机体测定和密码设备，为任何人提供电子安全认

证。四是开发反定向能武器技术。对定向能武器实施定位和攻击的积极对抗措施及支援传感器是特殊的定向能武器，它可以提前发射能量，从而破坏其作战对象，使其内部的高能存储设备失效或摧毁。五是采用全光纤网络。光纤主导化和全光纤网络及数据库，将使用激光、光纤和全息技术，来抗击定向能武器和实体拦截的威胁。六是研究量子密码学。在量子状态下的粒子通信，提供了一种既有通信安全特性又有传送安全特性的潜在信息编码和传输方法，从而实现不失真的无源量子密码信息接收。

三、电子对抗技术的作战运用

（一）获取重要军事情报

未来信息化条件下局部战争，利用信息对抗武器和手段，查明敌电子信息设备的工作性能、技术参数、类别、数量和配置位置等，判断其兵力部署和行动企图，是赢得战争胜利的关键。海湾战争中，美国在投入的 53 颗各类卫星中，至少有 12 种共 18 颗侦察卫星，300 余架预警侦察飞机及地面电子情报站，伊军大多军事行动难逃多国部队的“电子耳目”监视。伊拉克战争期间，位于沙特阿拉伯苏勒塔王子空军基地的美军联合空战中心（CAOC），运用加装情报、监视和侦察系统的高空 U–2 侦察飞机、“全球鹰”和“捕食者”无人机（UAV），对伊拉克全境的监视覆盖，以及对收集到的传感器图像和数据迅速的开发利用，成功地指挥控制了十分复杂的空战。

（二）破坏敌作战指挥系统

利用破坏敌作战指挥系统使敌军瘫痪，陷入被动挨打地位，是电子对抗的主要目的。1944 年，苏军在加里宁格勒附近包围了德军一个重兵集团，德军试图用无线电与大本营联络，求得增援和突围。苏军派出无线电干扰分队压制了德军的无线电通信，使德军 250 次联络未能成功，最终全军覆灭。德集团军司令被俘后供述，投降的主要原因之一是无法与大本营取得通信联络。2003 年伊拉克战争中，美军使用了大量的微波炸弹，袭击了伊拉克广播电视系统和各类军用电磁辐射源。微波炸弹是一种新型定向能武器，它将高功率微波聚集成一束很窄、很强的电磁波，形成高温、电离、辐射等综合效应，在电子线路中产生瞬时电压或电流过载，击穿、烧毁其中的敏感元器件，致使伊军指挥系统全面瘫痪。

（三）掩护突防和攻击

雷达作为预警和兵器制导装备，已成为防御体系的“哨兵”和“千里眼”。它们能对空、海实施警戒，及早发现来袭敌机、导弹、舰艇，可实施对火器射击控制和导弹的制导等。进攻时对敌雷达系统实施干扰、欺骗或摧毁。在海湾战争中，多国部队空袭编队得到了各种电子战飞机 4000 多架次的电子支援，掌握了制电磁权，有效掩护突防，致使伊军作战飞机和防空导弹部队未能作出有效反应。1999 年科索沃战争，北约空袭作战的目的是夺取制电磁权和制空权，重点打击南联盟防空系统、空军机场以及 C^3I 系统。通过 4 轮空袭，出动飞机 1300 多架次，发射巡航导弹 300 余枚，就基本实现了截段目的。

专栏 4-12　贝卡谷地空战中的电子战

1982 年 6 月 9 日上午，以色列空军放出了引诱叙利亚发射导弹的无人驾驶飞机；贝卡谷地叙军的雷达捕捉到以色列空军“飞机”后，随着指挥员的命令，萨姆-6 导弹一次次射向以空军“飞机”。此时，以色列空军的 90 架 F-15、F-16 战斗机和 F-4、A-4 轰炸机对贝卡谷地的萨姆导弹阵地进行了猛烈攻击，顷刻间叙利亚人苦心经营 10 年，耗资 20 亿美元才建立起来的 19 个萨姆导弹阵地变成了一片废墟。得知贝卡谷地的导弹阵地遭到攻击，叙利亚立即起飞 62 架米格-23 和米格-21 战机，向贝卡谷地上空的以军攻击编队进行反扑。然而以色列空军对此早有防范，F-15、F-16、E-2C 和波音-707 改装的电子战飞机组成的混合作战机群，在叙机可能来袭的方向已建立了一道空中屏障。叙军的飞机刚刚滑入跑道，就被“鹰眼”牢牢地捕捉到了。在几秒钟内，电子计算机就将飞机的航迹诸元计算出来，并将飞机的距离、高度、方位、速度和其他资料迅速通知给自己的伙伴。叙机临近贝卡谷地上空，率先遭到以军电子战飞机的强电磁干扰。叙机机载雷达荧光屏上看不见以机，半自动引导装置也不起作用，耳机里听不清地面指挥口令，空战一开始就处于被动地位。以色列空军在这次空战中取得了击落叙军 84 架，自己没有损失一架飞机的战绩。

——李峰. 大空战——20 世纪最著名的六次重大空战. 军事历史，1999，(3)

（四）保卫重要军事目标

在重要城镇、桥梁、机场、工厂和军事要地等目标附近，设置有力的雷达干扰设备或采用欺骗手段，能有效干扰机载雷达和导弹制导雷达系统，使飞机投弹不准，导弹失控，达到保卫重要目标的目的。例如，海湾战争中，伊“飞毛腿”导弹发射系统对多国部队构成了一定的威胁，成为多国部队重点轰炸目标。伊军为了欺骗多国部队，用铝板和塑料制成许多假导弹发射架，这些假导弹发射架在雷达荧光屏上显示的雷达回波与真发射架极为相似，引诱多国部队对其进行攻击，有效地保存了实力。

（五）夺取战场主动权

未来信息化条件下作战，电子对抗技术将越来越先进，对抗领域也将越来越广阔，围绕信息控制权的对抗更是日益重要。不掌握制电磁权、制信息权，己方兵力兵器的作战效能就无法正常发挥，就很难掌握整个战场的主动权。以伊拉克战争为

代表的信息化条件下战争实践，越来越清晰地证明，电子信息对抗是最先发起的作战行动，并且贯穿战争始终；围绕制电磁权、制信息权的争夺，是战场主动权争夺的主要领域，是赢得战争最终胜利的必要条件和基本保证。

第五节　军事航天技术

航天技术又称空间技术，是一门用来探索、开发和利用外层空间及地球以外天体的综合性工程技术。军事航天技术是指为军事目的而研究和应用的航天技术，它是通过将无人航天器（人造卫星、空间探测器）或载人航天器（载人飞船、航天飞机、空间站）送入太空，借以完成侦察、通信、导航、测地、气象乃至反卫星、反导弹等各项军事任务的一种现代军事高技术。军事航天技术的应用十分广泛，它的发展和应用与军事技术现代化关系十分密切。军事航天技术加速了军事现代化的进程，给现代战争带来了深刻的变化。

一、航天技术发展概况

1957 年 10 月 4 日，苏联第一颗人造地球卫星“斯普特尼克-1”（Sputnik-1）卫星（也称为“旅行者 1 号”卫星）发射成功，标志着人类开发航天技术的开始。从世界上第一颗人造地球卫星上天，到今天空间站和航天飞机载人长期飞行，50 多年来航天技术日新月异，获得了惊人的进展，对人类发展的各个领域起到了巨大的促进作用。在这 50 余年里，世界各国竞相发展自己的航天技术，至今世界上已有 60 多个国家投资发展航天技术，有 170 多个国家和地区应用航天技术成果，总投资达到 7000 亿美元以上。截至 2008 年，全球已有 30 多个国家共发射了 8000 多个航天器。其中，约 70%用于军事目的，每天有 2000 多颗卫星在环绕地球运行。

目前，在投资发展航天技术的 60 个国家中，使用本国运载火箭发射本国制造的第一颗卫星的国家共有 8 个，按照卫星发射的时间先后，这些国家分别是前苏联、美国、法国、日本、中国、英国、印度和以色列等。其中，我国列世界第 5 位。表 4.1 给出了各国发射的第一颗卫星的基本情况。

表 4.1 列出的 8 颗卫星中，前苏联发射的人造地球卫星-1 是世界上第一颗人造卫星，开创了人类航天的新纪元；美国发射的探险者-1 卫星，发射了范・艾伦空间辐射带；我国发射的东方红一号卫星，重 173kg，是 8 个国家第一颗人造卫星中最重的一颗。

50 多年来，航天技术特别是军事航天技术取得了突飞猛进的发展，军用卫星的应用大大提高了现代军事斗争的整体作战性能，极大地加速了军事现代化的进程，使军事侦察、通信、测绘、导航定位、预警、监视和气象预报等能力和水平空前提高，它在军事指挥及作战中起着重大作用，成为国家安全体系中的重要组成部分。

可以说，这50多年军事航天的发展是围绕着美苏（俄）空间军备竞赛而展开的，其发展历程可以大致归为三个阶段。

表4.1 世界各国发射第一颗卫星的情况

类别\国别	前苏联	美国	法国	日本	中国	英国	印度	以色列
卫星名称	人造地球卫星-1	探险者-1	试验卫星A-1	大隅号	东方红一号	普罗斯帕罗	罗希尼	地平线-1
发射日期	1957.10.4	1958.1.31	1965.11.26	1970.2.11	1970.4.24	1971.10.28	1980.7.18	1988.9.19
卫星质量/kg	83.6	14（含末级火箭）	42	9.4	173	66	40	155
轨道高度/km	228.5/946.1	360.4/2531.4	536.2/1808.9	339/5138	441/2368	537/1482	306/919	250/1150
轨道倾角/°	65	33.34	34.24	31.07	68.44	82.1	44.8	142.9
运行周期/min	96.2	114.8	108.6	144.2	144.2	105.6	96.9	98.8
运载火箭	卫星号 Sputnik	朱诺-1 Juno-1	钻石-A Diamant-A	兰达-4S-5 Lambda-S-5	长征一号 LM-1	黑箭 Black Arrow	卫星运载火箭-3 SLV-3	彗星号 Shavit
发射目的	测量大气密度，研究电离层	测量宇宙线，微流星及卫星温度	试验火箭性能	试验火箭级间分离和第4级入轨性能	探测空间环境，轨道测控，播送东方红乐曲	试验轻型太阳电池、热控和电子设备，测量宇宙尘	验证火箭性能，评价卫星和地面测控系统性能	测量大气层、磁场和地球重力，进行科学技术试验

第一阶段：探索试验阶段（20世纪50年代末至70年代初） 在此阶段，美苏两国陆续发射了照相侦察卫星，以及电子侦察、测地、导弹预警、海洋监视等军民两用卫星，并试验了部分轨道轰炸系统和截击卫星等空间攻防武器。美苏的一些军用卫星系统相继从试验阶段进入实用阶段。载人航天在这一阶段的发展重点是掌握基本技术，包括把人送上天、出舱活动、空间交会与对接及安全返回等。

第二阶段：以战略应用为主完善实用型军事航天系统阶段（20世纪70年代至90年代初） 在这20多年中，美苏相继建立了通信广播、侦察监视、导航定位、气象与测绘等功能齐全、性能较先进的军用卫星系统，作为战略核威慑力量的重要组成部分，主要为情报和战略决策部门提供服务；同时加紧进行各种反卫星、反制导武器技术试验。随着实用型军用卫星系统的建立和完善，美苏（俄）开始考虑组建军事航天部队。在载人航天领域，美苏（俄）的发展目标是研制和发射长期载人空间站，掌握长期载人航天技术，并进行包括军事应用在内的载人航天应用试验。

第三阶段：以战术应用为主的新阶段（20世纪90年代初以后） 海湾战争中，美国首次全面使用航天系统支援陆、海、空作战，动用了约70颗军用、民用卫星，对多国部队赢得战争胜利发挥了举足轻重的作用。正因为如此，美国国防部把这场战争称之为“第一次太空战争”。但由于所用的航天系统都是冷战时期为战略应用而研制部署的，不太适应高技术条件下局部战争的需要，因此其作战支援能力有限。随着冷战的结束，世界政治格局和各国面临的军事威胁发生了很大变化，以美国为

首的军事航天大国开始强调军用航天系统的战术应用，逐步将其应用范围从战略层次向战役、战术层次拓展，着手建立以战术应用为主的新型军用航天系统，使其直接为作战人员服务。

二、航天技术基础知识

（一）航天技术

航天技术主要包括航天运载器技术、航天器技术和航天测控技术。

1. 航天运载器技术

航天运载器技术是航天技术的基础。要想把各种航天器送到太空，必须利用运载器的推力克服地球引力和空气阻力。常用的运载器是运载火箭。运载火箭主要由动力系统、控制系统、箭体和仪器、仪表系统组成。为了使航天器获得飞出地球所需要的速度，靠单级运载火箭的推力目前难以达到。为此，人们发展了多级运载火箭。多级运载火箭是由几个能独立工作的火箭沿轴向串联组成的。

2. 航天器技术

航天器是在太空沿一定轨道运行并执行一定任务的飞行器，亦称空间飞行器。航天器分无人航天器和载人航天器两大类。

无人航天器按是否环绕地球运行又分为人造地球卫星和空间探测器等。其中，人造地球卫星按用途分为：① 科学卫星，用于探测和研究；② 应用卫星，直接为国民经济和军事服务；③ 技术试验卫星，用于技术试验和应用卫星试验。空间探测器按探测目标分为月球探测器、行星（金星、火星、水星、土星等）探测器和星际探测器。

载人航天器按飞行和工作方式分为载人飞船、空间站和航天飞机等。其中，载人飞船可分为卫星式载人飞船、登月式载人飞船和星际载人飞船等。空间站可分为单一式空间站和组合式空间站。

3. 航天测控技术

航天测控技术是对飞行中的运载火箭及航天器进行跟踪测量、监视和控制的技术。为了保证火箭正常飞行和航天器在轨道上正常工作，除了火箭和航天器上载有测控设备外，还必须在地面建立测控（包括通信）系统。地面测控系统由分布全球各地的测控台、站及测量船组成。航天测控系统主要包括光学跟踪测量系统、无线电跟踪测量系统、遥测系统、实时数据处理系统、遥控系统和通信系统等。

（二）航天器飞行的基本条件

目前，将航天器送入外层空间的手段和运载工具有三种：一是通过多级火箭发射；二是用航天飞机发射；三是用飞机发射。不论采用哪种手段和运载工具，要使航天器在太空飞行，必须具备一定的速度和一定的高度这两个条件。

1．速度条件

从地球上将航天器发射上天，使其沿一定轨道运行而不落回地面来，必须借助运载火箭的推力产生足够大的飞行速度，航天器才能冲破地球引力和空气阻力，飞向太空。根据对航天器的不同运行要求，通常将航天器运行的速度分为第一、第二和第三宇宙速度。

第一宇宙速度，是指航天器绕地球作圆轨道运行而不掉回地面所必须具有的运行速度，大约为 7.9km/s。这时的速度又称为环绕速度。

第二宇宙速度，即卫星能够脱离地球引力场而绕太阳运行所需要的速度，大约为 11.2km/s。这时的速度又称为脱离速度。

第三宇宙速度，就是从地面发射一个物体，能脱离太阳系引力场所需的最小速度，大约为 16.7km/s。这时的速度又称为逃逸速度。

2．高度条件

地球周围有稠密的大气层，空气密度与距地面的垂直高度成反比。在距离地面 100km 的高度上，空气密度约为海平面的一百万分之一，在 200km 高度，空气密度只有海平面的五亿分之一。航天器运行轨道太低时，与空气摩擦产生高温，会将航天器烧毁，空气的阻力也会使航天器运行速度下降而陨落。因此，要使航天器在空间轨道上安全运行，除必要的速度外，运行高度通常要在 120km 以上。

（三）航天器的运行轨道

航天器运行轨道是其运行时质心运动的轨迹，由其入轨点位置、入轨速度和入轨方向决定。

1．轨道参数

为了说明航天器运行轨道的形状、在空间的方位及其在特定时刻所在的位置，常用以下参数来描述。

轨道形状和高度，绕地球运行的航天器轨道形状有圆轨道和椭圆轨道两种。根据执行任务的不同，航天器可以选用不同的形状和不同高度的轨道。

轨道周期，是指航天器在轨道上绕地球运行一周所用的时间。航天器高度越高，速度越慢，周期也就越长。

轨道倾角，是指航天器绕地球运行的轨道平面与地球赤道平面之间的夹角。它用地心至北极的方向与轨道平面正法向之间的夹角度量。倾角小于 90° 的轨道，航天器自西向东顺着地球自转方向运行，称为顺行轨道；倾角大于 90° 的轨道，航天器自东向西逆着地球自转方向运行，称为逆行轨道；倾角为 0° 的轨道，航天器始终在赤道上空飞行，称为赤道轨道；倾角为 90° 的轨道，航天器飞越地球两极上空，称为极轨道。

2．常用轨道

常用轨道主要有地球同步轨道、地球静止轨道、太阳同步轨道和极轨道。

地球同步轨道，是指轨道周期与地球自转周期（23∶56∶4）相同的航天器轨道。此时航天器每天在相同时刻经过地球相同地方的上空。

地球静止轨道，是指轨道周期与地球自转周期相同、倾角为 0° 的航天器轨道。在这种轨道上的卫星，高度为 35786km，星下点（卫星和地心连线与地面的交点）轨迹为赤道上的一个点，从地面上看好像静止不动，故称为静止卫星。通信、气象、广播电视等卫星，通常采用静止轨道。

太阳同步轨道，是指轨道平面绕地轴的旋转方向和周期，与地球绕太阳的公转方向和周期相同的航天器。在这种轨道上运行的卫星，每次从同一纬度地面目标上空经过，都保持同一地方、同一运行方向，具有相同的光照条件。因此，可在同样条件下重复观测地球。气象、地球资源等卫星，通常采用这种轨道。

极轨道，是指倾角为 90° 的航天器轨道。在极轨道上运行的卫星，每圈都经过地球两极上空，其星下点轨迹可覆盖整个地球。气象、地球资源、侦察等卫星，通常采用这种轨道。

三、航天技术在军事领域的应用

军事航天技术是将航天技术应用于军事领域，为军事目的而进行的一门综合性工程技术，是现代军事技术的重要组成部分。

（一）军事航天系统

航天技术的军事应用成果是军事航天系统，大致可以分为以下四类。

1．军事航天运输系统

军事航天运输系统，是指把航天器、航天员或物资等有效载荷从地面运送到预定轨道或也能把有效载荷带回地面的运输工具。它可分为运载器和运输器。运载器是从地面把人造地球卫星、载人飞船、空间站和空间探测器等航天器送入预定轨道后不返回地面的飞行器，通常为一次性使用的运载火箭。运输器是为在轨道上的航天器运送人员、装备、物资，以及进行维修、更换部件等在轨服务，完成任务后一般能返回地面的飞行器。

目前，可利用的军事航天运输系统主要是一次性运载火箭，还有可重复使用的航天飞机。就运载火箭而言，苏联第一种火箭（人类历史上的真正运载火箭）是由 SS-6 弹道导弹改装的，称为“卫星号”，1957 年 8 月发射成功世界上第一枚洲际导弹，于 1957 年 10 月 4 日将世界上第一枚人造卫星送入近地轨道。之后，苏联先后研制和使用了“东方”、“上升”、“联盟”、“质子”、“天顶”、“能源”、“列宁”号或称 G 系列号等运载火箭。美国先后研制和使用了“丘比特”、“先锋”、“雷神”、“宇宙”、“大力神”和“土星”号等运载火箭。欧洲空间局研制了“阿里安”号运载火箭，并于1979年12月24日首次发射成功，迄今已研制有“阿里安”1～5号五种基本型和多种改进型火箭。其中，“阿里安”4号为欧洲空间局主要运载工具，至今已发射80余次。我国是最早发明和实际应用古代火箭的国家，于1960年11月发射了第一枚运载火箭，后在此基础上研制了“长征”系列和“风暴”火箭。日本也研制了M、N、H三个系列运载火箭。另外，印度、巴西、以色列等也发展了各自的运载火箭。

专栏4-13　中国运载火箭

50年来，通过几代航天人的不懈努力，长征系列运载火箭经历了从无到有，从单星发射到多星发射，从发射卫星到发射载人飞船的过程，具备了发射低、中、高不同轨道、不同类型卫星的能力，低地球轨道运载能力可达9.5t，地球同步转移轨道运载能力可达5.5t，太阳同步轨道运载能力可达6.1t，入轨精度达到国际先进水平。短暂的50年的发展，我国的长征系列运载火箭就取得了这样举世瞩目的成就，并在国际商业卫星发射服务市场上占据了一席之地，成为我国为数不多的具有自主知识产权和较强国际竞争力的高科技产品。截至2009年4月底，长征系列运载火箭已进行了117次发射，发射成功率达94%。1996年10月以来连续75次发射成功。从1990年成功发射“亚洲一号”卫星以来，长征系列运载火箭先后为国外和香港用户发射了35颗卫星。截止到2008年年底，长征火箭共进行过29次商业发射和6次搭载服务，创造了可观的经济效益。

——马兴瑞. 传承钱学森精神推动我国航天科技事业发展再攀新高峰. 瞭望，2009，(49)

2. 军事载人航天系统

载人航天是指人类驾驶和乘坐载人航天器在太空从事各种探测、试验、研究、军事和生产的往返飞行活动。载人航天的目的在于突破地球大气的屏障和克服地球引力，把人类的活动范围从陆地、海洋和大气层扩展到太空，更广泛深入地认识地球及其周围的环境，更好地认知整个宇宙。充分利用太空和载人航天器的特殊环境从事各种试验和研究活动，开发太空及其丰富的资源。载人航天器由载人航天系统实施，载人航天系统由载人航天器、运载器、航天器发射场和回收设施、航天测控网等组成，有时还包括其他地面保障系统，如地面模拟设备和航天员训练设施。

根据飞行和工作方式的不同，载人航天器可分为载人飞船、空间站和航天飞机三类。载人飞船按乘员多少，又可分为单人式飞船和多人式飞船。按运行范围，可分为卫星式载人飞船和太空站。

载人飞船，是指能保障航天员在外层空间生活和工作以执行航天任务并返回地面的航天器，又称宇宙飞船。载人飞船可以独立进行航天活动，也可用为往返于地面和空间站之间的“渡船”，还能与空间站或其他航天器对接后进行联合飞行。载人飞船容积较小，受到所载消耗性物资数量的限制，不具备再补给的能力，而且

不能重复使用。1961 年苏联发射了第一艘“东方”号飞船，后来又发射了“上升”号和“联盟”号飞船。美国也相继发射了“水星”号、“双子星座”号、“阿波罗”号等载人飞船。其中，“阿波罗”号是登月载人飞船。

专栏 4-14　中国的载人航天

从 1992 年开始，经过七年的论证、攻关、研制和试验，中国第一艘试验飞船“神舟一号”于 1999 年 11 月 20 日发射升空，飞船在轨正常运行一天后，安全着陆于内蒙古预定区域，中国载人航天首次无人飞行试验取得圆满成功。

2000～2003 年，在先后经过“神舟二号”、“神舟三号”和“神舟四号”共三次无人飞行试验的考验后，中国第一艘载人飞船——“神舟五号”于 2003 年 10 月 15 日成功发射，在轨运行 1 天后，于 2003 年 10 月 16 日安全着陆。航天员杨利伟健康地走出返回舱，标志着中国首次载人航天飞行试验获得圆满成功，成为世界上第三个掌握了载人航天技术的国家。

2005 年 10 月 17 日凌晨，随着航天员费俊龙、聂海胜自主从“神舟六号”返回舱中健康出舱，标志着中国载人航天实现了多人多天、航天员直接参与空间科学实验活动的新跨越。

2008 年 9 月 25 日晚 9 时 10 分许，我国自行研制的第三艘载人飞船“神舟七号”，在酒泉卫星发射中心载人航天发射场由“长征二号 F”运载火箭发射升空，航天员翟志刚首次实现了太空行走活动。“神舟七号”载人航天飞行圆满成功，实现了我国空间技术发展具有里程碑意义的重大跨越，标志着我国成为世界上第三个独立掌握空间出舱关键技术的国家。

——中国载人航天大事记. 中新网，2008-10-06

空间站，是在载人飞船的基础上发展起来的永久性航天器，又称为载人航天站、轨道站。空间站是可供多名宇航员巡访、长期工作和居住的大型人造卫星，具有很高的军事价值。

苏联是最早发射载人空间站的国家，共发射 8 座。其中，“礼炮”1 号空间站在 1971 年 4 月发射成功，“礼炮”2 号发射到太空后由于自行解体而失败，“礼炮”3、4、5 号小型空间站均获成功。而“礼炮”6、7 号空间站相对大些，也称为第二代空间站，航天员在该空间站上先后创造过 210 天和 237 天长期生活的记录，还创造了首位女航天员出舱作业的纪录。另外，苏联于 1986 年 2 月 20 日发射成功“和平”号空间站，但因和平号部件老化且缺乏维修经费，于 2001 年 3 月 23 日坠入地球大气层烧毁。美国于 1973 年 5 月 14 日发射成功“天空实验室”空间站，它在 435km 高的近圆空间轨道上运行，宇航员用 58 种科学仪器进行了 270 多项生物医学、空间物理、天文观测、资源勘探和工艺技术等试验，拍摄了大量的太阳活动照片和地球表面照片，研究了人在空间活动的各种现象。“天空实验室”空间站于 1979 年 7 月 12 日在南印度洋上空坠入大气层烧毁。国际空间站于 1993 年完成设计，主要以美国、俄罗斯为首，包括加拿大、日本、巴西和欧空局（11 个国家）共 16 个国家参与研制，其设计寿命为 10～15 年，总质量约 423t、长 108m、宽 88m，运行轨道高度为 397km，可载 6 人。

航天飞机，是一种垂直起飞、水平降落的载人航天器，它以火箭发动机为动力发射到太空，能在轨道上运行，且可以往返于地球表面和近地轨道之间，可部分重复使用的航天器。它由轨道器、固体燃料助推火箭和外储箱三大部分组成。

虽然世界上有许多国家都陆续进行过航天飞机的开发，但只有美国与前苏联实际成功发射并回收过这种交通工具。美国原本有 5 架航天飞机，但 1986 年“挑战者”号航天飞机升空后不久就爆炸了。2002 年“哥伦比亚”号在返回途中发生了爆炸，现在剩下 3 架航天飞机，即“发现”号航天飞机、“阿特兰蒂斯”号航天飞机、“奋进”号航天飞机。1988 年 11 月 15 日苏联的“暴风雪”号航天飞机首航成功，其原计划一年后进行载人飞行，但由于机上系统的安全可靠尚未得到充分保证，加之由于苏联瓦解，相关的设备由哈萨克斯坦接收后，受限于没有足够经费维持运作使得整个太空计划停止。因此，目前全世界仅有美国的航天飞机可以实际使用并执行任务。

3. 军事卫星系统

军事卫星是专门用于各种军事目的的人造地球卫星的统称。按用途可分为军事侦察卫星、军事通信卫星、军事导航卫星、军事气象卫星、军事测地卫星等。

军事侦察卫星，是获取军事情报的人造地球卫星。它发展最早、应用最广，具有侦察效率高、收集和传递情报速度快、效果好、生存力强和不受国界与自然地理条件限制等特点。侦察卫星按不同的侦察设备和任务，可分为照相侦察卫星、电子侦察卫星、海洋监视卫星、导弹预警卫星和核爆探测卫星等。其主要用途有详细侦察对方各种战略目标，对敌方领土进行准确测图，侦察敌方战略导弹系统的数质量情况，侦察敌方地面部队的调动部署情况；侦察对方的战场情报等。

军事通信卫星，包括战略通信卫星和战术通信卫星。战略通信卫星提供全球性的战略通信，战术通信卫星提供地区性战术通信以及军用飞机、舰船和车辆乃至单人背负终端的机动通信。军事通信卫星能够为陆、海、空军等各类用户提供迅速、准确、保密、稳定的通信保障，能够为建立三军通用的指挥、控制、通信和情报系统创造条件。其主要特点是通信距离远、通信容量大、传输质量高、机动性能好、生存能力强。

1958 年 12 月，美国空军发射第一颗军用试验通信卫星“斯科尔”号，此后陆续发射了许多试验和实用军用通信卫星。主要有“国防通信卫星”Ⅰ号、“林肯”号试验卫星、“战术通信卫星”、“国防通信卫星”Ⅱ号、“舰队通信卫星”和“国防通信卫星”Ⅲ号等，实现了美国全球战略和战术通信。前苏联用于军用的通信卫星有混编在“宇宙”号卫星系列中较低轨道的通信卫星、大椭圆轨道的“闪电”号通信卫星以及地球静止轨道的“虹”号、“荧光屏”号和“地平线”号等通信卫星。英国、法国和北大西洋公约组织分别拥有“天网”号、“西拉库萨”和“纳托”号军用

通信卫星。

军事导航卫星，是为航天、航空、航海、各类导弹、地面部队及民用等方面提供导航信号和数据的航天器。军事导航卫星通常装有指令接收机、多普勒发射机、相位控制编码器和原子钟等，与地面控制站和接收导航设备共同组成卫星导航系统。根据用户是否向卫星发射信号，导航卫星可分为主动式和被动式。军事导航卫星均采用被动式，按规定时间、以固定频率、全天候向地面发送精确导航数据，地面接收信息并处理后，确定所在准确地理位置。

目前，世界上只有少数几个国家能够自主研制生产卫星导航系统。美国的“全球定位系统”是第二代导航卫星系统，它由24颗卫星（包括3颗备用星）组成，运行在6个轨道平面上，每个平面分布4颗，采用双频时间测距导航体制，能向全球任何地点和近地空间的用户提供24h不间断的三维导航定位服务，定位精度大约为10m。俄罗斯的“全球导航卫星系统”（GLONASS）是与美国GPS相类似的卫星定位系统，也由卫星星座、地面监测控制站和用户设备三部分组成。它也是由24颗卫星所组成，不同的是卫星运行在3个轨道平面上，每个平面分布8颗卫星，定位精度稍差一点，范围是30～100m。欧洲的“伽利略”系统是世界上第一个基于民用的全球卫星导航定位系统。该系统由分布在3个轨道上的30颗中等高度轨道卫星（MEO）构成，每个轨道面上有10颗卫星，9颗正常工作，1颗运行备用，不仅卫星数量比GPS多，而且可以分发实时的米级定位精度信息，误差范围要小于GPS，其性能更安全、更准确和更可靠。

专栏4-15 中国导航卫星

2000年10月31日和12月21日，2颗“北斗一号”导航卫星相继定点于东经140°和东经80°赤道上空，标志着我国拥有了自己的第一代卫星导航定位系统。2003年5月25日，“北斗一号”导航系统的第3颗卫星发射成功，使我国初步形成了第一个区域性卫星导航系统。2007年4月14日和2009年4月15日，我国先后又发射升空2颗“北斗二号”导航卫星。这些成就表明，中国成为继美国和前苏联之后世界上第三个能自行研制发射导航卫星的国家。

我国自行研制的北斗卫星导航系统最终将由5颗静止轨道卫星和30颗非静止轨道卫星组成，并提供两种服务方式，即开放服务和授权服务。开放服务是在服务区免费提供定位、测速和授时服务，定位精度为10m，授时精度为50ns，测速精度为0.2m/ns。授权服务是向授权用户提供更安全的定位、测速、授时和通信服务信息。

——中国北斗卫星导航系统2015年将覆盖全球. 中新网，2009-01-19

军事气象卫星，实质上是一个高悬在太空的自动化高级气象站，是空间、遥感、计算机、通信和控制等高技术相结合的产物。由于轨道的不同，可分为两大类，即太阳同步极地轨道气象卫星和地球同步气象卫星。前者由于卫星是逆地球自转方向与太阳同步，称太阳同步轨道气象卫星；后者是与地球保持同步运行，相对地球是不动的，称作静止轨道气象卫星，又称地球同步轨道气象卫星。军事气象卫星是为军事需要提供气象资料的卫星，它可提供全球范围的战略地区和任何战场上空的实时气象资料，具有保密性强和图像分辨率高的特点。

世界上第一颗气象卫星是美国 1960 年 4 月 1 日发射的“泰罗斯”1 号卫星，这是一颗军民合用的试验卫星。1965 年 1 月，美国发射成功世界上第一颗实用性军用气象卫星“布洛克”1 号。由 2 颗“布洛克”卫星组成的全球性气象卫星网，负责向美三军实时或非实时提供全球气象数据。我国于 1988 年 9 月 7 日发射成功第一颗气象卫星——“风云一号”太阳同步轨道气象卫星。

军事测地卫星，是指为军事目的而进行大地测量的人造地球卫星。地球的真实形状及大小、重力场和磁力场分布情况、地球表面诸点的精确地理坐标及相关位置等，对战略导弹的弹道计算和制导关系甚大，测地卫星就是用于探测上述参数的航天器，它可测定地球上任何一点的坐标和地面及海上目标的坐标。

世界上第一颗专用测地卫星，是美国 1962 年 10 月 31 日发射的 “安娜”1B 号卫星。该星的测地坐标精度优于 10m，设计工作寿命为 500 年。其后，前苏联、俄罗斯和法国曾先后发射过测地卫星，但目前已没有专用的测地卫星。美国国防部在 2000 年 2 月曾利用航天飞机携载合成孔径雷达对全球 70%的陆地表面进行了三维高精度数字地形测绘。这些数据具有极其重要的军事意义，特别是对精确制导武器的发展。

4. 航天作战系统

航天作战是指利用各种类型的反卫星武器攻击、摧毁敌方的航天器，或利用航天器上载有的定向能武器、动能武器攻击、摧毁敌方陆地、海洋与空中的目标。利用载人航天器上的机械臂、机器人或航天员直接擒获、破坏敌方的军用航天器，也属航天作战的范畴。航天作战武器系统，是部署在太空、陆地、海洋和空中，用以打击、破坏与干扰太空目标的武器，以及从太空攻击陆地、海洋和空中目标的武器的统称。航天作战武器系统主要包括：

反卫星武器，从地面、空中或外层空间攻击敌卫星等空间目标的武器，主要有反卫星导弹、反卫星卫星等。美国曾在 70 年代中期以前研制过第一代反卫星导弹，1978 年又研制了由 F-15 战斗机发射的小型反卫星导弹，前苏联也进行过 20 多次反卫星导弹的试验，因此用地基、海基和空基导弹反卫星技术已臻成熟，20 世纪 90 年代便可部署使用。

反导武器，包括地基反导武器和天基反导武器，主要用于拦截弹道导弹和巡航导弹。包括动能拦截弹和电磁轨道炮在内的动能反导武器和强激光武器、高功率微波武器、粒子束武器在内的定向能反导武器。与地基反导武器相比，天基反导武器可实现全球范围的拦截，并大大提高拦截概率。

轨道轰炸武器，指在围绕地球的轨道上运行，根据指令在几分钟之后脱离轨道

再进入大气层抵达地面目标的武器。这种武器可以携带核弹头，反应速度快，攻击力强，难以防御。但命中精度差，长期在轨道上运行不便维修，可靠性难以保证。

载人航天兵器，指航天飞机、空天飞机、人造宇宙飞船和空间站等运载平台与新型空间武器的结合，负责空间作战和对空中、地面、海洋战场目标进行攻击的武器。人类一旦能够自由往返于太空和能够长期逗留于空间的时候，利用高技术空间武器进行立体作战将成为可能，这无疑对人类将构成新的更为严重的威胁。

（二）军事航天技术的发展趋势

在 21 世纪，太空将进一步成为国家安全和国家利益的“重心”。大力发展军事航天，夺取和保持太空优势地位，是 21 世纪世界和地区性强国所追求的重要目标。军事航天技术大致有如下发展趋势。

1．军用卫星系统以直接支援部队作战为主，加强战术应用能力

为适应 21 世纪信息化战争的需要，军用卫星系统的发展与应用正从战略向战术层次延伸与扩展。预计到 2020 年，世界主要航天大国将建成和使用满足战略与战术应用要求、以战术应用为主的军用卫星系统，提高直接支援部队作战的能力。目前，美军正加速发展的各种新型军用卫星系统，包括天基红外导弹预警卫星系统、“未来成像结构”侦察监视卫星系统以及“全球广播服务”系统和“先进极高频”军用通信卫星系统等，着重提高直接支援部队作战的能力。俄罗斯也将加大军事航天经费的投入，研制部署战术应用能力更强的新型军用卫星系统。

2．军用卫星系统将逐步向网络化方向发展，以争夺制信息权为目的

未来战争将是高技术条件下以争夺制信息权为目的的局部战争和地区冲突，争夺信息优势的关键是争夺空间优势，即争夺“制天权”。现在使用的军用航天系统互通、互连性差，彼此的信息不能及时共享和综合利用，未来的军用卫星系统将朝网络化方向发展，部署在不同轨道、执行不同任务的航天器及其相应的地面系统将连接起来，并与陆、海、空中的相关系统一起，组成一体化的 C^4ISR 体系，从而夺取信息优势。美国准备到 2025 年建成功能完善、攻防兼备的“空间网”。俄罗斯也提出要建立由 115 颗卫星组成的、通过星间链路将侦察与通信融为一体的“多功能卫星通信与远程地球监视系统”。

3．发展更加实用的小型卫星和更加经济的运载工具

小型卫星以其发射机动灵活、快速反应能力强、成本低等优点获得各航天大国的青睐。它可满足应付突发事件和局部战争的需要，生存能力强，侦察监视范围大。当前，美、俄、欧洲各国、日本等都在大力发展小型卫星。美国还计划研制纳米卫星，使其在轨道上编队运行，用以取代昂贵的大型卫星，执行各种航天任务。

4．建立更加完备的载人航天体系和天军

未来战场将向立体化、纵深化发展，陆、海、空、天一体化的作战原则将进一步得到发展，“天战”将不可避免，空间可能成为主战场，主战武器将是卫星、精确打击武器和定向能武器。“制天权”将成为未来战争获胜的关键。航天大国正在部署建立完备的航天飞机（空天飞机）—空间站—载人飞船三位一体的载人航天体系，并将形成一支可用于控制外层空间、夺取制天权的部队——天军。

5．军事航天活动将向多极化方向发展

随着航天技术的发展与成熟，航天体系与其他各种武器系统的配合越来越紧密，从而使得航天体系的战术作用日益提高。据分析，全球将有超过50个国家拥有自己的航天体系。少数大国垄断军事航天领域的局面将被打破，军事航天体系将呈多极化的格局。

专栏4-16　中国的探月工程

我国探月工程可分为三个部分，简称“大三步”，分别是“探月”、“登月”、“驻月”。第一步“探月”（嫦娥探月工程）于2004年1月被批准。嫦娥工程又分为“小三步”，分别是“绕月”（嫦娥探月一期工程）、“落月”（嫦娥探月二期工程）、“返回”（嫦娥探月三期工程）。2007年10月24日18：05：00，我国第一颗人造月球卫星“嫦娥一号”发射成功，经过一年的在轨运行，“嫦娥一号”卫星顺利完成月球表面三维影像探测、月表化学元素与物质探测、月壤厚度探测和地月空间环境探测4项科学任务。至此，我国的探月一期工程已经圆满完成，探月二期工程也于2009年全面启动。二期工程中的两颗探月卫星之一——“嫦娥二号”，已经完成各项技术攻关，并完成整星综合测试，预计2011年左右发射；另一颗探月卫星——“嫦娥三号”目前也进展顺利，完成了方案阶段研制工作，已进入初样研制阶段，进行技术测试。预计2013年发射“嫦娥三号”月表着陆器并携带一辆月球车，在月球上软着陆，完成“落月”任务。预定2017年发射“嫦娥四号”月表着陆器并携带月壤样品返回器，采取月壤后返回地球，完成“返回”任务。

——嫦娥工程规划．中国探月网，2010-05

第六节　指挥信息系统

指挥信息系统是以计算机为核心，具有指挥控制、情报侦察、预警探测、通信、电子对抗和其他作战信息保障功能的军事信息系统。它是科学技术革命、战争形态演变、军队建设转型和作战指挥变革的产物。指挥信息系统集成水平的高低、功能的强弱，对于建设信息化军队、打赢信息化战争具有重要影响，起着核心作用。

一、指挥信息系统的发展演变

指挥信息系统，我军在2006年以前一直称之为指挥自动化系统，美军将其称

为综合电子信息系统，泛指“C^3I”系统。指挥信息系统的形成与发展是一个不断完善的过程。

20 世纪 50 年代，随着军事装备的现代化、自动化，军兵种数量增多，作战距离、作战范围增大，部队机动能力也大大提高，军事指挥领域引入了“控制”一词，出现了 C^2 系统，其主要功能是指挥与控制（Command and Control）。指挥与控制是指挥官在完成任务过程中对所属部队行使权力和下达指示的活动。最具代表性的是美国研制的“赛其”半自动化防空指挥控制系统和苏联研制的“天空 1 号”半自动化防空指挥控制系统。

20 世纪 60 年代，通信手段在 C^2 系统中的作用日益完善、影响日益重要，于是又加上“通信”（Communication），形成 C^3 系统。在冷战时代，随着远程武器的发展，特别是各种战略导弹和战略轰炸机的大量装备部队，指挥决策与作战行动执行单位之间可能彼此相隔数千公里甚至更远。单一的 C^2 系统已无法胜任现代化战争的指挥与控制任务，无法实时地进行大量情报信息的传输。C^3 的出现表明，在现代战争中，指挥、控制、通信已经逐渐融为一个整体。其中，指挥控制是目的，通信是达到目的的必不可少的手段。

20 世纪 70 年代，美国首次把“情报”（Intelligence）作为指挥自动化不可缺少的因素，出现了 C^3I 系统，并在较长时期内成为指挥系统自动化的代名词。当时，美国国防部一名助理国防部长专门负责指挥、控制、通信与情报工作。这里的情报有着极其广泛的含义，包括各种各样的探测、预警、侦察、导航、定位和敌我识别等。“I”的加盟可以说是一种历史的必然。因为自古以来指挥活动就离不开情报源的支持，现代指挥活动更是如此。只不过指挥自动化是一种开创性、渐进性过程。一种指挥要素要成为这个家族中的一员，是受各种军事和技术条件制约的。C^3I 的出现是指挥自动化的一个重大进展。它树立了指挥、控制、通信和情报不可分割的概念，也确立了以指挥控制为龙头，以通信为依托，以情报源为生命的一体化系统的雏形。C^3I 提法在指挥自动化家谱中占据了最长的生命周期。

20 世纪 80 年代末,由于计算机技术在指挥信息系统中的地位作用日益增强，于是“计算机”（Computer）加入 C^3I 家庭,变成 C^4I 系统。这个 C 兄弟后来居上，成为 C^3I 家族中的核心。在以往的 C^2、C^3、C^3I 系统中，使用的计算机设备，其运算能力、信息处理能力、通用性和联网性能都不能与今天高性能的计算机相比。因此在当时的指挥自动化系统中,计算机主要是在某些层次的操作业务中代替人工作业，但对于指挥控制过程中高层次的活动，例如，信息分析、处理等只能起到部分辅助作用，并且在当时的指挥自动化系统中，只是在信息处理中心及某些重要节点才能装备使用高性能计算机。直到 20 世纪 70 年代，尽管指挥自动化系统中计算机已大量使用，但由于当时的通信仍以模拟信号为主，情报仍以探测器的原始数据为主，计算机与通信、情报系统的融合并不紧密。在 20 世纪 80 年代，随着软件技术的飞速发展以及计算机的小型化和微型化，高性能计算机在指挥自动化系统中渗透到了无处不在的程度。计算机通用信息处理平台的作用越来越大，以数据形式传输和交换信息越来越广泛。更重要的是，高性能的计算机使指挥自动化系统实现了情报采集、分析与方案制订、辅助决策等高层次信息处理活动的自动化，这为制服信息化条件下作战急剧膨胀的“信息洪水”提供了必不可少的技术手段。计算机已成为指挥自动化系统各个领域不可缺少的重要设备，这就使计算机上升到与指挥、控制、通信、情报同等重要的地位。

20 世纪 90 年代中期，美国根据海湾战争的经验，进一步认识到掌握战场态势的重要性，提出“战场感知”的概念，即利用各种侦察监视技术手段，全面了解战区的地理环境、地形特点、气象情况，实时掌握敌我友三方兵力部署和武器系统配置情况及其动向,为作战行动提供可靠的依据。C^4I 技术体系的内涵又进一步扩大,新融入了“监视与侦察”（ Reconnaissance and Surveillance)，变成了 C^4ISR。

进入 21 世纪，随着军队信息化水平的不断提高，C^4ISR 与武器平台、弹药等作战系统的“融合”不断加深，使 C^4ISR 系统又新增了“杀伤”（Kill）手段,变成了 C^4KISR 系统。从而使指挥信息系统成为以计算机为核心，具有指挥、控制、通信、情报、监视与侦察以及杀伤于一体的自动化系统。

专栏 4-17　军事指挥信息系统的发展历程

军事指挥信息系统的发展历程，大体上经历了初始创建、全面发展、更新改造、趋于成熟等四个阶段。

一是 20 世纪 50 年代末至 60 年代中期的初始创建阶段。这一时期，以美国空军的“赛其”系统和苏联空军的“天空一号”系统为代表，主要是在防空作战指挥系统中，部分实现了情报处理的半自动化。我国在这一时期也开始了关于指挥信息系统的建设工作，如 1959 年立项了“1125 工程”，1964 年建立“852”系统，1967 年建立了“853”系统。这一时期，人们仍普遍偏重于发展飞机、导弹等武器装备，对军事指挥信息系统的建设重视不够，更缺乏全局性的系统规则，但这些工作却为以后系统的发展奠定了基础。

二是 20 世纪 60 年代末至 70 年代末期的全面发展阶段。在这一时期里，美苏等西方国家的军事指挥信息系统发展较快，各军种、兵种都建立了各自的指挥信息系统，在一定程度上实现了情报处理的自动化和指挥控制的智能化。同时，美苏等军事强国还研制了空中预警机系统、空中指挥所系统、地下指挥所系统、战略空军指挥信息系统、战术空军控制系统等许多新型的指挥信息系统，并且在战备值班、学习训练、作战应用等方面积累了一定的经验。而我国的军事指挥信息系统建设，在这一时期则处于停滞不前的状态。

三是 20 世纪 80 年代初至 90 年代中期的更新改选阶段。在这一时期，军事指挥信息系统不但发展迅速，而且普遍进行了更新、改造和完善，统一文电格式、信息流程和信息编码、传递、交换的方式等。我国的指挥信息系统建设则处于打基础、建模式阶段，雷达情报传递

处理自动化系统不断完善；战略、战役、战术等各层次指挥信息系统的基本型号开始列入装备序列；其他专业兵种指挥信息系统的建设也逐步展开。

四是20世纪90年代末期以来的趋于成熟阶段。这一时期，各国普遍对90年代前后发生的高技术局部战争予以了高度关注，并十分重视研究和分析指挥信息系统在战争中的运用规律和存在的问题，为军事指挥信息系统的发展提供了依据，使系统的发展逐步趋于成熟。主要表现在：增强了系统的抗毁、抗扰、再生能力，提高了系统的实战能力，增强了系统的互连、互通、互操作能力，即通过加强系统的立体配置和信息互连网络，提高了系统的整体作战效能；增强了系统与毒品的交联能力，即提高了系统作战指挥的时效性，系统的武器化程度增强。我国的指挥信息系统则处于按地区成片联网建设阶段，加强了重点地区和重点部队指挥信息系统的更新、改造建设，同时加强了信息格式、设备标准化和互连、互通等方面的工作，取得了一定的成就。

——于滨等．军事指挥信息系统的一体化特征及发展趋势．现代军事，2007，(11)

二、指挥信息系统的组成和功能

指挥信息系统是根据军队作战任务、军队体制、作战编成和指挥关系而组成的。它自上而下，逐级展开，左右相互贯通，构成一个有机整体。按军种可以划分为陆军指挥信息系统、海军指挥信息系统、空军指挥信息系统和第二炮兵指挥信息系统等；按指挥层次可以分为战略级指挥信息系统、战役级指挥信息系统和战术级指挥信息系统及作战平台与单兵 C^3I 系统等；按用途可以分为作战指挥信息系统、武器控制信息系统、联勤和装备保障指挥信息系统等；按结构形式可以分为集中式指挥信息系统和分布式指挥信息系统。

（一）指挥信息系统的基本组成

一个完整的指挥信息系统，尽管因为担负不同任务、属于不同级别和军种以及不同用途，其规模大小不一，功能各有千秋，设置配置也不尽相同，但就其组成要素来看，是大体一致的。一般有指挥控制、通信、情报、信息对抗和综合保障五个分系统。

1．指挥控制分系统

指挥控制分系统是指挥信息系统的“心脏”和“龙关”。它的性能和状态，对整个系统的性能、状态和作用的发挥起着举足轻重的作用。它能够将输入的各种情报和信息快速地进行综合处理，为指挥人员决策判断提供可靠信息；辅助指挥人员拟制作战方案并通过模拟推演、分析判断、得出结果数据，为定下决心、下达命令提供准确依据；根据作战命令提供各种兵力、兵器的指挥控制和引导数据，通过通信分系统传递给有关部队和武器系统，实施指挥和控制。指挥信息系统的总体结构设计，在某种意义上说，主要是围绕着指挥控制分系统来进行的。

指挥控制分系统实际上是一个以计算机系统为核心的信息处理系统，其硬件平台通常包括计算机系统、信息显示设备（包括各种显示控制台、工作站、终端、大屏幕显示设备和闭路电视和投影设备等）、内部通信设备（包括程控交换机、对讲机、通信终端设备等）、系统监控设备（控制台和其他环境监控设备）和局域网等。它可以对输入计算机的各种格式化信息自动地进行综合、分类、存储、更新、检索、复制和计算，并能进行军事运筹，协助指挥人员拟制作战方案，对各种方案进行模拟、比较选优。

软件系统通常包括系统软件、工具软件和应用软件。指挥信息系统中的应用软件，常见的几种是情报综合处理软件、辅助决策软件、文电处理软件及武器控制软件等。情报综合处理软件的功能是将获取的各种情报信息进行融合处理，产生总态势图及总表格，进行目标识别和威胁评估，为指挥员提供决策依据。辅助决策软件包括数据库管理模块、模型库管理模块和人机交互模块三部分，其功能是辅助指挥人员确定作战方针、定下指挥决心，制定作战方案和保障预案，组织实施作战指挥，完成作战模拟，支持部队训练等。文电处理软件可以对各种文件、电报、信函、通知、资料等信息进行处理。武器控制软件用于对飞机、舰艇、战车的指挥引导，对火炮、导弹进行分配使用和目标指示等。

2．通信分系统

通信分系统又称信息传输分系统。它包括由各种通信设备（如传输设备、交换设备、用户设备、保密设备、供电设备和维护测试设备等）通过无线和有线两种手段组成的诸如电话通信网、电报通信网、数据通信网和图像通信网等各种业务网。它的基本任务是完成人与人之间、人与装备之间和装备与装备之间的信息传输。伊拉克战争期间，美军使用的卫星通信系统、国防通信系统、国防数据网、MSE战术通信网、联合战术信息分发系统、短波通信系统以及单信道地面与机载无线电台等通信系统，为指挥、控制、情报、协同作战和后勤管理提供了可靠的通信保障，使前线情况可以近实时地传输到万里之外的白宫。

通信分系统是一个多手段、全频段、多层次的综合系统。从手段上讲，采用多种卫星通信系统，微波和无线电台组成的地面通信网，以空中指挥所和机载甚低频中继通信为主体的最低限度应急通信系统，高频快速反应通信系统，轻便灵活的新闻通信系统等；从频段上讲，采用甚低频、低频、高频、甚高频、特高频等全频段通信系统；从层次上讲，空间、空中、地面、水下以及各个指挥层次都配备多种通信系统；从技术运用上讲，采用无线电频谱管理、扩频、跳频、快速通信、自适应技术、冗余配置、电子方舱、抗核加固等措施，有效地提高通信系统的抗干扰性、抗毁性和机动性；从传输的信息种类讲，话音、电报、数据、图像通信都得到应用；从保密角度讲，鉴于保密维系着战争的胜负、国家的安危，通信保密覆盖了从最高军事决策当局到前沿战士之间的各个通信环节，在各种通信设备中均配置了相应的保密

单元。通信设备是指用来传递信息的各种信道终端设备、交换设备和通信用户设备。信道通信设备主要有线载波、微波接力、对流层散射、卫星通信和光通信设备等；交换设备主要有电话自动交换机、电报和数据自动交换机等；通信用户设备主要有电传机、传真机、汉字终端和电话机等。另外，在计算机通信中，计算机也是一种终端。

3．情报分系统

情报分系统主要由侦察情报、预警探测和情报处理中心组成。它是指挥信息系统的“感觉器官”，主要负责搜集敌我双方的各种情报信息，供指挥员及时了解军情和战场态势。情报分系统是陆基、天基并举，光、电、磁、声多种探测手段并用，构成的空、地、海、天一体化的情报侦察网，对整个军事态势和战场态势实施全方位、立体化、全天候的监视与侦察。

空间侦察系统，主要由照相侦察卫星、弹道导弹预警卫星、地面海洋监视卫星、空间站、航天飞机、太空飞船以及设在地面、海上的控制中心或指挥所组成。当前，世界军事大国70%的战略情报是由侦察卫星获得的。而美国90%以上的军事情报都是来自空间侦察系统。空间侦察系统的任务可以分为三大类：太空侦察、太空定位导航、太空监控。太空侦察具有速度快、视野广、行动自由的特点；GPS提高了平台的机动能力与武器的控制能力；太空监控可以保证己方航天器安全正常运行，以完成各种任务。

空中侦察系统，由有人驾驶侦察机、无人驾驶侦察机、侦察直升机、预警机、侦察气球和飞艇等侦察平台以及分布在地面、海上的控制中心或指挥所组成。在这些平台上，安装有照相侦察设备、信号接收与测向定位设备、目标探测雷达、红外仪以及微光夜视仪等侦察装备。空中侦察系统具有时效性强、机动灵活等特点，是获取战术情报的基本手段，也是获取战略情报的辅助手段。

地（水）面侦察监视系统，主要由地面无线电侦察设备、地面传感器、侦察预警雷达和水面侦察船等组成。无线电侦察设备通过对所接收的各种信号进行分析和处理，来了解敌发射台（站）的方位和坐标，指挥所、部队和其他军事目标的配置、调动情报，进而了解其作战意图。各种地面传感器可以侦察敌军人员活动、车辆流动、飞机出动等情况，起到预警、搜索和监视作用。侦察预警雷达可以昼夜全天候探测目标的方位、速度和距离，探测距离远、精度高。水面侦察船可以对各方的沿海及纵深地区、岛屿、舰艇上的雷达、无线电制导系统等电磁辐射源进行侦察，还可以进行远洋侦察和环球侦察。

地下侦察系统，就是将侦察设备和天线全部埋设在地下，用来侦察地下通信的情报系统，具有较强的抗摧毁和反侦察能力。与地下通信相似，水下侦察系统，包括水下通信侦察系统、水声探测预警系统和水声通信侦察系统。水下通信侦察系统旨在截获、破译敌人水下通信信号。水声探测预警系统用于发现敌潜艇，尤其是弹道导弹核潜艇，并对其进行跟踪、监视；查明敌舰船出入、活动等情况；查明敌防潜预警系统的分布位置，以便在必要时将其摧毁。水声通信侦察系统的作用是对敌水声通信信号进行搜索截获、分析和测向定位，为水声通信干扰或火力摧毁服务。

计算机网络侦察系统，其任务是利用各种侦察设备或网络技术，渗透到敌计算机网络或运用其他手段搜集、分析敌网络上各种信息，获取各类情报。计算机网络侦察的方法手段主要有黑客侦察，利用病毒、木马程序、陷阱门进行侦察，网络监听侦察，电磁窃听侦察和搭线窃听侦察等。

4．信息对抗分系统

信息对抗分系统由侦察传感设备、显示操作设备、干扰执行设备、通信设备及数据处理中心等组成。其任务是干扰和破坏敌方的指挥信息系统，使之完全瘫痪或执行错误动作；有效地保护己方的指挥信息系统不受敌干扰、破坏和打击，并处于良好的工作状态。采用技术手段对敌方信息系统实施干扰和破坏被称为“软杀伤”，是信息对抗区别于其他攻击手段的显著特点。例如，运用电子侦察、电子进攻、电子防御手段，可以对敌方的电子设备进行侦察、干扰和摧毁，以削弱其使用效能，同时采取反侦察、反干扰、反摧毁的防御措施，保障己方电子设备正常工作；还可以通过网络攻击敌方的信息系统，同时确保己方系统不受敌方攻击等。

5．综合保障分系统

综合保障分系统主要是指气象保障、测绘保障和后勤、装备保障。气象保障主要是收集、整理、编辑、传输气象情报资料，及时准确地向各级指挥中心提供有关地区的气象实况、天气预报和气候资料，并对可能危及军事行动的灾害性天气发出警报；通过气象数据库为各级指挥机构提供有关数据。测绘保障主要是通过军事地理信息数据库，及时为各级指挥中心提供各种数据地图和军事地理数据；电子地图库可为陆、海、空军提供导航定位保障，为第二炮兵和有关部队提供精确制导所需的各种数据；地理和地形分析专家系统，可以就地理因素对作战的影响提供决策建议和参考数据。后勤、装备保障系统能够实时收集和管理各类后勤、装备业务数据，为拟制和优选后勤、装备保障计划和后方防卫作战计划提供决策支持；为实行联勤联供、装备和技术保障，做好物资、油料、卫生、医疗、运输、技术等保障工作等提供有效的手段。

（二）指挥信息系统的主要功能

指挥信息系统的功能是指指挥信息系统在作战中所发挥的效用。从作战指挥角度出发，指挥信息系统的功能可归结为信息功能、计算功能、决策功能和监控功能四个方面。

1．信息功能

指挥信息系统是个以信息为媒介的信息系统。它的信息功能主要体现在以下几个方面。

信息收集　指挥信息系统用各种侦察设备作为其信息输入终端，形成信息收集子系统，实时地获取情报，帮助指挥员了解战场态势和威胁迹象；平时收集的静态情报存储在固定的数据库或制成缩微资料，一旦需要便能快速提供；人员侦察获得的情报和上级通报、指示可通过指挥信息系统传递、处理和显示，从而提高时效性。

信息传递　指挥信息系统能够把收集到的情报传递到指挥机关，并把指挥员的命令下达到部队，把作战数据传送至各作战平台，保证信息传递的快速、准确、保密和不间断。

信息处理　指挥信息系统能够把收集到的情报存放到相应的数据库里，或标注在图上或表格内，并发送到有关部门；分析情报信息的获取时间、地点以及收到的时间，研究与判别信息来源的可靠程度及获取时的具体情况；仔细分析情报所含内容，并与同一目标的其他情况进行比较，进一步判断情报的可靠程度、重要程度、紧急程度和价值等；把敌人的行动性质、部署和重要目标的情报归纳在一起，并在此基础上得出有关结论。例如，敌人的强弱、编成、部署、行动性质等。

信息存储与检索　指挥信息系统利用信息的可存储、可复制和可多次使用而无损耗等属性，把不断获取的情报有条理、有规律地存储起来，并使其具有快速检索功能。当指挥员作战中希望以往的情报资料时，可以在很短的时间内快速查询。

信息显示　指挥信息系统可以显示作战态势图或战场实时景象。作战态势多用地图背景叠加战场实时信息，这些信息可用文字、数字和图形、图像等显示。随着时间的变化，根据战场传来的新信息，自动推移和增减标号、符号，以反映态势的演变。它也可以显示决心图、计划图和战场的实际作战情况。目前的主要显示方式除了数据、图像（形）外，还实现了同时处理文字、声音、图形、图像的多媒体综合信息显示。

2．计算功能

指挥信息系统的计算也是对信息的一种处理能力，但它主要是对数值信息的处理，其结果仍然是数据。计算功能可以帮助人们定量地认识作战规律和指导作战活动。现代战争更需要定量的规划与运筹，只有通过运算才能帮助指挥员及时、准确地把握时间和作战力量的限制。指挥信息系统可以完成拟制包括开进计划、战役保障计划、工程作业计划、协同作战计划等在内的各种作战计划，并进行快速准确计算；可以准确地拟制和计算后勤保障计划，为如何保障供给以及指挥员如何把有限的作战物资在恰当的时机投入到合适的地方，提供精确参照。对于武器控制则是指挥信息系统计算功能应用的主要方面。现代武器的速度快、威力大，使得战争空前激烈，该系统能够快速计算，合理选择和分配现有资源与打击目标，并求出武器射击诸元，修正射击偏差。此外，它还能够完成作战运筹、模拟和作战中的协调等工作。

3．决策功能

决策功能主要体现在作战决策、军事专家系统和作战模拟三个方面。

作战决策　指挥信息系统可以将指挥员的聪明才智和创造性与机器的逻辑功

能结合起来，能将静态的历史经验与动态的系统分析和测算结合起来，能将决策的机断性和科学性结合起来，从而做出最佳的决策，避免决策失误。

军事专家系统 军事专家系统与决策支持系统是辅助决策软件系统的重要组成部分，分为预案检索型和人工智能型。预案检索型的实质是根据设想制定的决策方案，将其与配套的计划、控制程序，作为一个软件成品存放在软件库中，需要时可迅速提供给指挥员选用。人工智能型是一种类似于人脑思维方式的决策形式，它比预案检索型具有更多的灵活性和适应性。人工智能型决策是依据实时的情况，按照军事专家的思维方式和水平进行灵活决策。这个决策是由专家系统临时生成的，它更符合战场多变的实际和战术的灵活性。

作战模拟 作战模拟是保证决策科学化的重要步骤和手段。进行作战模拟时，根据作战任务和战场情况选择适当的模型，把决心方案的初始数据，如兵力兵器的数量、地形气象数据、关键性事件的起止时限、敌方可能的反应和对策等输入到模型中进行推演模拟，也就是进行大量的数据计算和逻辑分析与判断，最后输出的结果是按此方案实施的结局。不同的方案，也就是初始数据不同，输出的结果也就会不同，对差异的利弊进行比较、分析，就可对各种方案进行评估和优选。

4．监控功能

监控功能包括两个方面含义，一方面是对己方情况的监控，另一方面是对敌方情况的监控，其实质也是对信息的收集和传递。对于己方，它能够对命令计划执行情况和对控制指令的反应结果进行收集，并及时反馈回指挥中心，使其了解决心和指令实现的程度，以便做出必要的调整和修正。对于敌方，可以对其地面、海上、空中直到太空的行动进行监控，并做出迅速、准确、有效的反应，形成有利于我而不利于敌的战场态势，以夺取作战的胜利。

三、指挥信息系统的发展趋势

指挥信息系统是实施信息化战争的基本依托。展望未来，随着科学技术的不断发展，指挥信息系统将会根据“作战力量分散配置，战场态势共享感知，指挥控制实时高效，作战行动自主协同”的作战需求，逐步实现信息获取多元化、信息传输高效化、信息处理综合化、辅助决策智能化、同步作业一体化和战场监控实时化。

（一）在功能上，向综合化、智能化方向发展

多年以来，包括美国在内的世界多数国军队的 C^3I 系统，受发展规划、技术和条件等因素的限制，走的都是“烟囱式”发展道路，致使建成的系统功能独立，互连、互通、互操作能力差。在海湾战争中就已证明，这种系统难以适应未来高技术条件下联合作战的需要。为克服上述缺陷，各国对其指挥信息系统的研制建设，都强化了综合集成。美军则开始采用开放式系统工程的方法，从分立的“烟囱式”系

统向综合系统转变，首先提出建立更广泛的 C^4I 系统的新概念，它把 C^4I 的范围扩展到反情报、联合信息管理和信息战领域。这种体制，不仅可以指挥控制己方的作战部队，而且还可提供敌方如何指挥、控制其部队的有关信息，实现了多层次、大范围的连接和信息共享，增强了信息作战能力。美军 1997 财年就将监视和侦察与 C^4I 系统集成为 C^4ISR，它是综合集成的指挥、控制、通信、计算机、情报、监视和侦察系统，其中蕴涵着通信对抗、反侦察等功能，基本涵盖了指挥信息系统的全部内容。美军的 C^4ISR 系统向综合化方向发展，就是向应用范围更广、层次更高、系统更大、内容更新的阶段发展。

大力提高指挥信息系统的智能化水平，也是其未来发展的方向之一。提高智能化的核心是开发各类智能化软件系统。随着思维科学、决策科学、认识科学、机器自学功能的提高，以及神经网络新一代计算机的产生，指挥信息系统的智能化水平将进入更高发展阶段。

（二）在规划上，强调系统的一体化，更重视信息安全

实现系统的一体化是指挥信息系统发展的又一趋势。我军根据多年指挥信息系统建设的经验，提出了努力实现指挥控制、情报侦察、探测预警、通信、电子对抗等功能的一体化；努力实现战略、战役、战术指挥信息系统一体化；努力实现诸军种指挥信息系统一体化；努力实现指挥信息系统与主战武器系统一体化等。美军则提出了实现国防部 C^4I 系统与三军 C^4I 系统以及三军 C^4I 系统之间一体化的要求。据不完全统计，美国防部和陆、海、空三军的各级 C^4I 系统就有 140 多个。在一体化过程中，美国防部首先带头将国防部所属的 14 个系统集成为一个大系统。美陆、海、空军也分别将本军种所属的若干系统向着一体化的方向集成，最终集成为本军种的一个大系统。与此同时，各军种的系统和国防部的系统还要进一步综合集成为一个一体化的更大系统，以实现互连、互通、互操作。为促进一体化的实现，美制定了国防信息系统网（DISN）综合化计划和全球指挥、控制、通信系统（GCCS）计划。其国防信息系统网已于 1993 年 10 月实现了 9 个独立网的综合，1996 年已将 170 多个网络综合进了该网，这对实现一体化产生了巨大的作用。GCCS 全部实现后，陆军指挥官可用海军的平台指挥陆上作战；同样，海军的指挥官也可以用陆军指挥平台，指挥海上作战，实现了指挥平台的一体化。

随着信息技术的发展和信息战的到来，信息安全受到了严重威胁，各国视安全为信息的生命。因此，对加强信息和信息系统的安全特别重视。美军对信息安全提出了如下的要求：第一，信息系统必须有能力在任何复杂环境中，安全处理各种信息；第二，必须充分保护国防部的信息系统，以便有能力与有关网络上的多个主机间进行分布式信息处理和分布式信息管理；第三，信息系统必须有能力支持具有不同安全要求的用户，利用不同的安全保密级别的资源进行信息处理。

（三）在使用上，提高系统的多种能力，向深海和外层空间发展

根据近几场局部战争的实战经验，人们普遍认识到必须进一步提高指挥信息系统的各种作战性能和适应能力，以满足未来高技术战争的需求。

一是提高快速反应能力。美国对付海湾危机的应急决策表明，指挥信息系统的各个环节都要注意提高对付突发事件的反应能力。这就要求，必须建立多层次、多手段预警和侦察系统，提供准确情报，保证对作战命令和作战情报的迅速传送，要保障各种战勤指挥通畅，供应及时，要利用计算机模拟各种复杂情况，迅速制定决策，提高机动和适应能力。指挥信息系统必须有较强的机动能力，适应恶劣的自然环境和残酷的战争环境的能力。各级指挥信息系统要能车载、舰载或机载，要便于灵活、迅速地开设和重新组合，在机动中保障不间断的指挥。

二是提高抗毁和生存能力。随着指挥信息系统技术水平的提高，其脆弱环节也会越来越多，抗毁和生存能力将更加突出，必须采取机动隐蔽、防护加固、冗余技术、容错系统、抗干扰抗病毒等多种手段，从多种途径提高抗毁和生存能力。

三是向海洋和外层空间发展。目前的指挥信息系统都是沿地球表面配置的，随着航天技术的不断发展，指挥信息系统平面配置的格局将被打破，取而代之的上一种从外层空间到海洋深处的立体配置，永久性的载入空间站、轨道站的建立都可成为指挥信息系统的中心和武器平台。据称，空间平台将能监视整个陆地、30m深的海面以下以及高至数万公里的空间。美军在研究从潜艇发射通信卫星的同时，准备建立海底指挥中心。可以预见，未来的指挥信息系统将从外层空间一直延伸到海洋深处，形成立体配置、全球连通的网络。

第七节　精确制导武器

现代战争“无导不成战”，特别是近年来爆发的几次局部战争，精确制导武器更是频频亮相、战绩辉煌，成为战争中耀眼的“明星”。

一、精确制导武器概述

（一）精确制导武器的概念

精确制导武器，是指采用精确制导技术直接命中概率在50%以上的武器。精确制导武器有两大基本特征：一是采用了精确制导技术。制导技术，就是控制和导引技术。二是直接命中概率高。直接命中，是指武器的圆公算误差小于弹头的有效杀伤半径。

制导武器最早诞生于第二次世界大战，当时德国先后研制了V–1和V–2导弹，

用于轰炸伦敦，虽然精度不高，但已经初步显示了导弹的威力。第二次世界大战结束后，导弹技术迅速发展。20 世纪 50 年代，已经出现了防空导弹、空空导弹等，但没有在战争中大规模使用。越南战争中，精确制导武器才真正崭露头角。进入 70 年代，人们在战争中开始越来越多地使用这一类武器。1973 年第四次中东战争期间，双方使用了 20 多种导弹，取得了惊人的战果。此后，西方军界把这些命中概率很高的导弹和制导炸弹统称为“精确制导武器”。

（二）精确制导武器的主要特点

1．高技术

精确制导武器是以信号探测、高速信号处理和自动控制等高技术部件组成的制导系统，它集中了光电器件、集成电路和计算机等众多现代高新技术。精确制导武器在实战使用中，从发射到命中目标的全程贯穿了各种技术手段的较量。所以，世界和各国都十分重视精确制导武器技术的先进性，特别是制导精度、电子对抗和人工智能技术的领先与运用。

2．高精度

直接命中概率高，这是精确制导武器名称的根本由来，也是精确制导武器最基本的特征。目前，世界上现役的主要精确制导武器命中概率已超过 80%，激光制导炸弹和电视制导炸弹，圆公算概率误差只有 1～3m。红外成像导弹的最高命中精度已小于 1m。第二次世界大战时，B–17 轰炸机的投弹误差为 1000m，越南战争时 F–105 战斗轰炸机投弹误差为 100m，而 1991 年的海湾战争中，F–117 隐形轰炸机投弹误差只有 1～2m，可以说达到了点命中的最佳效果。科索沃战争期间，南联盟总参谋部的大楼就受到了北约导弹的袭击，一枚导弹径直从南军总参谋长办公室的窗子打进去。由于精确制导武器的直接命中概率不断提升，现在已出现了武器战斗部不需要装药的精确制导武器，依靠极其精确的直接撞击摧毁目标。

3．高效能

精确制导武器的作战效能之所以远远高于普通武器，根本原因是其精度的提高。由于精度高，其爆炸能量精确地释放到目标上，所以其作战效能大大提高。主要表现：一是提高攻击的有效性，减少弹药消耗量；二是提高作战效费比，降低作战费用交换比。据统计，摧毁一个典型的地面目标，如铁路枢纽，第二次世界大战期间，需要 4500 架次轰炸机，投掷 9000 枚炸弹；越战中，需要 95 架次飞机，投掷 190 枚炸弹，而现在只需要 1～2 枚精确制导炸弹。1981 年 6 月，以色列空军出动 14 架飞机携带精确制导炸弹仅用几秒钟的时间就将伊拉克价值 4 亿美元的核反应堆摧毁。在阿富汗战争中，北方联盟的部队在围攻塔利班据守的一个山头时，久攻不下，只得呼唤美军支援。美军的 B–52 轰炸机迅速赶到战场，投下几枚激光制导炸弹，顷刻间山头上的塔利班部队就被消灭殆尽，几分钟内战斗便宣告结束。

（三）精确制导武器的制导方式

精确制导武器的核心就是它的制导系统。制导系统工作的基本原理是：首先，通过导引系统测量出武器与目标的相对位置和速度，计算出实际飞行弹道与理论弹道的偏差。其次，通过控制系统发出纠正这种偏差的指令，调整武器的飞行姿态和弹道，直到命中目标。

1．自主制导

自主制导，是根据武器内部或外部固定参考基准，导引和控制武器飞行的制导。通俗地讲，就是把导弹飞行的路线事先编好程序，存储在导弹内部，发射后严格按照这个路线飞行，直到命中目标，中途不需要任何外来的干预，控制完全自主。如惯性制导、星光制导、多普勒制导、程序制导和地形匹配制导、地图匹配制导、全球定位系统制导等都属于自主制导。

2．寻的制导

寻的制导，就是通过弹头上的寻的设备，接收目标辐射或反射的能量，如红外辐射、无线电波、声波等，然后通过这些信息确定目标的位置和速度，自动跟踪目标，直到最后命中。采用这种制导方式的导弹种类非常多，如毫米波制导、激光制导、红外成像制导等。寻的制导又可分为主动寻的、被动寻的、半主动寻的。寻的制导的优点是精度非常高，多用于末端制导，适合打击运动目标。但其缺点是作用距离短。

3．遥控制导

遥控制导，就是在导弹飞行过程中，另外设有指令站，通过不断测量目标和导弹的相对位置，不断地对导弹发出指令，来修正飞行路线。例如，有线制导的反坦克导弹就采用这种制导方式。导弹发射后，尾部拖着一条长长的导线，操纵员通过观测导弹与目标的相对位置，发出控制指令，指令通过导线传到导弹上，纠正飞行路线，通过这样不间断的遥控，使导弹最后命中目标。这种方式的特点也是命中精度高，适于攻击运动目标，在地对空导弹、空对地、反坦克导弹上运用得比较多。电视制导炸弹也属于遥控制导。

4．复合制导

复合制导，就是综合利用以上几种制导方式的制导。这样可以综合利用以上几种制导方式的优点，弥补缺点，提高导弹的抗干扰能力和精度。例如，美国的“战斧”式巡航导弹，在飞行的前半段，采用惯性导航和地形匹配制导，在飞行末段采用主动雷达寻的制导，就是一种典型的复合制导。

二、精确制导武器的种类

精确制导武器种类繁多，总体上可分为两大类，第一大类是导弹；另一类是精确制导的炮弹、炸弹，也可以统称为精确制导弹药。两者的区别就是前者依靠自身

的动力系统和导引、控制系统飞向目标，后者自身无动力装置，其弹道的初始段、中段需借助飞机、火炮投掷，进行末端制导。

（一）导弹

导弹的分类方法也很多。按作战任务的性质，可以分为战略导弹、战役战术导弹；按发射点与目标的位置关系分，可以分为地面发射导弹、空中发射导弹、水面发射导弹、水下发射导弹；如果按射程分，可分为近程导弹（1000km 以内）、中程导弹（1000～3000km）、远程导弹（3000～8000km）和洲际导弹（8000km 以上）；按飞行弹道分，可分为巡航导弹和弹道导弹；按攻击目标分，可分为防空导弹、反坦克导弹、反舰（潜）导弹、反导弹导弹和反卫星导弹。

1．防空导弹

防空导弹包括地对空和舰对空导弹，迄今已发展到第四代，而且还不断有新的型号问世。目前世界上有防空导弹约 100 多种。其中，地对空导弹 70 余种，舰对空导弹 30 余种。

防空导弹按射程和射高又可以分为四类。

第一类是中高空防空导弹，射程大于 40km，射高超过 20km。射程最远的是前苏联的 SA–5，射程达 250km。射高最大的是前苏联的 SA–2，射高达 34km。单发命中率最高的是美国的“爱国者”防空导弹，达 90%以上。

第二类是中低空防空导弹，射程为 15～40km，射高为 6～20km。其中，打得最远最高的是美国的改进型“霍克”导弹，射程 40km，射高 18km。

第三类是超低空防空导弹，它们的射程在 15km 以内，射高在 6km 以下。主要用来对付低空的飞机和导弹。

第四类是单兵便携式防空导弹，它们的射程在 5km 以内，射高在 3km 以下，可以由单个士兵携带，肩扛发射。例如，美国的“毒刺”式防空导弹，射高达 5km。

2．反坦克导弹

反坦克导弹是专门用来对付坦克的导弹，可以从车上、飞机上或者由单兵在地面上发射。战争实践证明，打坦克最有效的有两类武器，一类是坦克本身的火炮，在坦克群混战中，先进的坦克炮是最有效的；第二类就是反坦克导弹，而且又以武装直升机从空中发射的反坦克导弹最厉害。因为坦克装甲通常都是正前方最厚，顶部最薄弱。反坦克导弹与传统的反坦克炮相比，射程远，精度高，威力大，而且机动性强，被战争实践证明是反坦克武器中的主力军。

目前世界现役的反坦克导弹主要有以下几种：一是美国的“狱火”式反坦克导弹，可以车载，也可以装在飞机上，具有较强的破甲能力，属于激光制导导弹。二是法、德联合研制的“霍特”反坦克导弹，可以有线制导或红外遥控制导，射程 4km，破甲厚度 700mm。三是美国的“小牛”空地导弹，最大射程达 25km，属于红外寻的制导，具有很强的破甲能力。

3．反辐射导弹

反辐射导弹是现代战争中电子战的锐利武器，其主要作用是捕捉敌方雷达发出的波束，然后沿着雷达波直接攻击对方的雷达。在越南战争中，美军就大量使用了“百舌鸟”反辐射导弹。美军每次进行空袭，都把机群混合编组，其携带反辐射导弹的飞机或者打头阵，或者在空中盘旋，只要对方雷达一开机，就对其实施攻击，摧毁对方雷达系统后，对方的高炮和防空导弹就难以瞄准射击，己方的飞机就可以肆无忌惮地攻击地面目标。

4．空空导弹

空空导弹是指从空中平台发射攻击空中目标的导弹，是现代空战的“杀手锏”。空空导弹按射程可以分为近距格斗、中距拦截和远程拦截三种类型。

近距格斗型导弹比较有代表性的是美国“响尾蛇”空空导弹，这种导弹采用红外被动制导，适用于近距离格斗，也是世界上第一种空空导弹。在 1982 年英阿马岛战争中，英国的“鹞”式飞机发射 27 枚“响尾蛇”导弹，共击落阿根廷飞机 24 架，命中率是很高的。

中距拦截型导弹比较有代表性的是美国的 AIM–120 中程空空导弹，最大射程 80km，该导弹具备发射后不管，具有可同时攻击多个目标的能力。

远程拦截型导弹比较有代表性的是美国的“不死鸟”空空导弹，射程可达 200km，速度大于 5 倍音速，是一种全天候、超音速空空导弹。美国海军的 F–14 战斗机可以一次携带 6 枚“不死鸟”，同时攻击 6 个不同目标。对于远程空空导弹而言，完全是超视距攻击。在空战中，谁拥有先进的预警和雷达设备，谁先发现对方，谁就能取得主动权，就能做到先敌开火。

5．地地战术弹道导弹

战术弹道导弹是专门用来压制和破坏战役战术纵深内地面目标的导弹，与传统的火炮相比，威力大大提高。例如，海湾战争时，伊拉克使用苏制的“飞毛腿”导弹频频攻击以色列和沙特阿拉伯，引起世界各国的强烈反响。1991 年 2 月 26 日中午，一枚“飞毛腿”导弹呼啸着飞向沙特一座美军兵营，并顺利躲过“爱国者”的拦截，击中了美军的一幢宿舍，当场炸死 28 名美军士兵，炸伤 100 余人。再如，印度自行研制的“普里特维”地地战术导弹，射程 150km，命中精度大约 30m。还有是美国陆军战术导弹，可进行大面积的反装甲作战，射程 100km 以上，可以撒布地雷和反装甲弹等。

6．巡航导弹

巡航导弹又称飞航式导弹。所谓巡航，是指导弹的飞行状态，在巡航状态下，

导弹以匀速等高飞行。巡航导弹又分为三种：一是能够实施核打击的战略巡航导弹；二是远程战术巡航导弹；三是飞航式反舰导弹。

其中，比较著名的是美国的“战斧”式多用途巡航导弹。这种导弹是一个导弹系列，型号很多，既能装核弹头，也能装常规弹头；既能在空中发射，也能在军舰和潜艇上发射，用途非常广。巡航导弹的最大特点是射程远、精度高、低空突防能力强。巡航导弹一般都飞得很低，离地面或海面只有几十米，而且在发射前把如何避开沿途的障碍物、防空火力区等都预先存储在导弹上，这样，遇到山脉、高层建筑，敌人的导弹火炮阵地，导弹都可以绕开，始终保持超低空飞行，所以拦截巡航导弹是比较困难的。由于巡航导弹能够在敌人防空火力圈外发射，所以在最近几场局部战争中，美军首波空袭的骨干力量就是巡航导弹。

在飞航式反舰导弹领域，俄罗斯有着比较先进的技术，他们的反舰导弹最大特点就是速度快，突防能力强。例如，SS–N–22 反舰导弹，主要装备在“现代”级驱逐舰上，飞行速度可达 2.4 倍音速，在有舰外制导的情况下，可以攻击 200km 以外的目标，是对付航空母舰的锐利武器。

7．激光制导炸弹

激光制导炸弹是用机载设备或人员对目标发射激光束，攻击飞机投掷激光制导炸弹后，炸弹沿着反射的激光束飞向目标。这种制导方式精确度比较高。伊拉克战争中，美军战前就大量派特种部队深入敌境，其任务之一，就是为激光制导炸弹指引目标。

（二）精确制导弹药

精确制导武器也称为灵巧弹药，根据不同的作用原理可分为末制导弹药和末敏弹药两类。

1．末制导弹药

末制导弹药由寻的器和控制系统组成，在其弹道末端能根据目标和弹药本身的位置自行修正或改变弹道，直至命中目标。主要有制导炮弹和制导炸弹等。

制导炮弹是使用地面火炮发射，弹丸带有制导装置的炮弹的总称。它能够在火炮的最大射程内以很高的单发命中率攻击目标，主要有激光制导炮弹、毫米波制导炮弹和红外寻的制导炮弹等。

制导炸弹也称灵巧炸弹，是指有制导装置和空气动力操纵装置的航空炸弹。主要有激光制导炸弹和电视制导炸弹。制导炸弹是在航空炸弹上加装制导装置和气动力装置，靠飞机投弹时给予的初速滑翔飞行，其制导系统同一般空对地导弹的导引头相似，有的甚至就是直接移植而来的。精确制导技术使航空弹药“长了大脑”，制导炸弹圆概率误差为 0～3m，与普通弹药相比，其效费比提高了 25～50 倍。

2．末敏弹药

末敏弹药不能自动跟踪目标，也不能改变飞行弹道，只能在被动撒布的范围内利用其自身的探测器探测和攻击目标。

末敏弹药通常由一些子母弹组成，子弹被抛撒后，立即用自身携带的探测器在小范围内探测目标，当发现目标后，即可沿着探测器瞄准的方向发射弹丸，对目标进行攻击。末敏弹药是子母弹技术、爆炸成型弹丸技术和先进的传感器技术相结合的产物。末敏弹药探测范围较窄，仅为末制导弹药探测范围的1/10左右。

三、精确制导武器对作战的影响及发展趋势

（一）精确制导武器对作战的影响

精确制导武器的出现，对作战产生了巨大的影响。

1．成为现代战场上主要打击兵器

1973年10月第四次中东战争期间，埃及和以色列展开了一场二战以来最大规模的坦克战，交战双方使用精确制导武器大约20种。开战头三天，以军在西奈半岛损失坦克约300辆。其中，被反坦克导弹击毁的约占77%。1982年英阿马岛战争期间，英军使用空空导弹击落阿军飞机66架，占阿军全部被击落飞机总数的83%。1991年海湾战争中，精确制导武器更是充当了战场上的主角。多国部队使用“战斧”式巡航导弹、“爱国者”防空导弹、“响尾蛇”空空导弹、“海尔法”反坦克导弹以及激光制导炸弹等多达20多种精确制导武器，这些武器虽然在数量上只占总投入弹药的7%～8%，却摧毁了重要目标数量的80%。在海湾战争后的多场局部战争中，精确制导武器的使用数量占全部弹药总量的比例不断攀升，到2003年伊拉克战争，这个比例已经达到了68%。可见，精确制导武器已经成为现代战场上的主要打击兵器。

2．使作战方式发生了深刻变化

现代高技术局部战争中，拥有精确制导武器的一方，可以实施全天候、全纵深、超视距的精确打击，以前那种短兵相接、近战肉搏的场面已经很少出现了。相反，未来战争在很大程度上表现为导弹战、超视距攻击，交战双方大量使用远程精确制导武器进行打击，双方军队相隔数千里，真正在战场上交锋的是无人驾驶飞机和导弹，而士兵则在各种武器平台或地下指挥中心控制这些导弹。

同时，拥有高技术武器装备的一方在对付武器装备相对较弱的一方时，可能更喜欢选用外科手术式的精确打击，在对方没有预警的情况下，几分钟内达到作战目的，就像当年美国空袭利比亚一样。由于战争力量的不对称，这样的战争将完全是一边倒的战争，是单向透明的战争。

专栏 4-18　改变战争形态的武器

使用有限的兵力兵器在短时间内就可高效地完成火力毁伤任务，这使得精确制导武器成为达成作战目标的首选武器。而且，经常被用来完成那些使用传统兵器和传统方法要么效率不高、要么无法完成的任务。

精确制导武器的出现大大降低了弹药的消耗量，在第二次世界大战中消灭一个目标平均需要 9000 发弹药，到越战时已减少到了 300 发，而现在只需一枚“智能”精确制导炮弹或导弹即可。在密集使用精确制导武器时，它所发挥的战斗效能几乎相当于小当量核武器的作用。在攻击目标时，它既可选择方向、角度，又可控制毁伤效果，因此在相对于己方部队的任何距离上发射都是安全的，不必担心冒误伤的风险。由于使用精确制导武器不必像非制导武器那样进行校射，可确保达成火力突击的突然性。

在 20 世纪的军事冲突中，主要国家的精确制导武器都经历了不断更新换代的过程，其结果是改变了战争的形态。现在，发达国家的军队正在摒弃传统的战法和装备发展战略，他们斥巨资发展先进的精确制导武器，并在军事行动中依靠它来完成主要任务。现在，精确制导武器在火力毁伤中所使用的比例已从越战时期的 2%～4%增加到了“联盟力量”行动期间的 60%～90%。精确制导武器（特别是远程精确制导武器）的大量使用，使作战行动的准备及实施特点也发生了根本性的变化。第一，远程精确制导武器可使军人尽可能地远离战场，从而大大降低人员的伤亡。第二，精确制导武器的广泛使用使作战行动的资源消耗（时间、人员及金钱）发生了根本的变化，在 1991 年海湾战争中，精确制导武器在火力突击中所占的比例不超过 3%～5%，战役准备阶段持续了 5 个多月，共投送了 30 万名军人、200 多万吨武器装备、50 万吨各类物资；到 1999 年的科索沃战争，战争准备只用了几周的时间，动用了很少的兵力，投送的武器装备和物资也只有前者的几十分之一。第三，使用精确制导武器毁伤目标时的可控性，可大大降低人们不愿看到的附带损伤——平民的伤亡和生态灾难。

——符拉基米尔·亚历山德罗夫. 精确制导武器的作用有多大. 米俊敏译. 世界安全，2004-07

3. 成为改变军事力量对比的杠杆

现代战争表明，精确制导武器正在改变坦克、飞机、火炮、军舰等传统武器装备的军事价值，成为改变军事力量对比的杠杆。世纪之交，世界正经历着一场新的军事革命，精确制导武器的发展，是新军事革命来临的主要标志之一。军事专家普遍认为，精确制导武器的数量多少和质量优劣，已经成为衡量一支军队质量建设水平高低和战斗力强弱的重要标志之一。战争的制胜因素不再取决于武器装备的数量，也不是仅有几件精确制导武器就能解决问题的，关键是武器的质量以及是否形成体系、是否配套、是否有熟练掌握这些武器的人。海湾战争中，伊拉克并非没有先进的防空导弹，但由于指挥预警系统陷于瘫痪，这些武器根本没有发挥作用。战争实践证明，精确制导武器改变军事力量平衡的作用越来越明显。

（二）精确制导武器的发展趋势

随着科学技术的发展，各国都在大力发展精确制导武器。同时，根据它们在战争中所暴露出来的缺陷和不足，人们正在发展性能更好的精确制导武器。从发展趋势来看，精确制导武器将主要向以下六个方向发展：提高智能化水平及命中精度;提高抗干扰能力和全天候作战能力;提高隐身性能及突防能力;向小型化发展;提高模块化和标准化程度;提高通用性和系列化水平。

第八节　新概念武器

新概念武器是近年来出现的一种高新技术武器，由于技术上的重大突破与创新，使其在作战机理上与传统武器有明显不同。新概念武器将引起作战方式的重大改变，对未来战争也将产生深刻影响。目前，世界各军事强国纷纷投入大量人力、物力，进行新概念武器的研发，以抢占军事高技术的“制高点”，确保其在未来军事斗争中的有利地位。

一、新概念武器的概念和特点

新概念武器是相对传统武器而言的，它是利用新原理、新能源、新技术、新材料、新思路和新结构开发的，在工作原理、杀伤效应、作战方式等方面与传统武器有显著不同的创新性武器的总称。从这一概念可以看出，新概念武器的“新”主要表现出以下几个特点。

创新性　新概念武器在设计思想、工作原理和杀伤机制上具有显著的突破和创新，它是创新思维和高新技术相结合的产物。

奇效性　新概念武器有独特的作战效能，能有效抑制敌方传统武器效能的发挥，达到出奇制胜的效果。

时代性　新概念武器是一个相对的、动态的概念，其研究领域随时代的进步和科技的发展不断更新，某一时期的新概念武器日趋成熟并得到广泛应用后，也就转化为传统武器。

风险性　新概念武器高科技含量大，技术难度高，资金投入多，研制的风险较传统武器要高得多。

二、新概念武器的种类

根据杀伤原理、杀伤规模和杀伤手段，新概念武器可分为四大类，即新概念能量武器、新概念信息武器、新概念生化武器、新概念环境武器。其中，新概念能量武器包括动能武器（如超高速化学能发射器、电炮、混合电炮等）、定向能武器（如

激光武器、微波武器或电磁脉冲武器和粒子束武器等）、原子能武器（如中子弹等）和声波武器（包括次声波武器等）。新概念信息武器包括智能武器（军用机器人、无人平台等）、比特武器（计算机病毒武器）和微型武器（纳米武器）。新概念生化武器包括基因武器、新概念化学武器等。新概念环境武器包括气象武器、地震武器等。目前，正在研制的新概念武器主要有以下几种。

（一）定向能武器

定向能武器是通过一定的能量转换装置，将某种电磁辐射和高速运动的原子/亚原子粒子束聚焦成强大的射束，以光速或接近于光速的速度，沿一定方向射向目标，从而造成破坏或毁伤的一类新概念武器。目前，具有研发前景的定向能武器主要有三类。

1．激光武器

激光武器是指利用激光束的能量直接杀伤破坏目标或使目标丧失作战效能的武器。其杀伤效应主要有三种：一是烧烛效应，即强激光照射到目标后，部分能量被目标材料吸收，转化为热能，使目标材料汽化而在表面形成凹坑和穿孔；有的还可能使目标材料内部温度大大高于表面温度，产生内部高压，从而发生爆炸。二是辐射效应，目标材料表面因汽化而形成等离子体，该等离子体能辐射紫外线甚至X射线，使目标内部电子元件毁伤。三是激波效应，当目标材料蒸汽向外喷射时，在极短时间内给目标材料以反冲作用，形成的激波在目标材料内产生反射，可将目标材料扭断而发生层裂破坏，飞出的裂片也有一定杀伤力。

2．微波武器

微波武器是指利用发射峰值功率达100MW以上的微波杀伤目标的武器。它是以干扰敌方武器系统中的电子设备或烧毁其电子元器件来发挥功效的，其机理是利用大功率微波在物体内产生的电效应、热效应对目标造成杀伤破坏。电效应是指大功率微波会在目标物的金属表面或导线上感应出电流，这种电流可对电子元件产生状态反转、击穿和改变性能等结果。热效应是指大功率微波对目标加热导致烧毁电路器件。另外，它还有生物效应，有的可使生物出现各种症状，如使人神经紊乱、心肺功能衰竭甚至双目失明等。有的可产生生物被烧伤甚至烧死的现象，如当微波功率密度达到$20W/cm^2$时，2s即可给人造成三度烧伤，达到$80W/cm^2$时，1s内即可将人烧死。

3．粒子束武器

粒子束武器是指利用高能加速器产生并发射出的高能粒子束杀伤目标的武器。其基本原理是用高能粒子加速器将注入其中的电子、质子和各种重离子等带电粒子加速到接近光速，然后用磁场将它们聚集成密集的高能束流射向目标，以束流的动能或其他效能杀伤破坏目标。粒子束的毁伤作用表现在三方面：一是使目标结构材料汽化或融化；二是提前引爆目标中的引信或破坏目标中的热核材料；三是破坏目标的电路，进而导致电子装置失效。

（二）动能武器

动能武器是利用超高速运动的具有极大动能的弹头，通过直接碰撞方式摧毁目标的一种新概念武器。主要包括以下几种。

1. 电磁炮

电磁炮是利用运动电荷或载流导体在磁场中受到的电磁力去加速弹丸的一种新型火炮系统。按加速弹丸的方式，又可分为轨道炮和线圈炮两类。

2. 电热炮

电热炮是利用放电方法产生的等离子体推动弹丸的新型火炮系统。按照等离子体形成方法的差异，电热炮可分为直热式和间热式两大类。直热式电热炮又叫做纯电热炮；间热式电热炮又叫做电热化学炮。

3. 超高速动能导弹

超高速动能导弹是采用火箭发动机增速，实现超高速飞行并以动能战斗部拦截目标的导弹。其动能战斗部通常使用杆式穿甲弹芯或杀伤破片。超高速动能导弹有陆基发射型和天基发射型。目前，美、英、法、俄等国致力于发展的动能拦截弹就属于这一类。

（三）软杀伤武器

软杀伤武器是指能使人和武器装备失去作战能力但不造成人员死亡和设施、环境遭严重破坏的一类武器，亦称“温和型”武器。它不会对敌方人员造成致命伤害，也不会给武器装备和环境造成摧毁性的破坏，而是主要致力于剥夺敌方的反抗能力，削弱和破坏武器装备的效能，以达到“兵不血刃”就获得战争胜利的目的。主要包括以下两大类。

1. 反装备武器

反装备武器是指对人员不造成杀伤，专门用于对付敌方武器装备的武器。例如，美军在科索沃战争和伊拉克战争中大量使用的“石墨”炸弹，爆炸后可以产生大量能导电的“碳条”，用于破坏发电厂和高压输电线路，进而使雷达和防空导弹等武器装备因失去电源不能使用，这就是一种反装备武器。目前，正在研制的专门用于反装备的武器主要有以下几类。一是化学物质类反装备武器。它是利用特制的化学制剂的某种特殊的物理、化学特性，使武器装备或有关设施不能使用或被损坏的反装备武器，包括化学致瘫剂、化学致滞剂、特种润滑剂、油料凝结剂和超级腐蚀剂等。二是计算机病毒武器。随着计算机在武器装备和军事活动中的广泛应用，计算机病毒武器也随之产生。计算机病毒武器主要利用电磁波传播、计算机网络中的配套设

备传播，以及通过有线线路传播等手段，以窃取情报，破坏指挥、控制、通信和情报系统，摧毁经济支持能力等为作战目标。美国军事专家认为，计算机病毒战比核战争更现实、更有效，比任何杀伤性武器的作战更人道，但破坏效果却大得惊人。

2．非致命性武器

非致命性武器是指不对装备造成严重破坏，只是使人员失去作战能力的一种武器。主要包括以下几种。一是声学武器，即利用各种技术产生不同频率的声波，使人感到不适或内脏受损而无法行动的武器，最典型的是次声武器和高能超声波武器。次声武器是利用频率低于 20Hz 的次声波与人体器官发生共振，使共振的器官或部位发生位移和形变而造成损伤的一种武器。高能超声波武器利用高能量的高频声波造成强大的大气压力，使人产生视觉模糊、恶心、呕吐等生理反应，减弱或使其丧失战斗力。二是生化失能武器，即利用各种生物、化学手段，使人暂时失去行为能力，或造成局部损伤的一种新概念武器。三是微波拒止武器，它是利用一定功率的微波在人体内产生的生物效应，使人丧失行为能力，以达到阻止人员进入和控制骚乱的一种非致命性武器。四是情绪控制武器，这种武器是前苏联依据声学心理矫正原理研制的武器。它利用专门的仪器设备发射一种特殊的电磁波，进入人的潜意识，以控制人的情绪，改变人的行为，但不扰乱人的其他智能。这种情绪控制技术可能被用于平息骚乱和挫伤敌军士气，使其丧失战斗力，也可用于激励友军士气，提高其战斗力。

专栏 4-19 西方专家研究“第四代”战争

现在流行没有死亡的战争。因为美国希望凭借新型武器赢得 21 世纪的未来冲突。西方军事专家解说，为了在所谓的“第四代”战争中获胜，必须要让一支传统上实力雄厚的军队有多种手段对付游击队的攻击。

目标很简单：设计一些不再以杀人为目的，而是要钳制对手的武器。而且这些武器也有可能被用于其他一些冲突，如城市骚乱。这些不会致死的武器能使人和装备丧失能力。例如，它们可通过改变环境或敌方军队的士气，对已出现的某种局势产生影响，从而将死亡的风险或最终损害减至最低，并且降低给财物和环境造成的不可逆转的不良影响。

正是在美国，从 1995 年起正式出现了“无死亡”概念。国防部每年给“低强度冲突和特种作战部”提供 3000 万美元，后者从 1992 年起着手研发非杀伤性武器。事实上，取得的进展是很明显的。研究非杀伤性武器的军队工作小组，在 20 世纪 90 年代就已测试过各种不会进入受害者体内、但可令其昏迷的弹药和化学镇静喷雾器。有些控制骚乱的化学物质（能够引起剧烈疼痛、暂时性失明、呕吐或窒息）也是经过试验的。此外，俄罗斯人在这方面也不甘落后。2002 年 11 月，国际社会对俄罗斯有了一种令人担忧的看法，因为在莫斯科剧院人质事件中，123 名人质死于吸入俄罗斯特种部队在进攻前释放的一种“使人瘫痪”的气体。

著名的美国国防部高级研究计划局是在 1958 年冷战期间建立的，正是它负责研发一些具有军事用途的新技术。换句话说，就是设想和研究未来武器。它与私营部门和研究人员一起从事这项工作。

经过与雷神公司的 12 年研发之后，这些武器中的一种，即主动拒绝系统将在今后两三年内上市。被发明者命名为“沉默守护者”的这一武器是一个巨大的天线，可发出温度达 55℃的毫米波。武器原型去年 11 月曾在格鲁吉亚向媒体展出过，当时被安装在一辆“悍马”军车上。毫米波在 500m 内可穿透几层厚的衣服，直至皮肤下 0.4mm 深处，从而导致一种难以忍受的灼热感。这种与微波不同的技术是否确实对人体健康没有危害还有待于证实。

国防部高级研究计划局现在还很重视其他一些领域的研究，如神经系统科学和纳米技术威慑。在这方面，伦理问题和各种风险是巨大的，正如太阳微电子公司创始人之一比尔·乔伊所说的那样，这些问题和风险“具有把人变成一种具有危害的物种的危险”。潘多拉的盒子已经打开了……

——卡罗林·德雨果．没有死难者的战争．陶志彭，孙瑞博译．论坛报，2008-01-23

（四）环境武器

环境武器是指通过控制地壳固态层（岩石层）、液态层（流体层）等自然环境，以及大气层内的物理、化学作用，将自然力用于破坏敌方重要目标的一种新概念武器。其主要机理是通过运用现代科学技术手段，人工形成和控制地震、海啸式涌浪、暴雨和磁暴等自然力，来改变某敌占区的自然环境，制造山崩、雪崩、地滑、山洪和河流阻塞等，使敌方遭受重大伤害。环境武器主要包括以下三种。

1．气象武器

气象武器是用人工改变局部气象条件，保障己方或袭击、阻碍敌方行动的一种新概念武器。实现人工改变局部气象条件达成军事目的的主要途径：一是利用气象武器进行人工造雾、消雾等，造成敌方的视觉障碍，为己方作战创造有利条件。二是利用气象武器进行人工降雨等，给敌方军事行动制造困难和不利的气象条件。三是利用气象武器直接控制台风、闪电，制造酸性降雨等，破坏、阻碍敌方行动。目前，要实现理想的人工改变局部气象条件，尚存在许多理论上和技术上的困难，但随着科学技术的不断进步与发展，气象武器有可能问世。

2．地震武器

地震武器是利用地壳中隐藏的热力分布不均所带来的不稳定性，通过人为激发以诱发“人造地震”的一种新概念武器。实验证明，当量为 100 万吨 TNT 的核爆炸可能引发里氏 6.9 级地震。

3. 生态武器

生态武器是利用物理和化学方法，使敌国的大地变成干燥的沙漠，或破坏臭氧层形成“臭氧空洞”等，改变敌占区生态环境的一种新概念武器。例如，在某敌占区上空的臭氧层中，投放臭氧武器，撒布能吸附臭氧的化学药品或在高空实施核爆炸形成能分解臭氧的化学物质，造成一个没有臭氧的洞口，使太阳的强紫外线直照地面，导致该敌占区的人和生物细胞组织受损、皮肤灼烧等病变，杀伤敌方有生力量。

三、新概念武器的作战运用

新概念武器作为一类新型武器，目前大多数还处在研制探索阶段，尚未形成完整的作战能力，要全面进入实战运用还需要一个较长的研究试验阶段，其作战影响在现时也不可能得到充分展示。但根据对新概念武器的工作原理、杀伤破坏机制和作战效能等进行的综合分析，其对作战所带来的影响将是深远的。

（一）作战行动隐蔽

新概念武器一旦在战场上使用，将使作战行动更加隐蔽突然。主要表现在三方面。

一是攻击速度快，能迅速剥夺对方的防范反应时间。像激光、粒子束、微波等武器，都是以光速或接近光速攻击目标，“弹丸”飞行时间几乎为“零”。动能武器的攻击速度虽然慢一点，但也能达到10～20km/s的速度。计算机病毒武器一旦找到对方计算机网络接口或侵入渠道，一个攻击指令就可使对方计算机系统和网络顷刻之间全部瘫痪。因此，只要战场目标被这些武器所攻击，对方就难以进行规避，也无法或根本没有时间采取有效的防范措施。

二是攻击方式隐蔽，对方无法进行有效的观测和侦察。新概念武器除动能武器外，大部分武器不发射弹丸，都是以光束、波束、病毒、化学、生物制剂等能量、信息、微生物质攻击对方，攻击时既无可供观察的外形，又没有丝毫的声响，单凭人的视觉、听觉和一般的探测设备，很难发现攻击行动的踪影，在很多情况下是在对方受到某种损失后，才能判断可能受到了某种武器的攻击。

三是远战能力强，可以在较远的距离上打击对方。大部分新概念武器都可以在数十公里、几百公里甚至上千公里的距离上打击对方。因此，大部分新概念武器可以不直接配置在前沿战场，而是配置在战役、战略后方，有的甚至配置在外层空间。由此可见，新概念武器的作战方式独特，战场行动隐蔽突然，可以使对方在“不知不觉”中遭到攻击，而且无法进行有效的侦察、探测和防范，始终处于被动挨打的境地。

（二）作战领域广泛

新概念武器是种类众多的新型武器体系。其中，每一种武器都独具特点，都能在各自的作战领域中发挥其他武器难以替代的作用。不同种类的新概念武器可以从不同方向、不同领域、不同渠道对对方实施有效攻击。因此，新概念武器的作战领域十分广泛，其攻击的触角可以伸向军事斗争的各个方面，使其具有“全维”和“全频谱”综合作战能力。新概念武器这一作战特点主要体现在三个方面。

一是拓宽了作战领域。它将激光、微波、粒子束、电磁频谱、微电子、基因、信息、气象等各个方面都纳入了军事斗争的范畴，都可以使用相应的武器对对方实施全方位攻击。

二是扩大了打击范围。新概念武器既可以对战场目标实施硬打击，也可以对通信、制导雷达、计算机系统等目标实施软打击；既可以对战场前沿目标，包括陆地、空中、海上的目标实施打击，也可以对战略后方和战略空间的目标实施打击，既可以对战场目标实施直接攻击，也可以通过改变战场环境对对方实施间接伤害。

三是拓展了打击渠道。新概念武器可以通过连接电路、线路、插入计算机网络、发射电磁波束、传播致病基因、施放化学战剂、投送智能武器等多种渠道，向对方发起攻击。

（三）作战效能独特

新概念武器在作战效能方面，有很多引人瞩目的特点。

命中精度高　激光、粒子束、高功率微波武器所发射的“光子”弹，以每秒30万千米的光速飞行，能够在瞬间射向目标并将其摧毁。攻击运动目标不需要提前量，只要对准目标即可击中，具有较高的命中精度。

目标变换灵活　新概念武器大部分属于无惯性武器，射击时武器不会产生后坐力，操作使用省时省力，十分灵便，可以快速、灵活地变换射击方向，一件武器可以同时攻击多个目标，而且转换射击方向时，并不降低攻击速度和射击精度。

攻击频度高　常规武器需要利用大量的弹药来摧毁目标，弹药供应一旦中断，攻击行动就无法继续。而大部分新概念武器靠射束能量来杀伤破坏目标，只要在战前把大量能量储存起来，就可以实施连续持久的攻击，不受“弹药”供应的限制。

作用范围广　传统武器中除核武器外，一般一件武器的作用范围有限，一次攻击也只能对一两个目标和极小的区域造成伤害和破坏。而新概念武器的作用范围极广，有时只要使用一两件武器，就会在作战全局上给对方造成很大的影响。例如，使用新概念生化武器，就有可能使对方的所有战场人员迅速染毒，使其全面丧失战斗力；使用计算机病毒武器，一次攻击就可能使对方作战系统内的计算机网络全部瘫痪，所有计算机将无法进行正常工作，从而导致整个战场指挥体系“瘫痪”；使用气象武器，就会在大范围内使对方受到恶劣气候的影响和干扰，整个作战环境就会向有利于己而不利于敌的方面转化。

能量密度高　激光、粒子束、高功率微波等新概念武器，可以在极短的时间内把能量集中在目标的一小块面积上，并且具有很强的穿透能力，破坏目标的内部机

件和电子设备，或引起目标战斗部的提前起爆。这种高度集中的能量，具有极大的杀伤破坏力，能够摧毁一切战场目标。

四、新概念武器的发展现状及趋势

20 世纪 90 年代以来，世界各军事大国加大新概念武器的研究发展力度，并取得一些突破性进展。新概念武器在一些军事领域逐步具备实战部署和使用的能力。目前，新概念武器的研究发展工作主要集中在一些军事和经济大国。其中，美国的发展水平最高，其次是俄罗斯。此外，法国、英国、德国、日本、以色列、澳大利亚、瑞典等国也在开展不同规模、不同类型的新概念武器研究工作。

（一）新概念武器的发展现状

首先，在高能激光武器技术的发展方面，目前技术上较成熟、应用前景比较明朗的是化学激光武器，未来具有较好应用前景的是固体激光器和自由电子激光器。据公开资料分析，美国的氟化氘/氟化氢化学激光器和氧碘化学激光器都已实现百万瓦级的高能量输出，固体激光器和自由电子激光器的能量输出也可达到数千瓦以上。俄罗斯的二氧化碳激光器和氟化氘/氟化氢化学激光器已达到数十万瓦以上的功率水平，氧碘化学激光器的功率水平达万瓦以上。此外，德国、法国、英国、日本、以色列等国也具备研制数万瓦化学激光器的能力。美国、俄罗斯已经掌握研制高精度、高灵活性、大口径强激光发射控制系统的能力，并在多种平台上进行了高能激光武器系统的集成打靶试验。特别是美国，已经初步具备了将各种研究试验成果在地面车辆或飞机上综合集成为激光武器系统的能力。

其次，在高功率微波武器技术方面，目前，美国和俄罗斯保持世界领先水平，其个别系统已经或接近装备定型。美国高功率微波弹已在近实战环境中进行了演示验证。据报道，1991 年海湾战争中美国海军首次使用了试验性的高功率微波弹。2003 年，美国在伊拉克首次使用了由巡航导弹携载的新型“微波电子炸弹”，使伊拉克电视台发射信号中断。此外，美国还采用高功率微波技术新开发了一种主动拒止系统，能对 750m 外的敌军实施非致命杀伤，并已于 2005 年将该系统投入伊拉克使用。前苏联是最早发展高功率微波技术的国家，俄罗斯在前苏联高功率微波武器技术研究的基础上，取得重大进展，继续保持着世界先进水平。特别在研制近程战术高功率微波武器方面已经不存在大的技术障碍。前苏联时代就已经研制出部分试验样机。其中，有一种防空系统，微波功率大于 1000MW，杀伤距离 10km，10km 远处功率密度为 4W/cm^2。该系统主要用于保护重要的指挥中心，它不仅能使敌方的电子设备失效，还具有抗反辐射导弹的能力。另外，俄罗斯已研制出体积很小、可用火炮或导弹投掷的电磁脉冲（EMP）武器。

再次，在动能拦截器技术方面，目前技术发展最快的是美国，一些装备已开始部署，与此同时，还积极向其他盟国扩散。美国已研制并进行过飞行试验验证的动能拦截器主要有两种：一种是采用三轴稳定的动能拦截器，另一种是采用单轴稳定，也称自旋稳定的动能拦截器。自 20 世纪 80 年代初至今，美国已经先后对用于导弹防御的各种类型动能拦截弹进行了上百次拦截目标的飞行试验。美国还恢复了天基动能拦截弹的研制计划，并计划 2012 年前发射 6 颗卫星，用来试验天基动能拦截弹系统。

另外，各国在电磁发射武器、非致命武器、高超声速武器、声能武器等其他新概念武器系统的研究上也取得了一定的进展。

（二）新概念武器的发展趋势

根据目前发展状况分析，新概念武器的未来发展趋势将更加突出技术创新与军事应用紧密结合的特点。

以适用和满足信息化战争的需要为重点。近期几场局部战争表明，武器装备的信息化程度越来越高，作战双方对信息技术及其装备的依赖性越来越大，这就决定了未来战争的重点将是如何夺取信息优势。新概念武器的发展必然会在信息战中发挥突出作用。

以高功率微波武器为代表的电磁脉冲武器的出现，使传统电子战的概念大大扩展。这种武器可用于攻击卫星、预警机等信息节点，甚至能摧毁地面的指挥信息系统，主要军事大国必然会怀着极大的兴趣，积极开展研究。在科索沃战争和伊拉克战争中，微波弹的使用，表明新概念武器已经开始在信息攻防对抗中发挥作用。

强调战略和战术应用相结合。20 世纪 90 年代之前，国际上重点研究的新概念武器主要着眼于战略应用。冷战结束后，各国军事战略不断调整，新概念武器在战术层次上的应用逐渐受到重视。根据目前全球政治、军事格局的特点以及对一些潜在冲突热点地区的情况分析，预计今后一个时期军事斗争的主要形式仍将是局部战争，对新概念武器战术应用的需求比较强烈。不仅如此，随着科学技术的不断发展，一些原有的新概念武器将实现小型化和多平台化，使得战术应用成为可能。新概念武器的今后发展必然会同时着眼于战略和战术两个层次的应用。

以实现作战目的为最终目标。在武器装备发展史上，相当长的一段时期，人们一直把追求提高武器的杀伤或破坏威力作为其主要发展方向。随着人类文明程度的提高和对战争本质理解的加深，人们逐渐认识到追求提高武器的杀伤破坏力与真正实现作战目的之间并不总是完全统一的。精确制导武器的问世，在一定程度上解决了上述两者之间的矛盾。而新概念武器的出现，则为真正解决这一问题带来了更多的希望。例如，随着某些非致命新概念武器的研制成功，未来交战双方将有可能更为灵活地选择作战模式，在实现作战目的的前提下，将战争的附带毁伤降至最低。正是从这个意义上说，新概念武器的研制与使用，代表未来武器装备发展的一个重要方向，也会加深人们对战争的理性认识。

思　考　题

1．军事高技术的主要特点是什么？
2．军事高技术的主要研究领域有哪些？
3．军事高技术的发展趋势是什么？
4．军事高技术在军事领域产生的影响有哪些？
5．侦察监视技术按活动空间分为哪几种？
6．地面侦察监视主要有哪些方式？
7．声呐的工作原理是什么？是怎样分类的？
8．航天侦察的特点是什么？
9．伪装技术的基本原理是什么？
10．伪装的主要技术措施有哪些？
11．什么是隐身技术？主要隐身技术有哪些？
12．隐身技术的发展趋势有哪些？
13．按照工作机理不同，电子对抗技术包括哪几类？
14．通信对抗技术的发展趋势是什么？
15．雷达对抗技术的发展趋势是什么？
16．电子对抗技术的作战运用主要体现在哪些方面？
17．什么是航天技术？航天技术主要由哪些技术组成？
18．目前常用的航天器运行轨道有哪些？
19．航天技术在军事领域应用的成果有哪些？
20．军事航天技术的发展趋势是什么？
21．什么是指挥信息系统？
22．我军指挥信息系统的种类有哪些？
23．指挥信息系统的组成和功能是什么？
24．什么是精确制导武器？主要分为哪两大类？
25．精确制导武器主要有哪些制导方式？
26．精确制导武器有哪些主要特点？
27．精确制导武器对作战有哪些影响？
28．什么是新概念武器？
29．新概念武器有哪些特点？
30．新概念武器包括哪几类？
31．新概念武器在作战运用上有哪些特点？

第五章

普通高等学校国防教育系列教材

军事理论教程

聚焦前沿：信息化战争与新军事变革

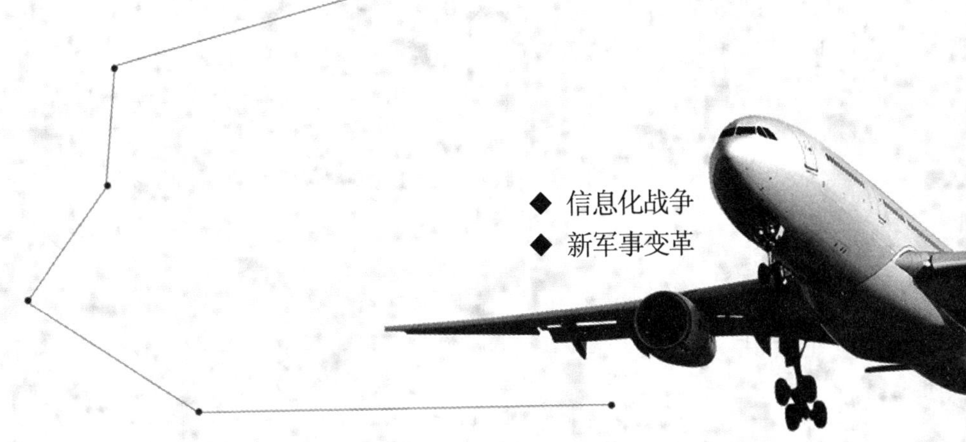

- 信息化战争
- 新军事变革

第一节　信息化战争

20 世纪 90 年代后的几场局部战争，信息技术快速发展及其在军事领域的广泛运用，促使军事领域发生了许多根本性的变革。从根本上改变传统武器装备的性质和作战方式。人们普遍认为新的战争形态——信息化战争，将不可避免地要走上现代战争的舞台。

一、信息化战争的基本含义

对信息时代的战争形态，目前由于各国国情、军情不同，军队信息化程度各异，都会从自身的角度提出不同的概念。主要有信息时代的战争、以信息为基础的战争、信息领域的战争、信息战争、信息化战争等。这些提法在研究初期，不仅是可以理解的，还有助于理论研究的不断深入。但是，为了适应新的战争形态的到来，我们必须要科学界定。

信息化战争这一军语概念，纯粹是“中国制造”，是在科索沃战争之后才经常使用的术语。最早提出这一概念的是我国著名科学家钱学森，他 1995 年在中华人民共和国国防科学技术工业委员会首届科技学术交流大会上的书面发言中指出：“现阶段和即将到来的战争形式为核威慑下的信息化战争。”这一概念的提出不仅顺应了我国研究世界新军事变革的潮流，而且具有巨大的启迪和规范作用，使人们认识到人类面临的下一个战争形态将是信息化战争。

目前信息化战争的定义有多种认识：如美国国防大学校长塞尔姜中将认为：“信息化战争是以夺取决定性军事优势为目的，以实施信息管理和使用为中心而进行的武装斗争。”我军信息战理论研究的著名学者沈伟光认为：“信息化战争广义上是指对垒的军事集团抢占信息空间和夺取信息资源的战争。狭义上是指战争中的交战双方在信息领域的对抗。”

现在多数人认为：信息化战争，是信息时代的基本战争形态，是信息化军队在陆、海、空、天、信息、认知六维空间，运用信息资源、信息系统和信息化武器装备进行的战争。

从信息化战争的定义中可以看出，判断信息化战争通常要具备的要素主要有六项：一是时代性。在信息时代，有多种形态的战争，但信息化战争是最基本的、最主要的战争形态，就像在工业时代机械化战争是最基本的战争形态一样。二是交战双方至少一方是信息化军队，机械化军队或半信息化军队打不了信息化战争。近期的高技术局部战争之所以算不上信息化战争，就是因迄今世界上任何国家（包括美国）都还没建成信息化军队。三是要使用信息化、智能化武器装备，各作战单元网

络化、一体化。四是要在六维战略空间进行，特别是在航天空间、信息空间、认知空间进行的战争要占相当比例，不能像现在这样，天基军事系统只起支援作用。五是在物质、能量、信息等构成作战力量的诸要素中，信息起主导作用，信息能可严格调制在战争中表现为火力和机动力的物质和能量。六是战争中的必要破坏和“流血暴力”依然存在，但附带破坏，即与达成战争目的无关的不必要杀伤破坏，将降低到最低限度，甚至趋于零。根据这六条标准判断，当前的战争虽有信息化战争的一些特点，但还未完全摆脱机械化战争的一些模式。信息化战争只有等到多数国家进入信息时代，一些国家建成信息化军队之后才能出现。

二、信息化战争的产生与形成

（一）社会经济形态的变革引起战争形态的变化

信息化战争的形成与产生，不是历史的偶然现象，而是人类社会政治、经济、科学技术和战争实践发展的必然产物。

战争形态是人类社会经济形态的产物。因为人们从事战争的工具和手段，是由特定时代的社会经济形态所提供和决定的。农业时代的手工业生产方式，决定了战争能量的释放形式主要是依靠人的体能，由于生产力发展缓慢，人们只能使用手工制作的青铜和铁质的刀枪剑戟，以及弓箭、战车等冷兵器进行战争。

工业时代的机器大工业生产方式，决定了热能成为战争的能量释放形式，社会生产方式的机器化、电气化和大规模化，使人们能够大量运用火炮、坦克、飞机和舰船等机械化武器装备从事战争，战争的能量释放形式从体能为主转变为热能和核热能。因此，这一时代的战争被称为机械化战争。

由于科学技术的飞速发展和生产力水平的大幅度提高，以计算机技术和信息技术为龙头的高新技术群不断涌现，人类开始进入信息时代。随着信息技术在军事领域的广泛运用，大量信息化武器装备投入战场，为新一轮战争形态的变革提供了物质基础。

人类社会和战争历史的发展表明，社会的经济形态是战争形态的母体，有什么样的经济形态，就会孕育出什么样的战争形态。这是不以人的意志为转移的客观规律。

（二）高新技术的发展是信息化战争产生的直接动因

战争形态的重大变革，通常发生在技术革命之后，而技术革命又往往是在科学技术水平迅猛发展并发生质的飞跃的情况下出现的。

20 世纪五六十年代以来，世界上陆续出现了一大批高新技术群，如以微电子技术、电子计算机技术、人工智能技术、通信技术为基础的信息技术；以导弹为代表的精确制导技术；以人造卫星和航天飞机为代表的航天技术；以激光技术为先导的聚能技术；以核聚变为代表的新能源技术；以遗传工程为代表的生物技术；以海洋工程为代表的海洋开发与应用技术；以复合材料和耐高温材料为代表的新材料技术；以新材料为基础的隐形技术等。其中，信息技术在高技术群中起主导作用。

这些新技术一经出现，便以前所未有的速度向深度和广度发展。新技术群体的迅猛发展和广泛运用所带来的深刻变化，必将导致新的技术革命。毛泽东曾经指出："技术上带有根本性的、有广泛影响的大的变化，叫做技术革命。蒸汽机的出现是一次技术革命，电力的出现是一次技术革命，太阳能或核能的出现也是一次技术革命。"20 世纪五六十年代以来出现的高技术群，除本身的发展具有革命性之外，其影响之深远，波及的领域之广阔，是历史上任何一次技术革命都无法比拟的。如今，高新技术群体，尤其是微电子技术和计算机技术已渗透到人类社会活动的各个领域，引发了政治、经济、科技、军事和文化等方面的深刻变革，已经产生并将继续产生难以估量的重大影响。

军事技术革命的出现，必然导致武器装备发生质的变化。以军事信息技术为核心的军事高技术群，使人类进行战争的工具发生了"时代性的飞跃"，即由机械化武器装备阶段进入信息化武器装备阶段。这必然引起交战方式、作战理论和军队编制体制的根本性变革。

（三）近期局部战争是信息化战争产生的实践基础

20 世纪 90 年代以来先后发生的海湾战争、科索沃战争、阿富汗战争及伊拉克战争，是人类战争史上具有划时代意义、承前启后的重要战争。它们既是工业时代机械化战争的延续，更是孕育信息化战争雏形的"母体"。这几场局部战争几乎都使用了全新的武器和全新的战法，每场战争都给人们以耳目一新的感觉。人们越来越强烈地感悟到，战争形态正在发生深刻变化，机械化战争形态正向信息化战争形态转变，信息化战争已处于萌芽阶段。

人们之所以得出上述结论，是因为这几场局部战争的实践，对信息化战争的产生有着巨大的启示作用：一是先进的战场信息系统和现代输送工具的有机结合，为信息化战争的兵力投送和后勤保障提供了保证。二是拉开战争序幕并贯穿战争全过程的信息作战，成为夺取战争胜利的重要手段。三是空袭作战不仅是决定战争胜负的重要阶段，在条件具备的情况下，可能会直接达成战略目的。四是非线式、非接触的远程精确作战，将是信息化战争的基本作战样式。

专栏 5-1　伊拉克战争的新特点

"代差"凸显　从战争形态上说，美伊双方打的是一场隔代战争——美军以精确制导武器为主战武器，伊军以机械化、半机械化武器为主战武器，由此产生了双方的作战思想及部

队编成的巨大差异，前者比后者先进了一两个时代。这是人类社会有史以来双方战争要素“代差”甚为明显的战争。

信息主导　作为进攻方的美军自始至终以信息为主导。对美军来说，无论从侦察、情报、指挥、控制、作战、后勤保障、空间支援等环节，都体现了以信息为主导。刚刚登场的美军“数字化师”，更是将信息视为灵魂。伊军由于没有先进的信息武器，一开始就实行通信静默，在信息方面处于绝对的劣势。

精确打击　伊拉克战争中美军实施的精确打击程度，是历次战争中所没有的。精确制导弹药使用量占全部投弹量的68%。

直取核心　由于美军使用了为数众多的精确打击武器，加之其战争的目的是推翻萨达姆政权，因此其作战指导思想有了显著变化，“斩首行动”自始至终贯穿整个战争。美军直取核心两个：一为萨达姆及伊拉克其他高官；二为伊拉克首都巴格达。

——杨民青，陈辉．伊拉克战争新在那里．人民日报，2003-04-15

三、信息化战争的基本特征

信息化战争既不同于机械化战争，也有别于高技术战争，是一种全新的战争形态，是信息时代社会特征在战争领域的反映与表现。通过研究信息社会的基本特征，了解战争形态的构成要素，分析信息、物质、能量三大作战力量构成要素在战争中的作用与地位相互转换过程，有助于比较准确地预测信息化战争的基本特征。

（一）战争与和平的界限模糊，战争趋向“平民化”

信息化战争分为软战和硬战两部分。软战是以信息和信息系统为武器和目标的作战样式，硬战是以信息调控下的火力战。信息化战争往往以无人员杀伤的软战开始，然后再进行有火力打击和人员伤亡的硬战。软战行动的攻击目标既可能是军事信息系统，也可能是民用信息基础设施，它无声无息，对方很难发觉。就是有所觉察，也很难判断敌人是谁，来自何方，企图是什么，是一场战争的发端，还是一次一般性的黑客、病毒等信息攻击行动。如果是敌国有组织的信息进攻，且随之实施硬战，则是一场战争的开始；否则，就是和平状态下的个人信息攻击。但这在当时很难判断清楚，往往在事后一段时间才能看清那次信息攻击是否是一场战争的前奏。

在战争与和平界限不易区分的同时，还有军民界限模糊、战争走向“平民化”的趋势。其表现是：首先，军队可以在商业市场上采购某些先进装备，个人计算机、光学仪器、电子产品等；其次，很多军事专业技术都有相应的民用专业技术，很多民用专业技术人才稍加训练就可成为很好的军事技术专家，计算机“黑客”、“电脑玩家”可军民两用；再次，社会上的任何个人，只要有一台计算机和一条入网的电话线，就可实施信息战，进行“信息暴力活动”；最后，国家的“重心”将向民间转移，这些“重心”包括金融信息系统、电子信息系统、交通运输信息系统、国家行政管理信息系统等，它们将成为战争中的重要攻击目标。

社会信息化、网络化导致的战争“平民化”，将使参战力量具有全民性，便于发挥人民战争的威力。在未来的信息化战场上，可能出现“全民参战”、“人自为战”、“万机竞上”的对敌开展网络大战的局面。进行这种网络大战，对受侵略、受压迫的国家和民族有利。它们可以凭借战争的正义性和广大人民群众的支持，实施网上人民战争。

（二）战争动因复杂，战争目的有限

在工业时代，战争的根本动因是政治斗争掩盖下的经济利益之争，主要是为了谋求领土、资源等经济利益，往往以占领或收复领土和获得资源而告终。在信息时代，经济利益之争仍然是导致战争的重要原因。但除此之外，由于各国之间、国际国内各种经济力量和各派政治力量之间的联系与交往增多，在各个国家、民族、社团之间由政治、外交、文化等方面引发的冲突会有增无减，使宗教、民族矛盾上升，使国际性恐怖活动、暴力行动、走私贩毒更加猖獗。这些矛盾与冲突相互交织，错综复杂，是导致战争发生的主要原因。

信息时代与工业时代相比，战争的目的将更加有限，在通常情况下将不再追求攻城略地、占领敌国领土、全部歼灭敌军，使敌方彻底屈服等“终极目标”，而是适可而止。这主要是因为：一是战争为政治服务的目的凸显，且政治目的有限，即达成取得主导权、一定的经济利益，提高国际地位，或惩罚、教训、报复敌国的目的，就停止战争。二是信息化的军事技术装备既具有高效性，又具有很强的可控性，是达成战争有限政治目的的有效手段。三是信息化兵器价格昂贵，战争耗费惊人，任何国家都承受不起长期战争的战争消耗。四是追求过高的战争目标，很可能招致交战双方特别是己方遭受难以承受的重大伤亡，从而引发民众的强烈反战情绪；战场上的情况，特别是伤亡情况，将实时得到电视报道，战争指导者不得不对战争规模和战争目的严加限制。从海湾战争、科索沃战争、阿富汗战争和伊拉克战争中，我们都可以看到这种趋势。

（三）战争的内涵扩大，战争主体多样化

与以往战争相比，信息化战争的内涵将有所扩大，这是因为：一是打赢战争的要求更高。在农业时代的冷兵器战争中，只要打败敌国军队，就可打赢战争，使敌国就范。在工业时代的机械化战争中，要打赢战争，不仅要打败敌国军队，还要摧毁其军事设施和工业基础。而要取得信息时代信息化战争的胜利，除了消灭敌国军队、摧毁其工业设施外，还要破坏其军事信息系统。二是由于支持战争的信息系统除了国防信息基础结构外，还有国家信息基础设施，所以后者及民用信息系统也在

战争打击目标之列。三是社会的网络化，将使战争渗透与扩散到政治、经济、文化等各个领域。

战争主体的多样化是指进行战争将不再只是民族国家或国家集团、政党或团体的专利，非国家主体、非政府组织、跨国公司、恐怖集团、“信息勇士”也同样能发动战争。“信息勇士”或“信息勇士集团”包括公司雇员、政府公务员、承包商、执法人员、毒品贩卖集团、犯罪分子与犯罪团伙、电子邮件寄送者与电信界人士、医生与医院、保险公司、私人侦探、自由战士等。他们都能在信息空间实施或帮助实施信息作战行动。另外，战争的概念和定义也可能改写。类似于 2001 年 9 月 11 日国际恐怖分子对美国的袭击，未来很可能界定为战争。

（四）作战节奏快，战争持续时间短

有人把信息化战争称为“实时战争”或“分秒战争”。在这种战争中，作战节奏将极其快速，火力的转移、攻防的转换、新战法的运用、作战计划的制订、反措施的实施等，都以极高的速度进行。这些作战行动的时间常常以分、秒、分秒、毫秒计算，失去几分钟或几秒钟，就可能意味着失去一支部队，失去整个战役或战斗的胜利。其主要原因：一是战场上的所有作战单元实现网络化、一体化后，可实时地获取、处理、传输和利用作战信息，可使指挥员对作战的指挥控制便捷高效，可使作战部队的行动非常迅速。二是武器装备的反应快、速度高。例如，压制武器进行射击的反应时间将按秒计算，先进超音速飞机只需几秒钟就可从低空突入；又如，为了对付来袭导弹或炮弹，防御一方必须使用运算速度达每秒上万亿次的计算机，迅速计算出它的弹道和弹着点，并在极短的时间内完成信息传递、各项准备、发射弹束（炮弹、导弹、定向能束或激光束等）、进行制导与命中目标等各项程序。三是战争目的的有限性和作战的高效率，将使作战的坚决性和速决性更加突出，使交战双方都力求速战速决，在最短的时间内结束战争。总之，信息化武器装备的高精度、远射程、高速度和信息化战场的建立，将导致实时作战、实时行动的出现。

这样做的好处是，可把过去在战场上需要几小时乃至更长时间才能做完的事，压缩到几分钟甚至数秒钟，使定下决心与作战进程几乎同步，从而大大缩短战争进程。

（五）战争毁伤破坏小，必要破坏减少到最低限度

在任何形态的战争中，都会造成人员伤亡和财产破坏。毁伤破坏分为两类：一类是必要的毁伤，另一类是附带毁伤。必要毁伤是达成战争目标直接有关的必要破坏，附带毁伤是与达成战争目标无直接关系或根本无关的不必要破坏。在工业时代的机械化战争中，附带毁伤非常严重，摧毁既定目标往往要破坏其周围的广大地域。在信息化战争中，则可将附带毁伤破坏减少到最低限度。首先，由于战场透明度大，

交战双方不仅能够避免因遭突然袭击而受重大伤亡，还可防止实施不必要的、会造成重大破坏的直瞄火力战。其次，双方只攻击那些为完成任务而必须攻击的目标，因而部队暴露于作战空间的时间短，受到的伤亡少。再次，未来战争在一定程度上是“精确战”，因而不会像工业时代的地毯式轰炸和面积射击那样，造成数十倍甚至数百倍于“必要破坏”的附带损伤。最后，由于空战和天战制胜作用的增强，地面部队作用的下降，第二次世界大战中那样的地面重兵集团对抗，特别是地面装甲集群之间“绞肉机”式的对抗将不复存在。

在人类历史发展的进程中，战争自问世以来就沿着一条杀伤破坏越来越大的轨迹发展。到了工业时代的机械化战争，这种杀伤破坏达到顶峰。战争是政治的继续，是用暴力手段迫使敌方屈从己方的意志，而不是将敌人斩尽杀绝，将敌国夷为平地。机械化战争的杀伤破坏达到极致，既是军事技术发展的结果，也是军事技术落后的产物。任何事物发展到极致，都会向相反的方向转化。由于军事高技术的发展，高技术战争的杀伤破坏已明显低于机械化战争。在未来的信息化战争中，杀伤破坏将更少，“文明”程度将更高。但这并不是说，信息化战争将消灭暴力，不再有流血，会完全失去残酷性。信息化战争也是战争，凡是战争，都是以武装斗争为根本标志的社会活动，都会使用暴力，暴力性是战争区别于其他任何社会活动的突出特征。

（六）作战行动在全维空间进行，地理因素影响大大减弱

未来信息化战争将在全维空间进行，战场空间广阔。这里所说的全维空间包括有形空间和无形空间。有形空间又细分为陆地空间、海洋空间、航空空间和航天空间，无形空间的三个组成部分是信息空间、认知空间和心理空间。

战场是敌对双方进行交战活动的空间，是一个不断发展的概念。在农业时代的冷兵器战争中，战场空间只有陆地和海洋。在工业时代的机械化战争中，由于飞机的问世，又出现了空中战场的概念，即战场延伸到航空空间。20 世纪 70 年代中期，苏美先后发射了地球人造卫星，又使战场逐步扩大到外层空间或航天空间。未来信息化战争的战场结构将包括上述七大空间。在航天空间的军事系统不仅对陆、海、空战起支撑作用，还将直接打击那里的各种目标。信息空间或信息域是进行“信息活动的领域”，是“产生、处理和共享信息”、“作战人员交流信息”、“指挥人员实施指挥控制”的领域。在这一领域的斗争将非常激烈，并决定部队作战能力的发挥程度。认知空间或认知域是“作战人员和支援人员的意识领域”，“包括领导能力、士气、部队凝聚力、训练水平与经验、态势感知和舆论导向等”。在这一领域的活动将决定部队的态势感知能力、部队了解指挥员意图的能力和部队自我协调行动的能力。在心理空间的角逐将伴随战争的始终，并使作战人员承受更大的心理压力。

作战行动在全维空间造成一个最引人注目的变化，就是距离、高度、地形、地物、地貌和国界等地理因素对战争的发生、发展和结局的影响将大为减弱。其原因

是，信息既是武器又是目标，它在网络空间的传播以光速计；C^4ISR 系统性能良好，能克服很多地理障碍，使战场变得几乎透明；信息化打击兵器和作战平台射程远、航程远，可打到或抵达世界任何角落。

（七）战争一体程度高，无形作战力量要素起决定性作用

战场网络化，战争高度一体化，将是信息化战争的又一特征。第一，陆战、海战、空战、天战、信息战将相互交织，紧密融合，联为一体，在大战、小战中都是如此。第二，军种间作战的界限将难分彼此，摧毁敌方坦克的兵器可能不是己方陆军的反坦克武器，而是空军的飞机或海军舰艇发射的智能导弹。第三，战略级、战役级、战术级作战的界限将模糊不清，在很多情况下用少量信息化兵器和小型信息化部队就可直接达成战略、战役目标。最后，战斗部队、战斗支援部队和战斗勤务支援部队等各种作战系统，以及预警侦察、监视情报、指挥控制、通信联络、定下决心、实施打击、毁伤评估等各种作战职能，将联为一个有机的整体。战场的一体化，军事大系统的形成，将使战争的整体性凸显，使战争成为“系统与系统的对抗”。在战争中，触动这个整体的任何一个部位，都将引起整个系统的反应；破坏这个整体的任何一部位，都将影响其他部位乃至整个系统的正常运转。

在信息化战争的作战力量中，最重要的要素将不再只是兵力兵器的质量和数量等有形要素，还有从信息系统涌出的信息流、结构力等无形要素。无形的信息将取代物质和能量在战争中发挥决定性作用，并日益成为最重要的战斗力和战斗力倍增器。计算能力、通信容量和可靠程度、实时侦察能力、计算机模拟能力等信息要素将成为衡量军队战斗力的关键指标。作战力量的对比，将主要取决于信息武器系统的智力和结构力所带来的无形的、难以量化的巨大潜能。

第二节 新军事变革

战争作为一种社会实践活动，是人类社会发展到一定阶段的产物，并随着物质技术的进步由低级向高级不断发展。人类社会经历了冷兵器战争、火器战争、机械化战争几种战争形态，目前正向信息化战争演变。所谓军事变革，就是一种军事形态向另一种军事形态转变的过程。新军事变革，是指把工业时代的机械化军事形态改造成信息时代的信息化军事形态的过程，也称信息化军事变革。

一、新军事变革产生与发展

（一）新军事变革的产生

军事变革的发生不是偶然的，它是多种因素共同作用的结果。其中，最根本的因素是科学技术发展及由此引发的武器装备整体飞跃。

1. 技术发展的强劲推动

20世纪后半叶，人类社会掀起了一场波澜壮阔的高新技术革命浪潮，以微电子技术、电子计算机技术、人工智能技术、通信技术为基础的信息技术，以遗传工程为代表的生物技术，以复合材料、耐高温材料为代表的新材料技术，以及新能源技术和空间技术等高新技术蓬勃发展。在短短20多年间，微电子技术就经过了大规模、超大规模、特大规模集成的阶段，进入大规模集成阶段。军事领域是吸纳和运用高新科技成果最快、最多的领域，高新技术的迅猛发展使得军队的指挥控制能力、远程攻击能力、快速机动能力、精确打击能力和超常毁伤能力得到空前提高，进而引发了这场新军事变革。

苏军总参谋长奥加尔科夫元帅敏锐地看到了军事领域悄然发生的新变化，于1979年提出了"新军事技术革命"的概念。他认为："新兴技术将使军事学说、作战概念、训练、兵力结构、国防工业和武器研制重点发生革命性变化。"20世纪80年代初，美国未来学家托夫勒发表了著名的《第三次浪潮》，他认为："世界上共有3次军事革命——由农业革命引发的第一次浪潮战争革命、由工业革命引发的第二次浪潮战争革命及当前正在进行的由信息革命引发的第三次浪潮战争革命。"

2. 战略需求的内在驱动

20世纪90年代初，苏联解体，华约解散，冷战结束，世界战略格局和军事形势发生了深刻变化，世界范围的大规模战争基本失去了存在的土壤，而国际恐怖主义、非传统安全成为当今世界的重要威胁，这种新的安全需求使得军事斗争的形式和手段发生了根本变化，它使冷战时期那种建立在机械化战争基础上，准备打大规模战争甚至核战争的军事斗争方式和军队建设模式，难以适应新的安全威胁。为此，必须彻底改变传统军队模式，建立反应更加灵敏、能应对多种安全威胁的新型军队。

3. 战争实践的探索示范

20世纪70年代以来，世界共发生了几百场局部战争和武装冲突。这些战争实践既有成功的经验，也有失败的教训。人们从实战的经验教训中更加清楚地认识到新军事变革的必然性，进一步增强了推进新军事变革的主动性。以美国为例，20世纪70年代越战的失败，使美军的声誉降到了最低点，也使美军方领导人深刻地意识到必须进行新的军事变革。其后，他们在作战思想、武器装备、军事训练和作战编成等方面进行了一系列改革和创新，使军队的作战能力得到了恢复和提高。从20世纪80年代初入侵格林纳达、1986年空袭利比亚、1989年出兵巴拿马，到1991年的海湾战争、1999年科索沃战争、2001的阿富汗战争和2003年的伊拉克战争，美军的军事行动频频得手，因而更加积极自觉地推动军事变革。

透过这些局部战争，世界其他国家军队认识到军事变革给当代世界军事带来的

巨大冲击，同时，也看到了军事变革所塑造出的信息化军队的作战威力，因而增强了紧迫感和危机感。世界各国军队围绕如何缩小与美军的“时代差”和“技术差”纷纷制定措施，竞相加快了军事变革的步伐。

（二）新军事变革的发展

军事变革是一个逐步发展的过程。这次世界新军事变革大体上经历了孕育产生、全面展开、加速发展三个阶段。从 20 世纪五六十年代信息技术取得突破性发展以来，新军事变革已经开始孕育；以海湾战争为标志，新军事变革全面展开；进入 21 世纪后，尤其是伊拉克战争以来，新军事变革呈现加速发展的态势。

目前，世界新军事变革发展势头十分迅猛，但就世界各国军队信息化建设的进度而言，又是十分不平衡的，有些国家军队的信息化已经初具规模，而有些国家军队的信息化才刚刚起步。美国是启动新军事变革最早的国家，在军队信息化建设上投入最多，也是目前变革进展最快的国家。美军已初步建成了信息化武器装备体系，特别是在世界上率先建立了比较完备的全球性战略级、战役级和战术级军事信息系统。根据美军转型计划，2015 年前要实现各军种的数字化，2030 年前在数字化的基础上实现全军信息化。英、法、德、日等国军队紧随其后，这些国家信息基础设施先进，社会信息化程度较高，信息产业发达，国民信息素养好，掌握较先进的核心技术，并在武器研发上可得到美国的扶持。目前，这些国家军队单件武器装备的信息化程度较高，具备一定的信息化作战能力。但是，这些国家军队尚未建成完备的各级军事信息系统，特别是战略级侦察预警系统还不完善，因而其武器装备还没有形成信息化作战体系。与西方国家军队相比，俄罗斯的军事变革具有自主性。俄罗斯军工体系完善，具有较强的独立研发能力，同时俄军重视军事理论创新。近年来俄军改革力度大、武器更新快，表现出较大的发展潜力。但是，由于种种原因，目前俄军总体信息化程度比美军还差一个档次。广大发展中国家军队在这次新军事变革中发展相对滞后，这些国家的信息基础设施落后、条件差，军队信息化建设起步晚、投入少，目前军队装备整体水平仍处于机械化、半机械化的状况。

二、新军事变革的基本内容及其实质

（一）新军事变革的基本内容

新军事变革作为军事领域的整体性、系统性变革，涉及军事和战争的方方面面，概括起来主要表现在四方面的根本变革。

1．武器装备的新飞跃

武器是进行战争的物质手段，也是衡量战争与军队发展水平的重要标志。新军事变革作为军事系统的整体性变革，首先表现为武器装备的信息化、智能化程度越来越高。信息化武器装备主要包括：信息化武器平台，如坦克、飞机、军舰等；信息化弹药，如各种精确制导弹药；单兵数字化装备；指挥信息系统，即 C^4KISR 系统。

武器装备信息化程度的提高，极大地提高了其作战效能。例如，精确制导武器比非精确制导武器的精度提高了 10～100 倍，作战效能提高了 100～1000 倍，作战效费比提高 10～50 倍。第二次世界大战时，摧毁一座普通桥梁要出动 20～30 架飞机轰炸，现在只要一架飞机投掷 1～2 枚精确制导炸弹即可奏效。第二次世界大战中摧毁敌方一个坦克师的 60%的装备，需要出动 5500 架次飞机，如今只需出动 50～60 架次，为第二次世界大战时的 1%。

2．军事理论的新发展

军事理论包括战争理论、军队和国防建设理论，既是军事变革的一个组成部分，又对军事变革具有重要的指导作用，是军事变革的灵魂和核心。随着信息化武器装备的不断发展和广泛运用，传统的战争理论、作战原则，以及战略、战役、战术思想正在发生深刻变化，一些建立在新的物质基础之上的军事理论不断涌现，并在战争实践中逐步成熟，形成新的体系。例如，信息化战争理论、信息战理论、联合作战理论、精确作战理论、非对称作战理论、非接触作战理论、空间作战理论、网络中心战理论等。

专栏 5-2　非接触作战

“非接触作战”指运用空、海、天侦察和突击系统，在对方防卫范围之外实施攻击的作战样式。其核心原则是最大限度地减少己方伤亡，基本手段是远程精确打击。“非接触作战”特点主要有：一是作战力量结构发生了变化；二是“制高点”向空中飘移，信息保障和压制成为取胜的关键因素，以空中侦察、预警、目标引导和电磁干扰为主要内容的信息保障和信息压制成为制胜的关键因素；三是打击重心出现位移，战略经济目标危险性越来越大；四是战术行动和客观环境对战争胜负的影响越来越小，武器装备劣势的一方将更加被动。

——潘友木．非接触战争研究．国防大学出版社，2003

值得注意的是，随着技术手段的发展，军事理论创新机制也在发生着变化。以往战争中，军事理论一般都是在总结战争实践的基础上发展起来的。这次新军事变革中的军事理论发展则在一定程度上表现出了超前性。例如，美国军事理论界提出的理论创新“五步递进法”：第一步，提出概念；第二步，模拟论证（作战实验室）；第三步，训练试验（训练场）；第四步，实战检验；第五步，形成条令、条例。

3．编制体制的新变化

随着机械化军队向信息化军队的演进，世界各国特别是美国等西方国家军队的编制体制正在进行由工业时代向信息时代的跨时代变革。这种变革的本质是使信息这一主导要素能在军队内部和战场上快速、顺畅、有序地流动，以适应打赢信息化战争的要求。在具体变革趋势上，一是领导指挥体制将由纵长形“树”状变为扁平形“网”状；二是部队编成逐步趋于小型化、轻型化、多能化、一体化；三是组建专门的信息战部（分）队；四是空间力量将成为武装力量的重要组成部分。

4．作战方式的根本改变

技术决定战术。武器装备的新飞跃必然促使作战方式的根本改变。信息时代的作战手段是以信息系统为纽带联成一体的武器体系，与此相对应的作战方式则是“网络中心战”，“网络中心战”作为一种作战理念是美军在上世纪末提出的，这种作战理念相对于工业时代的大规模毁伤性作战，突出特点表现在以下三方面：第一，集中兵力向分散配置转变。工业时代，作战之前首先要把作战力量和物资部署到位，向战区集中。现在，军队作战效能的发挥不再受地理位置的制约，分散部署在各地的精确制导武器可以对选定的目标实施集中打击。第二，基于摧毁作战向基于效果作战转变。工业时代，主要采取歼灭战和消耗战的方式来摧毁敌人的作战能力。信息时代，一切要从效果出发来确定手段和使用手段的方式，并不是去摧毁敌人的作战能力，而是使敌人对其作战能力失去控制，使其力量失去作用，这就叫基于效果作战。第三，顺序作战向并行作战转变。传统作战是一种顺序作战，从前沿到纵深，逐次展开兵力、逐层作战。而现在，武器技术的发展提供了“并行”作战的能力。这种“并行”体现在三方面：一是时间上的同时；二是空间上的同步；三是战争级上的同一。

专栏 5-3 网络中心战

“网络中心战”是美国前海军部长约翰逊于 1997 年 4 月首先提出的，现已成为美国军队实施海外联合干涉行动的基本作战思想和主要作战方式。它以“全球信息网”为支撑，以网络化的数据链作为连接各作战单元的主要数字通信手段，以各平台信息终端为节点，多个节点排列为栅，栅与栅之间的战场空间为格。这种“无缝隙链接”和“共享”信息，能够回答战场态势中的三个主要问题，即敌、我、友现在何处，实现战场可视化，从而为部队提供信息优势和决策优势。

——美国国防部 2003 财年《国防报告》

（二）新军事变革的实质

新军事变革的实质用一句话来概括，就是军事系统的信息化变革。具体表现在以下四方面。

信息技术是变革的技术支柱 据统计，目前美国等西方国家武器装备的信息技术含量，军用飞机达到 50%以上，战略轰炸机和隐形飞机超过 60%，作战舰艇为25%～30%，火炮和主战坦克接近 35%，空间武器达 75%；指挥控制系统的信息技术比重则高达 88%。

信息能力成为军事能力的核心 物质、能量和信息是构成军队作战能力的三大要素，工业时代的机械化战争中，物质和能量是构成作战力量的主导要素。在信息时代的信息化战争中，信息成为作战力量构成中的主导要素，失去“制信息权”的一方，由于信息流被切断，军队变成了“瞎子”、“聋子”和“瘫子”，兵力兵器将无法转化为实际战斗力。

信息战将成为信息化战争的主要作战样式 近期几场局部战争表明，信息战在正式开战前就已打响，并贯穿战争全过程。信息战的成败关系到“制信息权”的得失，进而影响到战争的胜负。

信息化建设将是军队建设和军事斗争成败的关键 无论是打信息战，还是提高军队的信息能力，都依赖平时的信息化建设，只有搞好信息化建设才能有效提高信息能力，打赢信息化战争。

三、新军事变革对我国安全和国防建设的主要影响及应对思考

（一）新军事变革对我国安全和国防建设的主要影响

新军事变革就其深度和广度而言，超过了历史上任何一次军事变革，必将促进世界军事力量的大发展、大动荡和大调整，从而对我国安全和国防建设带来多方面的影响。

1. 世界战略力量对比失衡，我国在国际舞台上面临压力增大

冷战结束后，美国成为世界上唯一的超级大国，竭力打造在其主导下的世界新秩序。在这次新军事变革中，美国作为“领头羊”，已处于全面领先地位。从历史上看，每一次重大军事变革，都会出现军事力量不平衡的局面，而伴随着军事力量不平衡而来的往往是新一轮的动荡式扩张。当年在火器取代冷兵器变革中掌握先机的英国，就曾凭借其强大的军事实力，建立起横跨全球的“日不落帝国”。近几年来，随着美国自身实力地位的急剧膨胀，美国国内建立所谓“美利坚帝国”的声浪此起彼伏。由于美国与其他国家在推进新军事变革方面的不平衡局面在短时间内难以从根本上改变，单边主义和强权政策将继续是美国对外战略中的主流倾向。美国主宰下的单极世界增大了世界的不稳定因素，也对我国安全环境产生了不利影响。

2. 各国军备竞赛加剧，我国发展战略面临两难选择

美国在新军事变革中“一马当先”，引起世界各国“群起直追”，在世界范围内

引起了新一轮的军备竞赛。这场军备竞赛主要涉及外太空、信息战、弹道导弹攻防、核武器等多个领域。例如，在核武器竞赛上，冷战时期先后发展起核力量的国家主要是美国、前苏联、英国、法国和中国五个国家。近年来，先后又有印度、巴基斯坦、朝鲜等国家跨过“核门槛”。具备核能力或有意发展核武器的国家还有以色列、日本、伊朗、巴西、意大利、德国等。

军备竞赛是国家经济实力、科技水平等综合因素的竞争。在国家经济实力有限的情况下，投入大量资金用于军备竞赛，必然要影响经济建设，从长远来看也会影响国防建设的持续发展。冷战时期，前苏联在国家经济实力有限的情况下，不惜一切与美国开展军备竞赛，最终导致经济严重衰退，国家解体。这是一个沉痛的教训。有鉴于此，我们必须以科学发展观为指导，科学统筹国家经济建设和国防建设，努力做到在国家经济发展的基础上增强国防实力，确保国防和军队建设的全面、协调和可持续发展。

3. 周边国家通过军事变革实力有所增强，我国安全环境受到一定影响

近年来，我国周边各国不断增大军费投入，加快军事变革的步伐，军事实力强的变得更强，弱的也有增强的趋势。这种态势的发展，将使我国周边安全环境更趋复杂。日本正在积极推进军事变革，竭力扩张军力。日本的海上作战力量，已经远远超过了维护其所谓“1000 海里海上生命线”的能力。特别值得关注的是，日本推进军事变革的目的是，既要实现自卫队由机械化向信息化的转型，又要实现由“专守防卫”向“海外参与”的过渡。日本已经突破“宪法”第九条禁止向海外派兵的限制，在阿富汗和伊拉克战争中，出兵配合美国的军事行动；在钓鱼岛和东海划界问题上，屡屡向我国发难；在台湾问题上，始终心怀叵测，伺机而动。印度军力也在超常发展，在某些方面强化了对我国优势。印度目前已建成“三位一体”的战略核力量；海军拥有 3 艘航空母舰，具备远洋作战能力，不仅能控制印度洋，而且能够越过马六甲海峡进入南海活动。南海周边各国军力也迅速增长。越南已经引进“苏-27”战斗机，海军陆战队已占其海军总员额的 64%，夺控岛礁的能力明显增强；马来西亚投入 85 亿美元，购买先进战斗机和军舰；菲律宾拨款 132 亿美元，于 2001 年全面启动军队现代化计划。这些都对我国周边安全环境带来了不利影响，要有效维护国家统一，确保领土、主权和权益不受他人侵犯，我们必须加速中国特色的军事变革，提高我国的国防实力。

（二）应对新军事变革的对策思考

军事形态的跨时代变革，对于每个国家都是严峻的挑战，同时也带来了发展机遇。这是因为：

第一，美国等发达国家推行新军事变革的经验教训可为我军事变革提供借鉴，可以使我们少走弯路，找到一种投入较少、效益较高的军事发展模式。

第二，信息技术有很强的扩散性，有利于我军武器装备发展的“跨时代跃升”。信息技术很多都是军民通用的，很难严格保密，有利于我们获取利用。

第三，军事强国的信息基础结构和军事信息系统有脆弱性，可为我军发展“撒手锏”武器提供参照。

专栏 5-4　军事变革的机遇

对于发展中国家来说，军事变革的最大吸引力就在于它们有可能使其在军队发展中“跳过几个阶段”。

——美国兰德公司资深研究员巴肯

在冷兵器军事变革中，我们的先人抓住机遇，后来居上，尤其是汉、唐以来，我们把冷兵器的杀伤力与骑兵的机动性很好地结合起来，创造了骑兵快速突击战术，把冷兵器战争推向高潮，成为东方强国。但是，在火器和机械化军事变革中，古老的中国由于受到物质和精神领域的种种羁绊，错失了发展机遇，导致百年耻辱、落后挨打。面对新的挑战与机遇，我们作为中华民族的历史传承人，不能再次错失机遇，必须勇于接受挑战，积极推进中国特色的军事变革。

1．要有强烈的危机感、紧迫感

美国著名历史学家保罗·肯尼迪在考察工业时代的军事变革历史后得出结论：凡是不能适应19世纪中叶军事变革的国家都以失败告终。如果我们在此次新军事变革中，不能抓住机遇，实现跨越发展，军事力量与发达国家就会形成“时代差”，而这种“时代差”的结果是灾难性的。在近期几场局部战争中，科索沃战争、美军基本实现了零伤亡；阿富汗和伊拉克战争，美军都是以极小的人员伤亡代价取胜的。美军之所以能取得这样的战绩，根本原因就是与对手在武器装备上存在着“时代差”。如果我们不能紧紧跟上世界新军事变革的潮流，历史的悲剧就可能在我们这一代和下一代身上重演。

2．要把推进新军事变革作为国家行为

军事变革涉及政治、经济、外交、教育等多个领域，不只是军队内部的事。军队作为军事变革的主体，必须以超前的眼光和强烈的使命感，筹划好军队的建设和发展，国家相关部门也应积极配合，做好相关配套和保障工作。更重要的是，国家要把军事变革纳入长远发展战略之中，进行统筹规划、合理布局，协调好各种资源和力量，整体推进军事变革。

3．要走中国特色的变革之路

美国等西方发达国家在新军事变革中已经走在前面，处于领先地位，如果我们只注重模仿，跟在别人后面亦步亦趋，就将永远落后。因此，我们在学习国外推进

军事变革经验的同时，更重要的是要立足自身实际，在中国特色上下工夫。在发展模式上，坚决摒弃跟进式发展，采取“跨跃”式发展，以机械化为基础，以信息化为主导，实现机械化和信息化“复合”发展；在发展重点上，采取“有所为、有所不为”的方针，集中有限的资源，集中力量发展“撒手锏”武器。

4．人才培养是关键

当前，世界军事领域的竞争突出表现为高素质军事人才的竞争。美国军官100%是大学以上学历。其中，硕士、博士研究生达到38.4%；俄罗斯军官98%受过高等教育；日本和印度军官都具备大学文化程度。为进一步适应信息化战争的需要，美军《2020联合构想》对人才培养提出了更新、更高的要求。为此，我们应把高素质军事人才作为军事变革的关键环节，采取有效措施，提高我军官兵和国防后备人才的综合素质，以适应建设信息化军队、打赢信息化战争的需要。

专栏5-5　军事变革中的人才

知识贫乏的军队能在第一次浪潮战争的白刃肉搏中英勇作战，在第二次浪潮战争中也能打败敌人，但在第三次浪潮战争中，他们将像无知的工人无法从事第三次浪潮工业生产一样，不知何去何从。

——阿尔文．托夫勒．未来的战争．阿笛译．新华出版社，1996

思　考　题

1．什么是信息化战争？
2．信息化战争有哪些基本特征？
3．信息化战争中的信息空间主要指哪些空间？
4．世界新军事变革的内容和实质是什么？
5．世界新军事变革对我国安全和国防建设的影响是什么？
6．结合个人认识谈谈如何应对世界新军事变革的挑战。